農学基礎シリーズ

作物生産生理学の基礎

平沢 正・大杉 立
［編著］

農文協

まえがき

　地球環境が大きく変動し，時代とともに作物栽培をめぐる諸条件が変化するなかで，作物の生産量と品質を安定して向上させていくことが一貫して求められる。そのためには，生産の場である圃場での作物の生育や，環境条件への作物の反応を生理的に理解することが重要であり，それらを，個体群から個体，器官，組織，細胞，細胞小器官，分子にいたるいろいろなレベルで整理したうえで，作物個体を統合された1つのシステムとしてとらえることが大切になる。このステップを確実に踏むことによって，生産の場での課題の解決に向けたつぎのステップを大きく踏みだすことが可能になる。

　近年の分子生物学，遺伝学のいちじるしい進展により，植物のいろいろな生理過程，環境条件に対する反応の仕組みが，分子のレベルまで解明されつつある。あわせて，目的に対応した解析材料を育成し，これを用いて目的とする形質の生理・遺伝解析も可能になっている。これらの解析によって得られた有用遺伝子やDNAマーカーを用いることによって，従来の育種では対象にすることが困難であった形質の改良が可能になり，育種の効率も格段に改善されるものと期待されている。作物生理研究の成果を育種に適用していくことが，これまでになく高い実現性をもつことになったのである。こうしたなかで，最近の植物科学の成果も含めながら，対象になる作物の生育と反応を分子レベルも含めた作物生理の視点から理解・整理し，これにもとづいて生産性と品質の向上にとって問題になる形質を具体的に見出していくことがきわめて大切になっている。

　本書は，これから大学で専門を本格的に学ぶ学部学生をはじめ，大学院学生など新進の方々の作物生産生理の入門書として，広範囲にわたる植物生理学のなかから収量に密接にかかわる生理過程をとりあげて，上述の視点から作物の生産生理がとらえられるよう解説した。それとともに，作物の改良に向けた最近の研究の成果と動向を示して，これからの作物生産生理の研究方向と収量向上の可能性を展望できるようにした。第一線で研究や技術の開発，普及にかかわっている方々にも，本書が過去に学んだ植物生理学を作物の個体生理，生産生理の視点から再構築し，作物生産の場面に植物生理の知見を適用するときの参考になるものと考える。

　本書は農山漁村文化協会の出版企画である農学基礎シリーズの1冊として，わかりやすい解説や図表を加え，読みやすさを重視して編集された。記述の基礎になった個別の原著論文の紹介はできなかったが，関連する図書を参考文献として巻末に掲載したので，情報の不足分はそれらで補っていただきたい。最後に，同協会編集部の丸山良一氏には，本書出版に向けてのたゆみない励ましと読者の視点に立って多くの貴重なご意見をいただいた。ここに記して厚くお礼申し上げる。

　　　2016年9月

　　　　　　　　　　　　　　　　　　　　　　　　　　　　平沢　正・大杉　立

作物生産生理学の基礎

目次

まえがき…1

第1章 作物生産と生産生理学　5
／平沢　正・大杉　立

1. 作物の生産生理学の目的——5
2. 作物の生活史と収量形成——9

第2章 種子の発芽と出芽の仕組み　15
／金勝一樹

1. 植物にとっての種子——15
2. 種子の基本構造——15
   1 種子共通の構造／2 イネの種子（有胚乳種子）の構造／3 ダイズの種子（無胚乳種子）の構造
3. 胚発生と種子形成——17
   1 被子植物の種子形成と植物ホルモン／2 イネの種子形成
4. 発芽の過程と環境条件——21
   1 種子の発芽と出芽／2 種子の発芽と休眠／3 種子の発芽プロセスと吸水／4 発芽と温度／5 発芽と酸素濃度／6 発芽と光条件
5. 発芽での貯蔵物質の分解——24
   1 デンプンの分解反応／2 タンパク質の分解反応／3 脂質の分解反応
6. 出芽の過程と環境条件——25
   1 単子葉植物の出芽／2 双子葉植物の出芽
7. イネ種子の発芽での課題と育種——26
   1 穂発芽性の克服／2 低温発芽性の向上／3 有用な品種を育成するために

第3章 葉面積拡大の仕組み　29
／新田洋司

1. 葉の成長と一生——29
   1 茎葉の成長とファイトマー／2 葉の一生と役割
2. 葉の形態——30
   1 外部形態／2 内部形態／3 葉の維管束の走向（イネの例）
3. 葉の分化・成長と要因——35
   1 葉の分化／2 葉の成長の概要／3 葉位による葉の形態のちがい／4 葉の成長と環境要因
4. 葉の老化と要因——38
   1 葉の老化と窒素の再配分／2 葉の老化に影響する要因
5. 分枝・分げつの形成と成長——39
   1 分枝と分げつ／2 分げつの形成と増加
6. 葉面積拡大の栽培，遺伝的改良——41
   1 これまでの作物栽培と葉面積／2 葉面積拡大の可能性

第4章 個体群の構造と機能　／齊藤邦行　43

1. 個体群構造と光合成——43
   1 個体群構造／2 個体群構造と葉の受光
2. 個体群吸光係数——44
   1 散乱放射の吸光係数／2 直達放射の吸光係数／3 個体群吸光係数の種・品種によるちがい／4 生育による個体群吸光係数の変化
3. 吸光係数に影響する要因——47
   1 葉の傾斜角度／2 施肥／3 栽植様式，栽植密度
4. 個体群光合成速度——48
   1 個体群光合成モデル／2 葉面積指数と個体群光合成速度／3 葉の傾斜角度と個体群光合成速度
5. 個体群構造とCO_2拡散——50
   1 直立葉群と水平葉群のCO_2拡散のちがい／2 稈の長短とCO_2拡散，収量
6. 個体群構造の遺伝的改良——52
   1 世界ですすむ穂重型，直立葉身型品種の育成／2 わが国での超多収性水稲品種の育成／3 直立型葉身，直立穂の研究の進展

第5章 倒伏とそのメカニズム　／大川泰一郎　55

1. 倒伏の被害とタイプ——55
   1 倒伏の被害／2 倒伏のタイプ
2. 倒伏に影響する作物の性質と土壌条件——56
   1 地上部モーメントと倒伏／2 茎の構造と節間長／3 根の成長／4 土壌の物理的条件
3. 倒伏抵抗性の評価——58

1 挫折型倒伏抵抗性／2 折損型倒伏抵抗性／
　　3 湾曲型倒伏抵抗性／4 ころび型倒伏抵抗性
　4. 倒伏を避けるための栽培技術────61
　5. 倒伏抵抗性の遺伝的改良────61
　　1 短稈化による改良（半矮性遺伝子の利用）／
　　2 強稈化による改良

6 第6章
光合成 / 上野 修　　65

　1. 光合成のメカニズム────65
　　1 光合成の2つの反応／2 葉緑体／3 光合成
　　の光化学反応／4 炭酸固定反応と光呼吸
　2. 葉内の CO_2 の拡散────71
　　1 CO_2 の拡散過程／2 葉の表面から葉肉細胞ま
　　での拡散と抵抗／3 葉肉細胞からストロマへの
　　拡散と抵抗
　3. 光合成に影響する要因────72
　　1 光／2 温度／3 二酸化炭素（CO_2）／4 水
　　分／5 塩分／6 体内成分／7 老化
　4. 光合成能力と物質生産能力の
　　　種間, 品種間差────78
　　1 光合成型によるちがい／2 種や品種によるち
　　がい／3 C_4 植物は個体群成長速度も高い
　5. 光合成能力の遺伝的改良────80
　　1 光合成の炭酸固定, 代謝機構の改良／2 葉の
　　CO_2 拡散過程の改良／3 光合成能力にかかわる
　　量的形質遺伝子座の解析／4 近縁野生種などの
　　有用遺伝資源の探索

7 第7章
呼吸 / 山岸順子　　84

　1. 呼吸経路────84
　　1 呼吸の2つの経路／2 解糖系経路とTCA回
　　路／3 電子伝達系
　2. 呼吸の中間産物と基質────88
　　1 呼吸の中間産物／2 呼吸の基質
　3. 呼吸速度と環境条件────89
　　1 温度／2 日中の光と CO_2／3 O_2 と CO_2／
　　4 窒素栄養
　4. 呼吸速度と生育────92
　　1 成長呼吸と維持呼吸／2 生育段階と呼吸
　5. 呼吸効率の改良の可能性────94

8 第8章
光合成産物の転流と蓄積　　95
/ 青木直大・大杉 立

　1. 光合成産物の輸送経路────95
　　1 長距離輸送／2 短距離輸送／3 ローディ
　　ングとアンローディング
　2. 師部による光合成産物の
　　　輸送メカニズム────97
　　1 光合成産物の転流形態／2 師部の形態とロー
　　ディング／3 アポプラスティック・ローディ
　　ングのメカニズム／4 シンプラスティック・ロー
　　ディングのメカニズム／5 シンク器官でのアン
　　ローディングのメカニズム
　3. 収穫器官への同化産物の
　　　輸送と蓄積────107
　　1 子実への同化産物の取り込み（師部後の輸送）
　　のメカニズム／2 塊茎・塊根の同化産物の輸送・
　　代謝／3 貯蔵物質の合成・蓄積のメカニズム
　4. ソース・シンク関係と相互作用────110
　　1 ソース・シンク関係／2 ソース・シンク相互作用
　5. 収量形成過程と分配────111
　　1 転流と乾物分配率／2 ソース能, シンク能と
　　収量形成過程／3 シンクとソースによる収量形
　　成過程の考え方／4 収穫指数による収量の考え
　　方
　6. 光合成産物の転流と
　　　蓄積の遺伝的改良────113
　　1 転流糖の合成能力の遺伝的改良／2 ソース能,
　　シンク能の遺伝的改良

9 第9章
窒素の吸収・同化と窒素代謝　　115
/ 山岸 徹・大杉 立

　1. 窒素の吸収と同化の過程────115
　　1 窒素吸収／2 硝酸代謝／3 アンモニアの同
　　化と代謝
　2. 共生窒素固定────121
　　1 共生菌と生物的窒素固定／2 生物的窒素固定
　　反応／3 根粒の形成／4 固定窒素の代謝／
　　5 窒素固定速度に影響する要因／6 窒素固定の
　　積極的利用
　3. 個体での窒素代謝過程────126

1　窒素の吸収と根の成長／2　窒素の転流・分配／3　再分配
4. 窒素の吸収・同化，
　　窒素代謝の遺伝的改良——129
　　1　多窒素利用から利用効率向上へ／2　アンモニアトランスポーター発現量の増大／3　GS, GOGAT, GDH 発現量の増大／4　転写因子による改善／5　吸収から代謝までの全体バランスの改善が課題

第10章
水の吸収と輸送, 水ストレス　132
／平沢 正

1. 植物の生育と水——132
2. 体内水分の減少と植物の生理——132
　　1　細胞の生理作用と光合成速度の低下／2　無機養分の吸収の低下／3　適合溶質による浸透調整／4　種子の乾燥耐性
3. 水の吸収と輸送——135
　　1　受動的吸水／2　浸透的吸水
4. 吸水にかかわる要因——137
　　1　土壌から根の表面までの水移動の要因／2　根表面から木部までの水移動の要因
5. 木部内の水移動と通水抵抗——140
　　1　木部内の水移動／2　キャビテーション／3　チロシス
6. 水ストレスの発生——142
　　1　吸水と蒸散の関係／2　水ストレスの発生要因
7. 干ばつ逃避性，干ばつ回避性，
　　干ばつ耐性——143
　　1　干ばつ逃避性／2　干ばつ回避性／3　干ばつ耐性

8. 水ストレスを受けにくい作物の育成——146
　　1　梅雨が畑作物の夏の干ばつ害を助長／2　遺伝的改良による水ストレスに強い作物の育成

第11章
植物ホルモンとシグナル伝達　148
／梅澤泰史

1. 植物ホルモンの種類と作用——148
　　1　オーキシン／2　サイトカイニン／3　ジベレリン／4　アブシシン酸（アブジジン酸）／5　エチレン／6　ブラシノステロイド／7　ジャスモン酸／8　サリチル酸／9　ストリゴラクトン／10　ペプチドホルモン
2. 植物ホルモンの作用機構——154
　　1　シグナル伝達因子とシグナル伝達系／2　ホルモン量の制御／3　ホルモンの受容
3. シグナルとしての植物ホルモン——157
　　1　ストレスホルモンとしてのアブシシン酸／2　ABA シグナル伝達の中枢経路／3　ABA シグナルによる多面的反応の仕組み
4. 作物生産と植物ホルモン研究——160

第12章
生産生理からみた生産科学の課題　161
／大杉 立・平沢 正

1. これまでの生産生理研究と利用——161
2. 生産生理研究の発展に向けて——163
3. 新たな品種改良技術，生産予測システムの登場と課題——165

参考文献…167　和文索引…168　欧文索引…172

【コラム】

光形態形成…10
養水分の吸収…11
花芽形成に必要な条件…12
裸子植物の種子の構造…16
プロテオーム解析とは…20
種子休眠の生態的な意義…22
GA による α-アミラーゼの誘導機構…24
機能性食品としてのお米…28
同伸葉・同伸分げつ理論と
　実際の分げつの出現…41
葉の配置と個体群の光合成活動…44

受光態勢の改善と耐倒伏性の強化に
　向けた稲作技術の展開…48
ダイズの栽植密度，畦幅の
　組み合わせと個体群吸光係数…48
個体群光合成モデルの改良…50
明治以降の水稲の増収と草型の変化…51
温度によって
　呼吸速度が影響される理由…89
蛍光色素によるシンプラスト経由の
　輸送経路の観察…102

ショ糖トランスポーター（SUT）
　遺伝子の発見…103
イネソース葉のローディングの
　メカニズム…105
圧流説…106
GM 作物の栽培面積…130
水ポテンシャル…133
有効水分, 圃場容水量, 永久萎凋点…137
凝集力説…140
水ストレスに対する気孔の反応…143

第1章 作物生産と生産生理学

1 作物の生産生理学の目的

1 作物の物質生産（収量）と生産生理学

❶ 光合成と物質生産

　光合成（photosynthesis）は光エネルギーを利用して二酸化炭素（CO_2）と水（H_2O）から有機物を合成する，植物のもつ特徴的な仕組みである。光合成によってつくられる糖やデンプンなどの光合成産物は，呼吸などのさまざまな過程を経て，タンパク質，脂肪，セルロースなどいろいろな有機物に変換され，それらを用いて植物のからだができていく。

　このような植物のからだができていくことを一次生産（primary production），あるいは物質生産という。物質生産の量はふつう乾燥重であらわされるので，乾物生産（dry-matter production）ともいわれる。

❷ 物質生産と収穫物，収量

　物質生産によってつくられる作物のからだのうち，イネの穂（子実），ジャガイモの塊茎，サトウキビの茎など，私たちが利用するために収穫する部分を収穫物とよぶ。

　作物の収量（yield）は，収穫物の重量であらわされる。そして，収穫されて出荷されるときの収穫物の水分含量は作物の種類ごとにおおよそ決まっているので，作物ごとの収量は収穫物の乾物重〈注1〉によって決まるといってよい。

　では，作物の乾物はなにからできているのであろうか。乾物は多くの元素からできているが，その量を調べると，C，H，Oの総重量が乾物重の90％以上をしめ，これらの元素の比率はほぼ1：2：1（$C_n：H_{2n}：O_n$）である。このことは，作物の乾物，さらには収量の中身のほとんどが，二酸化炭素と水から合成される光合成産物に由来することを示している〈注2〉。

❸ 作物の生産生理学とは

　作物の生産生理学は，石井によって「作物の収量形成にかかわる生理学」としてとらえられている。より具体的には，作物の成長と発育〈注3〉を光合成と物質生産，および生産された物質の収穫対象器官への輸送と蓄積について，おもに生理的側面から理解する科学ということができる。

〈注1〉
作物のからだの水以外の物質は，作物のからだを乾燥してえられるので，乾物とよばれる。

〈注2〉
コムギ子実のタンパク質含有率，ジャガイモのデンプン価，薬用植物の薬効成分量のように，収穫物の重量だけでなく含まれている特定成分の濃度や成分量（収穫物の重量×成分濃度）などが重要な作物もある。これらの成分も光合成産物に由来する。

〈注3〉
作物体の長さや太さ，重さの変化などであらわされる大きさの増加を成長（growth），作物体が組織を分化して葉などの器官をつくり，花や子実ができて収穫期にいたるまでのからだの変化を発育（development）という。発芽から収穫までの成長と発育を合わせて，生育（growth and development）という。

2 乾物生産（収量）の成り立ち

❶乾物生産と収穫指数

収量は単位土地面積当たりの収穫物量であらわされるので、収量の成立過程も単位面積当たりで解析される。

収量は、単位土地面積当たり総乾物生産量（以下、単に総乾物生産量という、TD）と、イネやコムギの子実など収穫対象器官に向けられる乾物重の割合（収穫指数，harvest index，HI）に分けてとらえることができる。そして、収量（Y）は次式のようにあらわすことができる。

$$Y = TD \times HI \cdots\cdots\cdots\cdots (1)$$

収量を高めるには、総乾物生産量を高めることと、生産された乾物を効率よく収穫対象器官に輸送し、蓄積することが重要になる。そこで、乾物生産と収穫指数にかかわる過程を次に簡単に紹介する。

❷乾物生産と個体群成長速度

作物の個体群（population）〈注4〉の総乾物生産量は、作物の生育期間中に個体群が受ける太陽光エネルギーの量と、受けた光エネルギーを作物が乾物に変換する効率との積なので、次式であらわされる。

$$TD = Q \times Ic \times \varepsilon \cdots\cdots\cdots\cdots (2)$$

Qは作物全生育期間中に入射する太陽光エネルギーで、作型〈注5〉や栽培地の気候条件がかかわる。Icは太陽光エネルギーの入射量に対する作物個体群が受ける割合、εは光合成の光利用効率で、通常は作物が受けた光エネルギー当たりの作物が生産した乾物重であらわされる。

図1-1は、作物の一生で個体群の乾物重がどのように増えるかを示したものである。各時点での乾物重はそれまでの個体群の乾物増加速度、いいかえると個体群成長速度（crop growth rate，CGR）〈注6〉を積分した値になる。

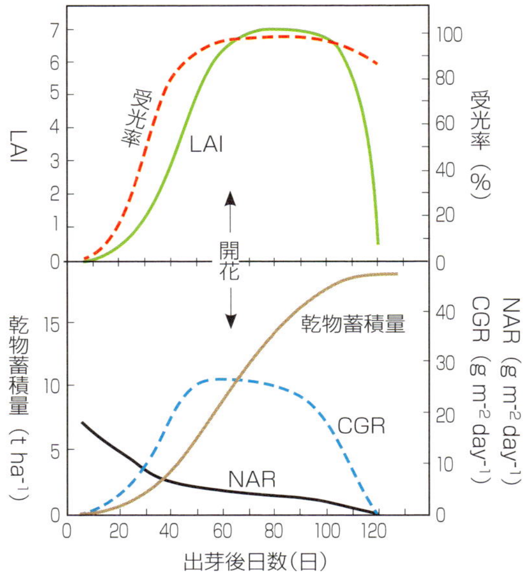

〈注4〉
ある場所に生えているさまざまな植物の集団全体を群落（community）という。畑のコムギや水田のイネなどのように、同じ種の植物が集団で生育している状態をとくに個体群という。

〈注5〉
同じ種類の作物でも、栽培される地域の条件や品種によって、播種時期や収穫する時期が異なる。これを整理し、タイプごとに分けたものを作型という。作型における品種の選択は、出穂や収穫時期が異なる早晩性（earliness）など作物の性質が考慮される。

〈注6〉
CGRは次式のように定義される。

$CGR = (1/A) dW/dt$

ここで、Aは土地面積（単位はm²など）、dW/dtは乾物増加速度（単位はg day^{-1}など）である。個体群の葉面積をL（単位はm²など）とすると、

$CGR = (1/L) dW/dt (L/A)$

(1/L) dW/dtは単位葉面積当たりの乾物増加速度、いいかえると純同化率（net assimilation rate，NAR）である。(L/A)は単位土地面積当たりの葉面積、いいかえると葉面積指数（leaf area index，LAI）である。したがって、

$CGR = NAR \times LAI$

として成長をとらえることができる。

図1-1
圃場に生育する有限伸育型子実作物の葉面積指数（LAI），受光率，乾物蓄積量，個体群成長速度（CGR），純同化率（NAR）の推移
(Gardner et al., 1985)
受光率は個体群上部の光強度に対する個体群上部と地表面での光強度の差の割合。有限伸育型については本章の注13参照

したがって，総乾物生産量を増やすには，各生育時期の個体群の光合成速度を高めて，CGRを大きくすることが必要となる〈注7〉。

3 個体群成長速度を左右する要因

ここで，個体群成長速度を左右する作物の性質を（2）式にもとづいて整理する。

❶ 作物個体群の発達，構造と光合成

播種や移植後まもなくの若い時期のCGRを大きくするには，LAIを早く大きくし，葉で地面をおおいつくすことが大切である。LAIが小さいときは，CGRはLAIの増加に比例して高まる（図1-1，第3章6-1項参照）。

葉面積が十分に確保された作物個体群は，上部の葉が光をさえぎるので，太陽光が下部まではいりにくくなる。そうなるとCGRはLAIが増えるほどには高くならず，むしろ低下する場合もある（第4章2，4項参照）。

この段階では，個体群内の葉の光の受け方，つまり受光態勢（light-intercepting characteristics）が大切になる。たとえば，より直立した葉をもつ個体群では下部まで光が到達するため，個体群光合成速度は高くなる。また，個体群の光合成速度が高くなると，個体群内のCO_2濃度が低下し光合成速度を制限する。このため，草丈が高いなど，CO_2の供給がよくなる個体群構造（canopy architecture）になっていることも重要である。

❷ 個葉の光合成

作物の一生を通して個体群内の個々の葉の光合成速度を高く維持することは，個体群の光合成速度を高め，CGRを大きくするうえで重要である。個葉の光合成速度では，葉の最大の光合成速度をあらわす光合成能力〈注8〉を高めるとともに，葉が老化しても光合成速度が大きく低下しないことが大切になる。また，水ストレスなどのストレスは，日射が強くなる日中の光合成速度を大きく低下させる。1日を通して高い光合成能力を発揮するためには，作物がストレス耐性をもつことも大切である。

このような個体群の光合成速度を左右する要因は生育段階によって表1-1のように整理できる。

〈注7〉
個体群光合成速度を高めることによってCGRは増加する。しかし，同じ量の光合成産物がえられても，体構成成分がちがえば，CGRはちがってくる。たとえば，マメ類では子実のタンパク質や脂質含量が多いので，それらの合成に多くのエネルギーが必要なため，個体群光合成速度が等しくても，子実重の増加速度はイネ，コムギなどの穀類より低く（ダイズやラッカセイでは20〜40％低い），登熟期のCGRも低くなる。

〈注8〉
環境要因が光合成を左右しない，理想的な条件で測定された光合成速度のことである。一般的には，展開完了直後の葉を高湿度，最適温度，生育条件と同じCO_2濃度，光飽和条件で測定して求める。最大個葉光合成速度ともいう。

表1-1 作物個体群の乾物生産（光合成）にかかわる性質

生育時期	性質	本文の（2）式との対応
生育初期 （葉面積指数の小さいとき）	・旺盛な生育により葉面積を早期に拡大する	Ic
生育中期以降 （葉が地面をおおった後）	・受光態勢のよい個体群構造 ・CO_2の個体群内への拡散速度の大きい個体群構造	ε
生育後期	・葉の枯死による葉面積の減少程度が小さい	Ic
全生育期間	個体群を構成する個葉の光合成 ・光合成能力が高い ・老化過程での光合成速度の減少程度が小さい ・ストレスによる光合成速度の日中低下程度が小さい	ε

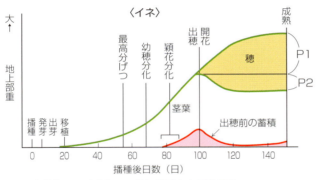
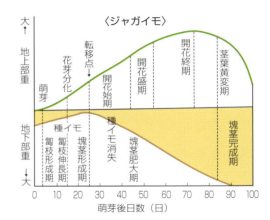

P1：出穂後につくられて，穂に蓄積した同化産物
P2：出穂前につくられて，茎や葉に蓄積され，出穂後に穂に転流して蓄積した同化産物

図1-2　イネとジャガイモの成長の模式図（村田，1979　星川，1980より作成）

4 収穫指数

❶収穫指数は作物の種類でちがう

収穫指数は作物の種類によってちがう。収穫対象器官は穀類（cereal crops, cereals）やマメ類（pulse crops, pulses）では子実であるのに対して，イモ類（root and tuber crops）では栄養器官（vegetative organ）である塊茎（tuber），塊根（tuberous root）などのイモである。

子実の成長は開花期以降にはじまるが（図1-2左），イモは生育の早い時期から肥大成長を開始し，地上部の成長とイモの成長が同時にすすむ（図1-2右）。そのため，穀類やマメ類にくらべて，作物全体の生育期間に対して収穫対象器官の成長期間が非常に長いので，収穫指数が大きくなる（多くの穀類は0.3～0.5であるがイモ類は0.6～0.8）。

❷収穫指数は品種でちがう

収穫指数は作物種が同じでも，品種によってちがう。

イネ科作物では，出穂後に生産された光合成産物のほとんどが子実に転流する（図1-2左）。イネやコムギでは，半矮性品種の出現によって，この半世紀のあいだに世界の平均収量はそれぞれ約2.3，2.7倍に増えた。

この収量の増加は，収穫指数が大きくなる品種の出現によって達成された。これらの品種では，倒伏を避けるための短稈化によって栄養器官は小さくなったが，子実が成長する出穂後の個体群乾物生産量を高めることによって，収量が大きく増加したのである〈注9〉。

❸収穫指数は栽培条件によってちがう

収穫指数は，同じ品種でも栽培条件や生育条件などによってちがってくる。子実を収穫する作物では，開花期以降の乾物生産量を高める栽培法が，収穫指数を高め，収量を増加させる。

たとえば，水稲栽培では，基肥中心から幼穂形成期以降の追肥に重点をおき，生育後半の乾物生産量を高める施肥法によって収量が増加した。このような栽培法では収穫指数も高まる。また，サツマイモ栽培では，カリ

〈注9〉
トウモロコシの収量もイネやコムギと同様に，20世紀半ば以降に大きく増加した。しかし，トウモロコシの場合は，収穫指数も大きくなってはいるが，雑種強勢を利用した品種改良によって茎葉が大きく成長する品種が育成され，開花前と開花後の両期間の乾物生産量が高まったことによる（第3章6-1項参照）。イネやコムギでも収量を今後一層高めていくためには，開花期以後の乾物生産量を増やすとともに，開花期以前の乾物生産量を増やしていくことが重要であるといわれている。

図1-3　作物生産（収量）に直接かかわる生理過程と本書の構成

肥料に対して窒素肥料を多く施用すると同化産物が葉に多く向けられ，葉は繁茂するがイモ収量が低下し（"つるぼけ"），収穫指数も下がる。

5 作物生産をささえる生理学

以上のことから，作物の収量の成立過程を検討するには，まず，乾物生産の過程とともに，収穫対象器官や組織への乾物の分配に直接関連する生理過程に注目する必要がある。

本書では作物の収量に直接かかわる生理過程を図1-3に示すように整理して，第2章以下の構成を組み立てた。なお，それぞれの生理過程には，これをささえる多くの生理機構がかかわっている。生産生理をさらに深く理解するためには，作物の生活をささえる生理学を他の参考書であわせて学んでいただきたい。

最後に，作物生産生理学や作物生理学を学ぶための基礎として，作物の生活史を概説する。

2 作物の生活史と収量形成

作物の栽培は種もの（seeds）からはじまる。イネ，コムギ，ダイズのような種子繁殖性作物では種子（seed）が種ものとなるが，ジャガイモ，サツマイモなどの栄養繁殖性の作物のように，塊茎や塊根が種ものになるものもある。

種ものの発芽（germination），あるいは萌芽（sprout（ing））から収穫までが作物の一生である。

1 栄養器官の形成と成長

❶ 種子の形態

イネ科作物の種子は，大きく分けて胚（embryo）と胚乳（endosperm）からできている。胚は幼芽（plumule），幼根（radicle），胚軸（hypocotyl）とこれらを包む胚盤（scutellum）などを含み，胚乳は，おもに胚の成長のための養分になるデンプンを中心とした貯蔵組織からなる。マメ科，アブラナ科，ウリ科などの双子葉作物の種子は，種子がつくられる途中で胚乳が退化してしまう。そのかわり胚の一部である子葉（cotyledon）が大きく発達し，種子のほとんどは子葉にしめられる。胚が成長するためのデンプン，タンパク質，脂質などの養分は，子葉に蓄積されている。

❷ 発芽と出芽

イネ科やマメ科作物の発芽は，まず種子の胚乳や子葉に蓄えられた養分が，酵素によって単糖などに分解され胚に送りこまれる。これらは呼吸（respiration）によって二酸化炭素と水にまで分解され，その過程でエネルギーとアミノ酸，核酸，脂質などの原料になる高分子化合物がつくられる。これらを使って幼芽と幼根は成長し，種皮を突きやぶって発芽する。

幼芽の先端が地上にでる出芽（emergence）は，イネ科作物では鞘葉（coleoptile）がまず地上にでて，ついで本葉（foliage leaf）がでる〈注10〉。マメ科作物では，ダイズのように子葉のつけ根の下胚軸（hypocotyl）が伸びて子葉を地上に押し上げて出芽する種類と，アズキのように子葉を土中に残して子葉と本葉のあいだの茎，つまり上胚軸（epicotyl）が伸びて出芽する種類がある（第3章2-1-②項参照）。

❸ 根，茎，葉の成長 〈注11〉

● 茎葉の成長

茎頂分裂組織（shoot apical meristem）では葉の原基（primordium, 複数形は primordia）がつくられる。葉は分化後，盛んに細胞分裂をし，葉のいろいろな組織をつくり成長していく（図1-4）。栄養成長（vegetative growth）期の作物は，茎の先端に数枚の成長中の葉をもっている。枝（branch, イネ科作物では分げつ，tiller）は，葉のつけ根である葉腋（leaf axil）から分化する（腋芽，axillary bud）。このように，作物は分裂組織で葉や枝を増やして成長していく。葉や枝は茎の節（node）

〈注10〉
幼植物は，茎（stem），根（root），葉（leaf）が成長するのに必要なエネルギーと植物体をつくる素材を胚乳や子葉に依存する状態から，これらの全てを本葉の光合成でつくられた炭水化物によってまかなう状態へと移行する。

〈注11〉
根，茎，葉，枝，果実（fruit），イモが成長したりそれぞれの器官としての機能を発揮するために必要な養分は，維管束（vascular bundle）を通して運ばれる。根で吸収した水と無機養分は維管束の木部（xylem）を通して地上部に，葉でつくられた光合成産物やいろいろな物質は維管束の師部（phloem）を通して，成長している器官，根などに運ばれる。

光形態形成

暗所で生育する幼植物は，黄化したひょろひょろの「もやし」状であるが，明所ではずんぐりとした緑色の植物，つまり自然界でふつうに目にする植物になる。このような光への植物の反応には，赤色光と遠赤色光を吸収するフィトクロム（phytochrome）という光受容体がかかわっている。また，青色光受容体として，フォトトロピンやクリプトクロムがあり，植物の光屈性（phototropism）や気孔（stoma, 複数形は stomata）の開孔反応，茎の伸長抑制などにかかわっている。

このように植物は光によって，発芽，成長，器官の分化などが制御されており，これを光形態形成（photomorphogenesis）という（第2章4-6項参照）。光は光受容体によって感知された後，情報伝達系に伝えられ，さまざまな遺伝子の発現を調節する。

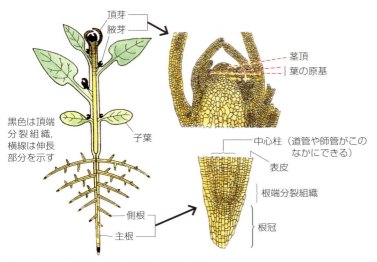

図1-4 茎と根の頂端分裂組織 (山崎, 2002)

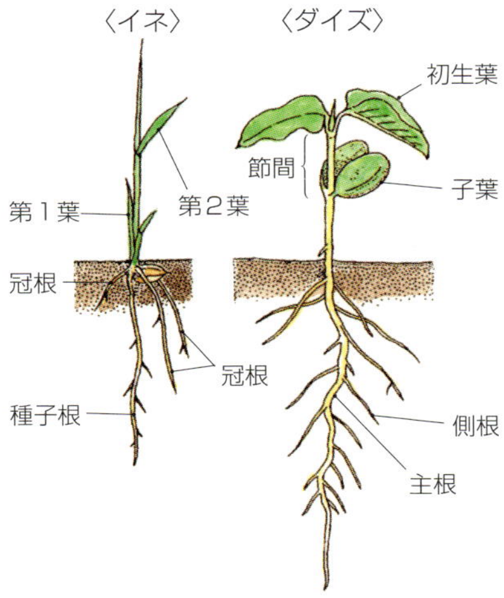

図1-5 イネとダイズの幼植物の形
(角田ら, 2007)

につく。イネ科作物では，栄養成長期に節間（internode）がほとんど伸びないものが多い。しかし，双子葉作物では栄養成長期も節間が伸びるので，それぞれの分枝や葉の発生位置が外観からもはっきりわかる（図1-5）。

●根の成長

　根は根端（root apex）にある分裂組織（根端分裂組織）で細胞を増やし，根のいろいろな組織をつくり成長していく（図1-4）。双子葉作物は種子中の幼根が発達して主根（main root, taproot）になり，まっすぐ下方へ伸びる。主根から，側根（lateral root）が発生する（図1-5）。

　イネ科作物は，発芽と同時に種子根（seminal root）がでて下方へ伸びる。ついで主茎各節からも順次発根する。各節からでた根は下方に向けて冠（かんむり）のような根系をつくるので冠根（crown root）とよぶ。分げつ茎の各節からも冠根が発生する。

2 生殖器官の形成と成長

❶花芽の形成と発育

　イネ科作物では，茎の先端の茎頂分裂組織で最後の葉（止葉(とめば)，flag

> **養水分の吸収**
>
> 　作物の光合成やタンパク質合成などに必要な水と無機養分は，根によって土壌中から吸収される。水は葉からの蒸散（transpiration）作用が原動力になって，根の表皮（epidermis）から吸収され，維管束の木部を通って葉に運ばれる。
>
> 　植物は，土壌溶液に溶けているさまざまな必須元素等の無機養分を，おもにイオンの形で吸収する。植物の細胞膜（cell membrane）は，脂質二重層（lipid bilayer）という水やイオンを通しにくい構造をしているが，細胞膜には，イオンチャネル（ion channel），イオンポンプ（ion pump），トランスポーター（transporter）などの膜タンパク質（membrane protein）が埋め込まれていて，水や必要な養分を取り込む仕組みがある。これによって，根の細胞は，水に溶けた状態で根の表面に移動した無機イオンを選択的に吸収する。そして，吸収された無機イオンが木部内にはいり，水の流れにのって茎葉部に運ばれる。養水分の吸収には，土壌中の養水分の量とともに，根の分布密度や養水分吸収にかかわる膜タンパク質の量や活性などの根の性質が大きく影響する（第10章3, 4項参照）。

〈注12〉
花芽（flower bud）が分化したあと，イネでは約1カ月かけて，幼穂が茎の先端で発育してその後出穂する。コムギでは冬から春先まで数カ月かけてゆっくりと幼穂が発育する。幼穂は，発育期間中に環境などいろいろな条件の影響を受けて，穂の大きさや花の数がかわる。幼穂発育期の穂は障害を受けやすく，とくに，花粉の減数分裂（meiosis）期前後は低温や干ばつによって不稔（stelility）がおこりやすい。

〈注13〉
このように，生殖成長にはいっても収穫期まで茎頂分裂組織で葉を分化しつづけるものを無限伸育型（indeterminate type）という。これに対して，生育の途中で茎頂分裂組織の葉の分化が終わるものを，有限伸育型（determinate type）という。

leafという）の原基が分化したあとに花の原基が分化して穂（ear, head, panicle, spike）がつくられる（花芽形成, flower bud formation）。イネ科作物では，葉という栄養器官が全て分化してから，生殖器官（reproductive organ）である花（穂）が分化する〈注12〉。

マメ科作物では，ある程度栄養成長がすすむと葉腋に花房（flower cluster）が分化し，生殖成長（reproductive growth）がはじまる。しかし，イネ科作物とちがい，生殖成長がはじまっても茎頂分裂組織では葉を分化しつづけ，茎はしばらく成長をつづける。とくに，つる性のマメ科作物では長期にわたって葉を分化しつづける〈注13〉。

❷ 開花と結実
● 開花と受粉，受精
花（flower）が完成すると開花（flowering, anthesis）する。開花時に，雄ずい（stamen）の先端にある葯（anther）がやぶれて花粉（pollen）が飛散し，雌ずい（pistil）の柱頭（stigma）につく（受粉, pollination）。

柱頭についた花粉は発芽し，花粉管（pollen tube）になって花柱（style）のなかを伸び，胚のう（embryosac）にまで達する。花粉管内には2個の精細胞（sperm cell）があり，1個の精細胞は胚のうのなかの卵細胞（egg cell）と合体し，受精卵（fertilized egg, 染色体数2n）をつくる。もう1つの精細胞は中央細胞（central cell, 2個の極核（polar nucleus）をもつ）と合体し，胚乳（原）核（染色体数3n）をつくる。このように，被子植物では2つの受精が同時におこる。このような受精のしかたを重複受精（double fertilization）という（図1-6）。

● 種子の形成と発達
受精卵は細胞分裂をくり返して胚になる。胚乳原核も分裂をくり返して胚乳細胞になる。胚乳細胞は，葉などの栄養器官から送られてくる同化産物を蓄積して，胚乳が発達する。イネ科作物の種子はこうしてできあがる。しかし，マメ科などの双子葉作物では，途中で胚乳の発達が停止し，胚の一部である子葉に同化産物などを蓄積する（第2章3項参照）。

種子は子房（ovary）のなかで発達する。さらに，子房壁を発達させ，

花芽形成に必要な条件

花芽形成には温度と日長が大きく影響する。

①**温度**：ムギ類やナタネのような冬作物は，生育初期に低温にあうことによって，生殖成長にはいるための生理的体制ができる。これを春化（vernalization）というが，このために行なう低温処理を春化ということもある。ムギ類では，長い低温期間が必要な品種と短くてよい品種がある。イネやダイズのような夏作物では，高温によって花芽形成が早くすすむ。

②**日長**：昼の長さ（日長）が，ある時間よりも短くなると花芽形成がおこったり促進される植物（短日植物, short-day plant）や，逆に長くなると花芽形成がおこったり促進される植物（長日植物, long-day plant）がある。日長への感受性は同じ種でも品種によってちがう場合がある。花芽形成が日長に影響を受けない植物（中性植物, day-neutral plant）もある。

③**基本栄養成長性**：植物は，ある程度の栄養成長量を確保して，はじめて温度や日長条件に感応して花芽形成を行なう。花芽形成に最低限必要な栄養成長量は，イネでは温度，日長条件を最適にしたときの発芽から花芽形成までの期間であらわされ，これを基本栄養成長性（basic vegetative growth）といい品種によってちがう。

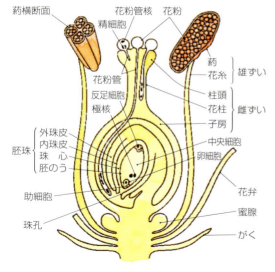

受精過程	実ったあとの組織	備考
胚のう中の卵細胞 + 花粉中の精細胞 →受精卵	→胚	次代の植物が発芽するとき，芽生えになる部分
胚のう中の中央細胞 + 花粉中の精細胞	→胚乳	次代の植物のための養分の貯蔵場所。イネ，ムギ類ではデンプンが蓄積している部分。マメ類，ナタネでは退化
珠皮と珠心	→種皮	種子を包む皮
子房	→果実	モモ，カキ，トマト，カボチャでは実，マメ類，ナタネでは莢，イネ，ムギ類などでは発達せずうすい皮になる

胚のうは，卵細胞（1個），助細胞（2個），中央細胞（1個，極核2個を含む），反足細胞（3個）で構成される

図1-6 花の構造と果実と種子の花器官との対応 （戸苅，1984を改変）

果実を完成させる作物もある。たとえば，モモやリンゴなどの果肉は子房壁が発達したものである。また，ダイズなどマメ科作物の莢は子房壁に由来する。しかし，イネ科作物の子房壁はほとんど発達せず，おもな可食部は種子である。

❸ 種子に供給される物質
● 光合成同化産物の転流

こうした種子や果実の成長は，ショ糖などの光合成同化産物の転流（translocation）によってささえられている。種子や果実に送りこまれる同化産物には2種類ある。1つは開花・受精後に葉の光合成によってできた炭水化物で，直接，種子や果実に運ばれる。もう1つは開花前の光合成によってつくられた炭水化物で，イネなどでは茎や葉鞘などにいったん蓄積され，開花後に再転流する（図1-2左）。

量的には，前者のほうがはるかに多いので，イネ科やマメ科作物の子実収量を高めるには，開花後の光合成がたいへん重要である〈注14〉。イネでは，種子の成長速度が同化産物の転流速度を上回ると，乳白米などの登熟障害米が発生する。コムギの品質にかかわる子実のタンパク質含有率は，子実に輸送される同化産物と窒素の量のバランスによって決まる。

● 窒素吸収と転流

炭素を中心とした光合成同化産物以外に，種子に送り込まれる重要な物質に窒素がある。窒素はタンパク質の構成元素で，酵素タンパク質や貯蔵タンパク質が合成されるときの材料になる。

代謝が盛んに行なわれ，物質が多く蓄積される種子には，多量の窒素がアミノ酸の形で運ばれる。マメ科作物の種子には多量の貯蔵タンパク質が蓄積されるので，窒素の流入量は特別に多い。

〈注14〉
開花後に光合成によってつくられ，穂に転流・蓄積される同化産物は，イネやコムギでは収量の60〜80％をしめるが，この値は品種や栽培条件によってちがう。

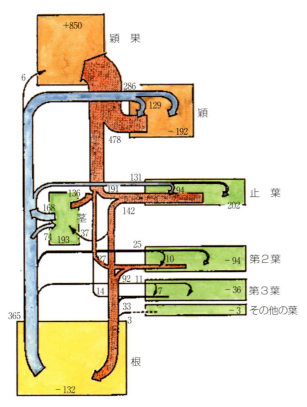

図1-7 登熟期（開花後15日）のコムギ体内の窒素の流れ
(Simpson et al., 1983を改変)
青矢印は木部、赤矢印は師部での窒素の流れ、矢印の太さは量を示す
数字は1日の収支（μg）で、＋は増加したこと、−は減少したことを示す

〈注15〉
イネの収量構成要素は、単位面積当たり穂数、平均1穂穎花（籾）数、登熟歩合（総穎花数に対する稔実穎花数の割合）、1粒重（通常はあつかいの容易さから千粒重）の4つである。収量を高めるには、それぞれの収量構成要素を高めればよいことになるが、収量構成要素間には負の関係にあるものもあり、実際にはそれほど容易ではない。たとえば、イネでは単位面積当たりの穎花数と登熟歩合には負の関係がある。日本での第二次世界大戦後約20年間の水稲収量のいちじるしい増加は、登熟歩合を低下させないで穎花数を増やすことによって達成されたが、その背景には登熟期間中の乾物生産を増加させる生産生理の解明があった。

種子に送られる窒素には、根から吸収されて直接送られるものもあるが、葉などの栄養器官にタンパク質として含まれていたものが、分解されて再転流するものも多い（図1-7、第9章3-2項参照）。

葉に含まれている窒素が種子や果実に再転流すると、葉の含量が低下し、葉の老化がすすむ。

❹成熟と収穫

イネ科作物やマメ科作物のように種子を収穫する作物は、成熟期になると、乾物重をはじめデンプンやタンパク質など種子の成分量は最大値になり、水分含量は減って硬くなる。このころに収穫が行なわれる（第2章3-2項参照）。

3▎塊茎、塊根の肥大

イモ類では収穫対象の地下栄養器官（イモ）が、生育の比較的早い時期に肥大を開始する。光合成同化産物は、葉などの栄養器官の成長と同時に、同じ栄養器官であり収穫部分でもある塊茎、塊根にも分配されなければならないので、両者のあいだで奪い合いがおこる。

収穫期は、ジャガイモは茎葉が黄変し枯死するころ、サツマイモは茎葉の成長が停止するころで、イモの肥大が最大になった時期である（図1-2右参照）。

4▎収量構成要素と収量形成過程の解析

収量は、単位面積当たりの種子やイモの数、重さなどの収量構成要素（yield component）に分けて考えることができ、構成要素の積が収量になる〈注15〉。作物の一生で、種子やイモがつくられる時期や同化産物が蓄積して重さが増える時期がある。それぞれの時期の環境条件や栽培管理によって、つくられる数や重さが大きく影響される。収量構成要素は収穫時に採取した収穫物の数と重さから求めることができる。調査が比較的容易なので、作物の生育の経過を推定する指標としてよく使われる。

作物の収量や品質を高めていくためには、作物の生育の過程を生理機構も含めて理解し、収量・品質を規定する要因を明らかにし、改善していくことが必要である。しかし、収量構成要素は生育の途中ではなく最終結果のみをとらえることになること、さらに、相互に影響して負の関係にあるものが含まれていることなどから、収量・品質を高めていこうとするときには収量構成要素に着目するだけでは不十分である。そのため、作物の収量形成を生理的視点からとらえる、作物生産生理学が必要とされる。

第2章 種子の発芽と出芽の仕組み

1 植物にとっての種子―散布体としての役割―

　植物にとって種子（seed）は，次世代の子孫を残すための散布体（disseminule）である。種子をつくらないコケ植物やシダ植物では，胞子（spore）が散布体であるが，種子は胞子よりストレスに対していちじるしく強い構造と仕組みを備えている〈注1〉。したがって，生育困難な不良環境が長期間つづいても，種子の状態であれば生存できる可能性が高い。たとえば，2000年以上も前の遺跡から発掘されたハスの種子が長期間寿命を維持しつづけ，現代でも発芽して成長したという「大賀ハス」の話はよく知られている（図2-1）。この例はまれであるが，こうした事実は種子がさまざまな環境ストレスに強いことを示している。

　種子植物は，種子というストレスに強い仕組みを獲得したことによって，今日のように繁栄したと考えられている。とくに，古生代の終わりから中生代にかけては，乾燥，氷河期の到来，土地の隆起による造山など地球環境が大きく変動したが，種子はこれらの過酷な条件に耐えることができたので，中生代での裸子植物の大繁栄につながったと推定されている。

　種子をつくることは植物の生存戦略にとってきわめて重要であり，種子をつくるか，つくらないかは植物を分類する基準になっている。

〈注1〉
次世代の植物体になる胚が，硬くて丈夫な種皮におおわれて保護されているものや，高温，低温，乾燥などのストレス耐性にかかわるさまざまなタンパク質を備えている種子もある。また，発芽のエネルギー源になる貯蔵物質が豊富に含まれていることも，散布体として有利な形質である。

2000年以上前の遺跡から発掘された「大賀ハス」の種子（写真は増殖されたもの）

発芽し，開花した「大賀ハス」
図2-1
種子は長期間生命を維持できる

2 種子の基本構造

1 種子共通の構造

　種子は，受精（fertilization）した胚珠（ovule）から発達したものである。成熟した典型的な種子は，胚（embryo），胚乳（endosperm）と，それらの外側をとりかこむ種皮（seed coat）からできている（図2-2, 6）。

　胚は，受精卵から発達した若い胞子体（sporophyte）であり，この部分が次世代の植物体に成長する。成熟した種子の胚は，一時的に成長を休止した状態にあるが，すでに幼芽（plumule）や幼根（radicle）の形態分化は完了している。

　胚乳は，発芽時に胚が成長するために必要なエネルギーを供給する組織で，貯蔵物質（reserve substance）が蓄えられている。被子植物（angiosperms）と裸子植物（gymnosperms）では，胚乳のつくられ方がちがう（16ページのコラム参照）。

裸子植物の種子の構造

裸子植物は，胚珠が心皮（carpel）でおおわれていないため，被子植物の種子の種皮の外側にあるような，発達した外皮はない。また，被子植物のような重複受精（第1章2-2項参照）もしない。雌花の胚珠内では，減数分裂によってできた大胞子の1つが分裂をくり返し，その細胞の一部が造卵器になる。造卵器にならなかった細胞は増殖して胚乳をつくり，発芽に必要なエネルギーを蓄える。これを一次胚乳とよぶこともある。胚は，造卵器の卵細胞と雄花の精細胞が受精してできた受精卵が分裂してできる。

〈注2〉
インド洋のセイシェル諸島原産のフタゴヤシの種子は，重さが20kgもあり，長径は30cmにもなる。これに対して熱帯地方の着生ランの仲間は，わずか1gの果実のなかに約10億個もの種子があり，1粒の種子はきわめて小さい。種子の形も多様で，単純な球形もあれば，アカマツのように羽に似た構造で風によって運ばれやすいものもある。

種皮は，受粉する前から胚珠に備わっていた珠皮が起源の組織で，胚を保護したり発芽時の吸水を行なったりしている。

このように種子は共通した構造をもつが，その形や大きさはさまざまで〈注2〉，種皮の外側には，子房壁に由来する果皮や穎などを備えているものもみられる。

2 イネの種子（有胚乳種子）の構造

イネのように胚乳が発達している種子を有胚乳種子（albuminous seed）とよぶ。イネの種子では，胚は長さ2mm程度で珠口付近の腹側（外穎側）の基部にあり，外側に向かって上方に幼芽が，下方に幼根がつくられている（図2-2, 3）。胚の背側には胚盤（scutellum）があり，それに接するように胚乳が発達している。胚乳はデンプンを蓄積する柔細胞からなり，貯蔵組織（storage tissue）として機能している。胚乳組織の表層はアリューロン層（糊粉層，aleurone layer）が分化しており，この細胞には脂肪性の顆粒や酵素が含まれている（図2-4）。胚乳の外側には種皮と，さらに果皮がある。

以上に述べた構造からなる部分が，いわゆる玄米（brown rice）である。玄米は，外穎（lemma）と内穎（palea）に包まれており，その基部には護穎（glume）がある（図2-5）。

3 ダイズの種子（無胚乳種子）の構造

ダイズをはじめとしたマメ科などの双子葉植物の種子は，胚乳

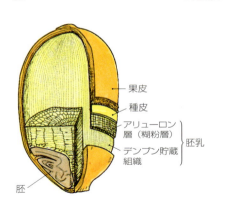

図2-2 イネ種子の内部構造
（星川，1979を改変）

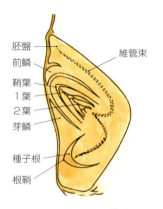

図2-3 イネの胚の構造
（星川，1975）

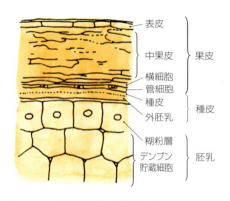

図2-4 玄米周辺部の横断面（星川，1975）

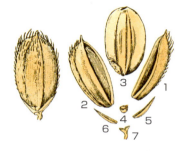

1：内穎，2：外穎，3：玄米，
4：小穂軸，5, 6：護穎，
7：副護穎と小枝梗

図2-5 イネ種籾の構造
（星川，1975を改変）

組織がほとんど発達していない無胚乳種子（exalbuminous seed）である（図2-6）。

無胚乳種子では胚の子葉（cotyledon）がいちじるしく発達しており、胚乳組織のかわりに子葉が養分を蓄える貯蔵組織としての役割をはたしている。

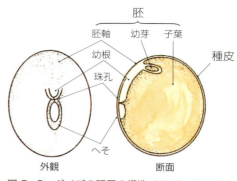

図2-6　ダイズの種子の構造（堀江ら、2004）

3 胚発生と種子形成

1 被子植物の種子形成と植物ホルモン

種子はどの被子植物でもほぼつぎの3つの過程でつくられ、その過程には複数の植物ホルモン（plant hormone）がかかわっている（第11章参照）。

❶ 細胞分裂と組織分化

重複受精が完了すると受精卵は分裂し、胚発生（embryogenesis）が開始される。胚は、細胞分裂によって細胞数と大きさが増加すると同時に、組織分化もすすみ、子葉や幼根がつくられる。胚乳も、細胞分裂によって細胞数が増え、胚乳組織が発達する。このような細胞の分裂と分化の過程でオーキシン（auxin）とサイトカイニン（cytokinin）が増えるので、これらの植物ホルモンが重要な役割をはたしていると考えられている。

❷ 貯蔵物質の蓄積

種子の発芽には多くのエネルギーが必要であり、種子はエネルギーになる物質を蓄えている。胚や胚乳形成のための細胞分裂が終わると、貯蔵物質の蓄積がはじまる。貯蔵物質は胚乳か子葉に蓄積し、デンプン（starch）は色素体に蓄積してデンプン粒（starch grain）になり、タンパク質はプロテインボディとよばれる小胞に、脂質はオイルボディに蓄積する。

貯蔵物質が蓄積される時期になると、種子中のアブシシン酸（アブシジン酸、abscisic acid, ABA）の濃度が増えはじめる。ABAは、貯蔵タンパク質の遺伝子発現を誘導する。また、貯蔵物質が十分に蓄積して種子形成が完了するまで、胚の発芽を抑制する働きもあると考えられている。

❸ 胚の乾燥耐性の獲得

貯蔵物質が蓄積しはじめると、種子の水分含量がいちじるしく低下し、乾燥状態になる。90％の水分を失う植物もあり、これによってほとんどの代謝は停止し、種子は生命活動を休止した状態になる。ABAは、このように極度に乾燥した状態でも生命を維持できるように、胚に乾燥耐性（drought tolerance）を獲得させる働きがある。種子形成の中期から後期にかけてABA濃度が上がると、LEA（late embryogenesis abundant）タンパク質〈注3〉が合成される。LEAタンパク質は、種子の細胞内に蓄積して、水分の低下した細胞質を保護すると考えられている。

いちじるしく水分が少ない状態は、可溶化しておこるような生化学反応

〈注3〉
胚発生の後半に大量に合成され蓄積するのでLEAタンパク質と命名された。種子と同じように乾燥に強い花粉にもLEAタンパク質が含まれていることや、葉や根などでも乾燥ストレスがかかると合成されることが明らかにされており、乾燥耐性にかかわるタンパク質と考えられている。

|開花後0日|5日|10日|20日|30日|40日|

図2-7 開花後のイネの玄米の発達（穎を除去してある）

はできにくくなり，生命現象を活発に営むうえでは適しているとはいえない。しかし一方では，発芽を誘導するために必要な有用物質の分解反応もおこりづらくなるであろう。種子は，このように水分含量を低下させることで長期間発芽能を維持している。

2 イネの種子形成
❶玄米の外形的発達

イネの種子形成の過程を，穎 (glume) を除去した状態で示したのが図2-7である。子房 (ovary) は，受精の翌日から膨らみはじめ，開花後5～6日で最大粒長になる。粒厚はゆっくりと増加し，開花後20～25日で最大になり完成した種子の大きさとなるが，果皮に葉緑体 (chloroplast) があるので，緑色をしている。その後葉緑体が減っていき，開花後30日で玄米が完成する。

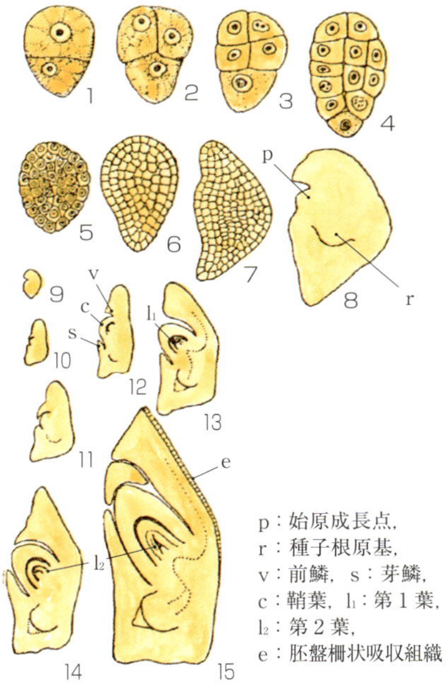

❷胚の発生と胚乳の形成
●胚の発生と発達

イネの受精卵は開花後1日目には2分裂し，3日目にはクワの実状の胚になる（図2-8）。4日目には腹側に切れ込みができ，ここに茎の成長点になる始原成長点が分化する。5日目にかけて成長点の周辺に鞘葉原基が，また胚の内部に向かって維管束がつくられはじめる。種子根の原基ができるのもこの時期である。6日目には第1葉原基が分化し，第1葉は8日目までに成長点を包むような形で発達し，第2葉原基も分化する。また，種子根の先端には根冠がつくられる。

胚は10日目まで急激に大きくなり，この時点で形態的分化と発達はほぼ終了する。これを境に，11日目以降は胚の細胞分裂はほとんどおこらなくなる。10日目以降の胚は，十分に発芽できることも示されている。

●胚乳の形成

胚乳の細胞は受精後ただちに分裂を開始する（図2-9）。胚乳をつくるための初期の分裂は細胞壁をつくらずにすすめられ，分裂後の核は，核のまま胚のうの内壁に沿って1層に並び，

図2-8 イネの胚発生の過程
　　　（星川，1975を改変）
1：受精1日後，2～4：1～2日後，
5：3日後，6～7：4日後，8～9：約5日後，
10～12：5日目，13：6日目，
14：8～10日目，15：11～12日目

p：始原成長点，
r：種子根原基，
v：前鱗，s：芽鱗，
鞘葉，l₁：第1葉，
l₂：第2葉，
e：胚盤柵状吸収組織

いわゆる多核体（apocyte）の組織になる。それぞれの核がさらに分裂をして2層の核の配列となり，3日くらいで胚に近い核から細胞壁がつくられはじめる。最終的に全ての核のまわりに細胞壁がつくられ，これ以後の胚乳は1つひとつに分かれた細胞で構成された組織になる。その後は通常の細胞分裂が行なわれて細胞層が増えてくる。胚乳細胞の分裂は，開花後10日目には終了する。

以上のようにイネの種子形成では，胚，胚乳とも開花後10日目には細胞分裂がほぼ終了する。

❸種籾の生重量，乾重量，水分含量の推移

イネの種籾形成過程と生重量，乾重量，水分含量の推移を図2-10に示した。前述したように，細胞分裂による種子の細胞数の増加は開花後10日目にはほぼ終了しているが，生重量，乾重量とも10日目から20日目にかけても急激に増えているのがわかる。この増加のほとんどは，胚乳へのデンプンの蓄積によるものである。

60％程度であった水分含量は，開花後10日目以降に急激に減っているので，このころが種子の乾燥がはじまる時期といえる。20日目には30％程度まで減り，それ以降は大きく減ることはないが，細胞は水分含量が20％というきわめて乾燥した状態になっている。

開花後10日目というのは，イネ種子の形成過程で胚の成長と分化がいったん休止し，貯蔵物質の蓄積と水分含量の減少がはじまる時期で，植物生理学的に成長の大きな転換点になっていることがわかる。

❹デンプンの蓄積

貯蔵物質の蓄積過程では，同化器官から転流してきたスクロースがもとになってデンプンが合成され，胚乳の細胞に蓄積する。スクロースは，何段階かの反応によってADP-グルコースになり，アミロースかアミロペクチン（図2-11）になって蓄積する。胚乳細胞の分裂は開花後10日目までつづくが，それ以前（開花後5日目程度）にデンプンの蓄積がはじまっている。デンプンの合成と蓄積については，第8章で詳しく述べているので，そちらを参照してほしい。

❺種子中のタンパク質

イネの種子には，多くのタンパク質も蓄積している。貯蔵物質としてのタンパク質のほかに，ストレス応答にかかわるタンパク質が多数含まれており，それによって乾燥などさまざまなストレスへの強い耐性機構をもつことができると推定されている。また，こうしたタンパク質の発現には，植物ホルモンのABAがかかわっていることも示されている。

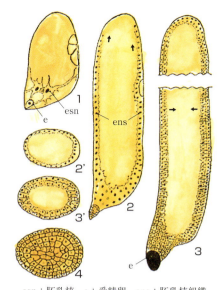

esn：胚乳核, e：受精卵, ens：胚乳核組織

図2-9　イネの胚乳の発達過程 (星川, 1980)
1：受精直後, 2, 2'：3日目（縦断と横断面），3, 3'：4日目, 4：5日目

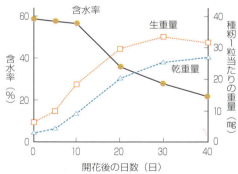

図2-10　発達中の種籾の生重量，乾重量，水分含量の推移

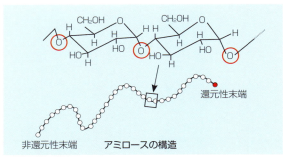

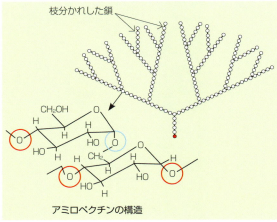

図2-11 アミロースとアミロペクチンの分子の模式図
(Meyer, 1962を改変)
○：グルコース　○：α-1, 4結合　○：α-1, 6結合

図2-12 成熟したイネ玄米に含まれるタンパク質の二次元電気泳動による解析
クーマシーブリリアントブルーで染色したゲルの写真
黒（実際は青）で染色されている1つひとつが分離されたタンパク質
・白い矢印は貯蔵タンパク質で，1と2がグロブリンで，3はグルテリン
　黒い矢印はストレス関連タンパク質で，4はLEAタンパク質，5と6は熱ショックタンパク質

● 貯蔵タンパク質

　図2-12は，'日本晴'の玄米から抽出したタンパク質を二次元電気泳動で解析（プロテオーム解析）した写真である。ひときわ濃く，大きなスポットとして検出されたタンパク質（図中の白矢印）が，グロブリンとグルテリンである。これらは貯蔵タンパク質で，種子形成期間中に蓄積し，発芽初期のタンパク質合成に必要なアミノ酸を提供する。

● ストレス関連タンパク質

　図2-12の黒い矢印をつけたスポットが，LEAタンパク質や熱ショックタンパク質（heat shock protein）〈注4〉などストレス関連タンパク質である（表2-1）。種子形成過程でのLEAタンパク質と熱ショックタンパク質の変動をみると，種子の水分含量が下がりはじめる開花後10日目に増えはじめ，極度に乾燥する開花後30〜40日目に多くなる（図2-13）。これらのタンパク質は，胚が獲得する乾燥耐性に重要な役割をはたしていると考えられている。

〈注4〉
HSPともよばれる。高温ストレスを受けたときに発現するのでこの名称がつけられたが，熱以外のストレスでも発現する。ほかの機能性タンパク質を介添えするように結合し（分子シャペロンという），そのタンパク質の立体構造を保つ機能がある。

プロテオーム解析とは

　生体内の現象には，何種類ものタンパク質が複雑に相互作用しながら重要な役割をはたしていることが多い。生命現象を正確に理解するには，さまざまなタンパク質に焦点を当てて解析する必要がある。近年，タンパク質を分析する技術の進歩や，ゲノム情報をはじめとしたデータの蓄積によって，生体内のタンパク質を網羅的に解析することが可能になった。それがプロテオーム（proteome）解析である。

　プロテオームとは，protein（タンパク質）と-ome（ラテン語で「全体」をあらわす）を組み合わせた造語で，ある時期の細胞や組織内に含まれている全てのタンパク質のセットのことを意味している。たとえば，種子の発芽過程のプロテオーム解析を行なったときに，吸水前より吸水直後に特定のエネルギー代謝系の酵素が何種類も増えていたら，発芽初期にこの代謝系が機能していることがわかる。

表2-1 イネの玄米中にあるストレス関連タンパク質の例

| 熱ショックタンパク質 |
| LEAタンパク質 |
| ペルオキシレドキシン（活性酸素種除去に関与する酵素） |
| グリオキシラーゼ（活性酸素種除去に関与する酵素） |
| アルドース還元酵素（活性酸素種除去に関与する酵素） |

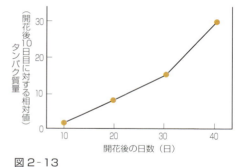

図2-13 開花後のイネ玄米に含まれるLEAタンパク質量の推移

● 活性酸素除去にかかわるタンパク質

表2-1に示されたタンパク質のなかには，活性酸素（reactive oxygen species）〈注5〉の除去に関係しているものもある。活性酸素は，植物がさまざまなストレスにさらされると細胞内でつくられ，高濃度の活性酸素は細胞の構造にダメージを与える。種子に多く含まれている活性酸素除去にかかわるタンパク質は，種子の寿命の維持に関係していると考えられている。

4 発芽の過程と環境条件

1 種子の発芽と出芽

発芽（germination）は，休止状態にあった胚が成長を開始することで，現象としては胚組織の一部（幼芽や幼根）が種皮をやぶって種子から出現することで確認できる。出芽は，土壌中で発芽した幼芽が，地表に出現することをいう。生産現場では，発芽と出芽を区別せずに用いることがあるが，それぞれの過程はちがう要因によって複雑に影響されるので，正確に区別して理解しておく必要がある。ここでは，まず発芽について述べる。

2 種子の発芽と休眠

❶ 発芽と環境

胚の発達が完了し，貯蔵物質が十分に蓄積された種子は，水分，酸素，適切な温度などの条件が整うと発芽する。発芽したばかりの芽生えを実生（seedling）〈注6〉という。種子の発芽率や発芽後の成長は環境に大きく影響されるが，適した環境条件は植物によってちがい，多様である。

❷ 種子休眠

発芽の環境が整った条件で完成した種子を吸水させても発芽しないことがある。これが種子休眠（seed dormancy）である。種子休眠は，2つのタイプに分けることができる。

1つは，胚自身に要因がある胚休眠である。胚にABAのような成長を抑制する物質が高濃度で含まれていたり，ジベレリン（gibberellin, GA）のような成長を促進する物質がない場合におこると考えられている。

もう1つは，胚以外の組織に要因がある種子休眠である。種皮が要因になっていることが多いので種皮性休眠ともよばれるが，胚乳や果皮などが要因になっていることもある。ABAのような胚の成長を抑制する物質が高濃度で種皮に蓄積したり，種皮の物理的透過性が悪く胚への水分や酸素

〈注5〉
酸素分子が反応性の高い化合物に変化したもので，スーパーオキシドアニオンラジカル（$O_2^{\cdot-}$），ヒドロキシルラジカル（$HO^{\cdot}$），過酸化水素（H_2O_2），一重項酸素（$^1O_2$）などがある。強力な酸化作用があり，細胞内の安定している物質を酸化し，とくに細胞膜を構成する脂質を過酸化状態にして細胞を老化させる。毒性が強い一方，植物体に侵入した病原菌を撃退するなど，生存に必要な役割をはたすことが知られている。

〈注6〉
果樹や野菜では「種子から育てた植物体」という意味でseedlingということばを用いることがある。これは，接ぎ木で得られた植物と区別するために使われている。本章では，発芽したばかりの「幼植物体」という意味でseedlingを用いる。

種子休眠の生態的な意義

休眠は種子の発芽時期を遅れさせることになる。しかし，植物生態学的にみると，種子を遠くへ散布することを可能にしている。また，秋に種子がつくられる作物では，すぐに発芽するときびしい冬の低温で生育をしなければならないが，休眠で発芽がおさえられることで生育に適さない環境を避けることができる。このように，休眠は植物が生存するための有効な戦略になっている。

の供給がさまたげられておこる。しかし，休眠を誘導する要因は非常に複雑で，不明な点も少なくない。

種子の休眠は，低温や高温にあうことや，特定の波長の光の照射によって解除（休眠打破）される。GA処理で休眠打破されることも多い。

3 種子の発芽プロセスと吸水

胚は，極度に乾燥した状態で成長を休止しているので，成長を再開するには吸水が必要になる。種子の典型的な吸水パターンを図2-14に示した。

❶ 吸水期

播種後，最初に急激な吸水がおこり，種子の含水率が一気に増える。この時期を吸水期とよぶ。吸水期の吸水は完全に物理的な過程で，低温条件や発芽しない種子でもおこる。また，この時期の吸水過程は可逆的で，吸水した種子を再乾燥しても発芽する能力は維持され，再度吸水させれば発芽する。

〈注7〉
タンパク質に翻訳され得る塩基配列情報と構造をもったRNAのことで，伝令RNA，メッセンジャーRNA（messenger RNA）とよばれ，mRNAと表記される。ゲノムのDNAからコピーした遺伝情報をになっている。

❷ 発芽準備期

吸水期を過ぎると，一時的に含水率の増加が停滞する。この時期を発芽準備期とよぶ。発芽準備期は，さまざまな代謝系が動きだす時期である。乾燥していた細胞内に水が流入して代謝系が活性化する初期の段階（図2-14のB_1相）では，あらかじめ乾燥種子に含まれていたものが利用されている。たとえば，発芽の過程で多くの遺伝子が発現するが，初期のタンパク質合成では，吸水前から種子に含まれていたmRNA〈注7〉が用いられる。また，複数の酵素が活性をもって存在していることも明らかにされている。これらは，種子形成過程で合成され，乾燥した状態でも保持されている。

発芽準備期の後期（図2-14のB_2相）になると，炭水化物代謝などの代謝系がさらに活発化する。しかし，吸水期から発芽準備期にかけての生化学的な機構については，不明な点も多い。

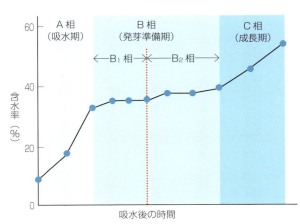

図2-14　発芽中のイネ種子の典型的な吸水パターン

❸ 成長期

発芽準備期に停滞していた種子の吸水は，幼

芽と幼根の成長がはじまることによって再開され（成長期），発芽する。

以上のように，種子の発芽とその後の成長には十分な水分の吸収が必須であり，播種したときの土壌水分の過不足は，正常に生育するための重要な環境要因になる。土壌中の水分が不足して発芽できない条件では，種子の発芽能力が消失することもある。

4 発芽と温度

種子の発芽に適した温度は，植物によってさまざまである。作物では，播種時期や，その作物の原産地の環境条件に左右されることが多い。イネは，温帯原産の作物より発芽適温が高い。

5 発芽と酸素濃度

発芽時の呼吸は吸水後ただちに再開され，発芽の過程には酸素が必要である。吸水期の酸素吸収量はわずかで，この時期の酸素呼吸をになうミトコンドリアは，乾燥種子に保存されていたものである。

発芽準備期からは徐々に呼吸量が増加し，成長期になるといちじるしく酸素を吸収する。酸素呼吸によって多くのATPがつくられ，発芽とその後の成長のエネルギーに使われる。

イネは，酸素が少ない水中でも発芽できる。ただし，幼根の成長は抑制され，子葉鞘が優先的に成長する。子葉鞘が成長して水面まで達し，酸素が十分にある空気に接すると根の成長がはじまる。

6 発芽と光条件

❶ 光発芽種子

水分，酸素，温度条件が適切であっても，光を照射しないと発芽しない種子もあり，これを光発芽種子（photoblastic seed）という。小さくて貯蔵物質の蓄積が少ない種子は，地中深いところで発芽してしまうと，発芽後に実生が成長して地上に達し，光合成が行なえるようになる前に貯蔵物質が枯渇してしまう。それを防ぐため，種子が地表に近いところにあって，光が当たった場合だけ休眠が解除され発芽する。

畑が耕うんされて，地中にあった雑草の種子に光が当たり発芽してくることはよくみられる。光発芽種子には，レタス，タバコ，セルリー，ミツバ，ゴボウ，シソ，クワなどがある。イネは発芽に光を必要としない。

❷ 光発芽種子の発芽機構

光発芽種子の発芽機構を明らかにするために，波長のちがう光を照射した実験が行なわれている。レタスでは，赤色光（波長600～660nm）は発芽を誘導するが，遠赤色光（700～800nm）は抑制する。この発芽制御には，光を受容する色素タンパク質であるフィトクロム（phytochrome）が機能している（図2-15）。フィトクロムには赤色光を受容するPr型と，遠赤色光を受容す

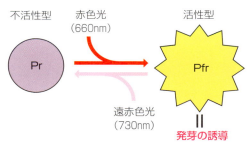

図2-15 フィトクロム反応のモデル

る Pfr 型があり，Pr 型は赤色光を受容すると Pfr 型に変換され，Pfr 型は遠赤色光を受容すると Pr 型にもどる。この変換は可逆的である。Pfr 型が活性型のフィトクロムで，発芽誘導のほかにもさまざまな生理作用がある。また，フィトクロムの分子にはいくつかの種類があり，フィトクロム A は弱い赤色光に反応し，フィトクロム B は強い赤色光を受容して働く。レタスの発芽ではフィトクロム B が機能している。

❸暗発芽種子

光によって発芽が抑制される種子もある。暗発芽種子（negative photoblastic seed），または嫌光性種子とよばれ，クロタネソウ，ケイトウ，カボチャなどがある。乾燥した地域では，光合成とともに水分の確保が重要になるが，強い光が当たると乾燥がきびしくなるので，光で発芽が抑制されるほうが生存に有利になる。また，光条件に関係なく発芽する種子は暗所でも発芽できるので，暗発芽種子とよぶこともある。

光による種子の発芽制御は，種子の古さや保存状態，さらに温度にも大きく影響を受ける。GA や ABA もこの制御に重要な役割をはたしている。

5 発芽での貯蔵物質の分解

発芽した実生は，光が当たる地上にでて葉を展開するまでは，光合成にたよらず成長しなければならない。この成長をささえているのが，種子形成時に蓄積した貯蔵物質である。貯蔵物質は，長期間の保存に適した分子構造をしているが，そのままでは利用しにくいので，発芽時には分解される。種子の発芽過程では，貯蔵物質の分解反応が盛んにおこっている。

1 デンプンの分解反応

デンプンは，イネをはじめ穀類 〈注8〉 の胚乳に豊富に蓄えられている貯蔵物質である。デンプンの分解反応を触媒する酵素は複数あるが，種子の貯蔵デンプンに直接作用して最初の分解を行なう酵素は α-アミラーゼ（α-amylase）である。

イネでは種子が吸水すると胚盤細胞で微量の α-アミラーゼがつくられ，これによってデンプンが分解されてできた糖が胚に供給される。このわずかなエネルギー源によって，胚では植物ホルモンの GA が合成され（図 2-16），胚乳細胞を囲むアリューロン層に拡散する。この GA の作用で，アリューロン細胞で大量の α-アミラーゼがつくられて胚乳細胞

〈注8〉
子実にデンプンを多く含む作物のことで，狭義ではイネ，アワ，ヒエ，キビなどのイネ科作物（禾穀類）のことをさす。広義にはその他の科の作物も含み，マメ科の穀類は菽穀類とよび，禾穀類の種子に似ている双子葉類のソバやアマランサスは擬禾穀類という。

GA による α-アミラーゼの誘導機構

胚から拡散した GA は，まずアリューロン細胞で GA の受容体に結合する。GA のシグナルは核にまで伝達され，転写因子（transcription factor）である GAMyb タンパク質の遺伝子発現を誘導する。合成された GAMyb タンパク質は，α-アミラーゼ遺伝子のプロモーター領域に結合し，この遺伝子の転写を活性化する。一方，ABA は，GA による α-アミラーゼ遺伝子の発現を転写レベルで強く阻害する。

に分泌され，貯蔵デンプンを可溶性デンプンに分解する。可溶性デンプンは，α-アミラーゼ，枝切り酵素（starch debranching enzyme），β-アミラーゼ（β-amylase）の働きでマルトースに分解され，最終的にグルコースになって胚に供給される。胚はこれを利用して発芽し，実生を成長させる。

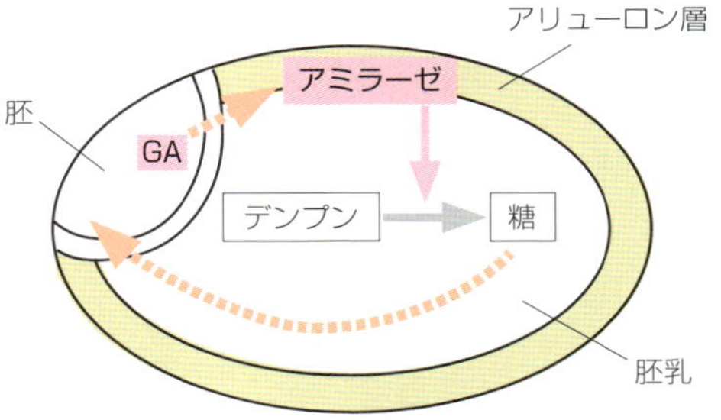

図2-16 イネの種子の発芽時のデンプン分解
GA：ジベレリン

2 タンパク質の分解反応

ほとんどの種子には，貯蔵物質としてタンパク質が含まれている。溶解性のちがいで，水に溶けるアルブミン，塩に溶けるグロブリン，酸と塩基に溶けるグルテリン，アルコールなどの有機溶媒に溶けるプロラミンの4種に大別されている。イネにはグルテリンと，プロラミンが多く含まれている。貯蔵タンパク質は，種子が吸水することで分解してアミノ酸になり，新しく合成されるタンパク質の材料として用いられる。

イネでは，タンパク質の分解酵素もデンプンの分解反応と同じような過程でつくられる。吸水後に胚でGAが合成されてアリューロン細胞に拡散し，タンパク質の分解に必要な酵素であるエンドペプチダーゼとエキソペプチダーゼの遺伝子を発現させる。こうしてつくられたエンドペプチダーゼとエキソペプチダーゼが胚乳に分泌され，胚乳に蓄積されていた貯蔵タンパク質を，まずエンドペプチダーゼが分解して可溶性のペプチドにし，その後エキソペプチダーゼがアミノ酸まで分解する。アミノ酸は胚に供給されて，胚の成長に利用される。

3 脂質の分解反応

マメ科，ウリ科，アブラナ科のように，貯蔵物質として脂肪を多く蓄積している種子は油料種子ともよばれ，発芽時のエネルギーは脂肪が分解して供給される。油料種子ではないイネでも，開花後5日目くらいから貯蔵物質として脂肪が蓄積される。

油料種子が蓄積している脂肪の多くはトリアシルグリセロールで，オイルボディ〈注9〉に含まれている。発芽時には，この脂肪がリパーゼによって加水分解され遊離の脂肪酸になり，β酸化〈注10〉，グリオキシル酸回路〈注11〉を経て最終的に糖がつくられ，胚の成長に利用される。

6 出芽の過程と環境条件

発芽した実生が成長して地上部に出現することが，出芽（emergence）である。出芽は，発芽と同じように温度，土壌水分，酸素の供給量などの影響を受けるが，硬さなど土壌の物理性の影響も大きい。とくに，種子を播くときの深さ（播種深度）は，出芽の良否を左右する重要な要因で，浅いと土壌の乾燥の影響を受けやすくなり，深すぎると幼芽が地面に到達できない。

〈注9〉
小胞体由来の細胞小器官（オルガネラ）。

〈注10〉
リパーゼによってつくられた脂肪酸を酸化して脂肪酸アシルCoA（脂肪酸と補酵素Aのチオエステル）をつくり，そこからアセチルCoAをとりだす代謝経路のこと。脂肪酸アシルCoAのβ位が段階的に酸化されるので「β酸化」とよばれている。種子の発芽時のβ酸化は，細胞小器官であるグリオキシソームで行なわれる。

〈注11〉
グリオキシソームでのβ酸化によってできたアセチルCoAは，グリオキシル酸回路によってコハク酸になる。コハク酸は最終的に細胞質で糖に変換される。

1 単子葉植物の出芽
❶ 茎頂分裂組織と出芽

幼芽が土中を伸びて地表にでることで出芽するが，単子葉植物も双子葉植物も，芽の先端には茎頂分裂組織（芽の成長点，shoot apical meristem）がある（第1章2-1-③項参照）。この組織は，細胞壁があまり発達していない未分化の細胞からできており，損傷を受けやすい。

イネ科植物では，茎頂分裂組織と第1葉が鞘葉（coleoptile）によって包まれ保護されており，地表にでると鞘葉がやぶれ，第1葉があらわれる。トウモロコシでは，鞘葉は3cm程度しか伸びない。それより深い土中に種子があると，鞘葉の下部にある中胚軸（mesocotyl）が伸びて茎頂を地上に押し上げる。中胚軸の伸長にはフィトクロムがかかわっており，赤色光で阻害され遠赤色光で促進される。

❷ イネの出芽

わが国の水稲はほとんどが移植栽培で，管理された環境で育苗が行なわれ，健全に成長した苗が田植えによって移植されるので，生産現場で出芽が問題となることは少ない。しかし，種子を直接水田に播く直播栽培〈注12〉では，出芽が苗立ちやその後の成長，収量に影響する。直播では種子を播く深さが重要で，深すぎると出芽率が悪くなり，浅すぎると土壌への根の定着が不十分で倒れやすくなる。また，湛水して直播する場合は，酸素の供給量が少ないことによって出芽が悪くなることも指摘されている。

2 双子葉植物の出芽

双子葉植物では，土中で実生が成長するとき，茎頂分裂組織の下の部分が湾曲してフックができる（図2-17）。フックが先導して上方に伸び，茎頂分裂組織はフックに保護される形で地表へ伸びていく。フックの形成には，植物ホルモンのエチレン（第11章1-5項参照）がかかわっている。エチレンの生理作用で，茎頂分裂組織の下の内側の細胞の伸長が阻害され，外側の細胞の伸長が促進されるため，屈曲した部分ができる。フックは，地表にでて光が当たると消滅する。エチレンは，植物が機械的な刺激を受けたときにつくられ，実生が伸びるとき土壌の粒子との摩擦によってつくられ，摩擦が強くなると生成量も増える。エチレンは，胚軸を肥大させる生理作用もあり，摩擦によって胚軸の太い実生がつくられる。胚軸が太くなると実生が物理的に強くなり，硬い土壌のなかでも出芽しやすくなる。

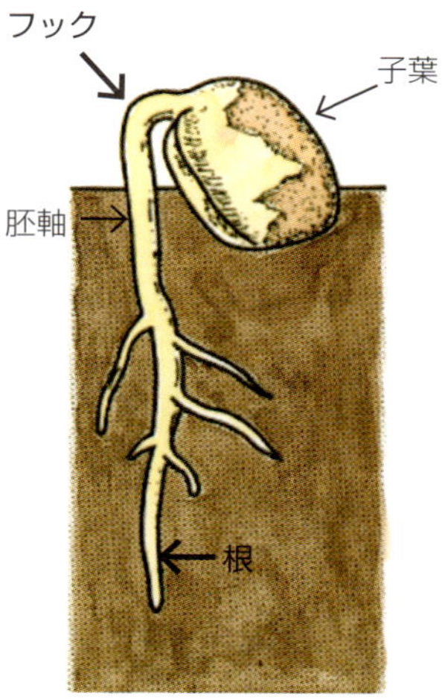

7 イネ種子の発芽での課題と育種

これまで述べてきたように，種子形成や発芽，出芽には，作物生産を左右する重要な過程が多く含まれており，解決すべき課題も多い。近年の作物の生理学やゲノムサイエンスの進展により，これらの課題の克服に有用な遺伝子が特定され，優れた品種の育成につながる事例がいくつか報告されている。それらを以下に紹介する。

〈注12〉
直播栽培では，水田に直接種子を播くので，苗づくりや移植の作業がなくなり，大幅に省力化できる。農業のにない手の高齢化が問題となっているわが国では，注目されている技術である。

図2-17
双子葉植物の実生にできるフック
（堀江ら，2004）

1 穂発芽性の克服

穂に実った種子の状態でも，吸水すると収穫前に発芽する。この現象が穂発芽（preharvest sprouting）である（図2-18）。穂発芽が発生すると子実の品質がいちじるしく低下するので，収穫時期が梅雨と重なるコムギの栽培ではとくに深刻である〈注13〉。イネでも穂発芽はみられ，台風などで倒伏し，吸水すると発生しやすい。穂発芽性は種子の休眠が浅いと誘導され，明らかな品種間差がみられる。野生型に近い品種やインド型品種の種子のほうが，休眠性が深く，穂発芽が発生しにくい傾向がある。

そこで，インド型品種である'カサラス'の穂発芽耐性を示す遺伝子の探索が，QTL解析法〈注14〉で行なわれた。その結果，'カサラス'の第7染色体〈注15〉に穂発芽耐性を強化する遺伝子座（Sdr4と命名）がみつかった。Sdr4の遺伝子領域を'日本晴'や'コシヒカリ'に導入すると，穂発芽耐性を強化できることも明らかにされており，穂発芽耐性の弱いもち米品種や，コムギの育種への利用が期待されている。

2 低温発芽性の向上

低温発芽性（low-temperature germinability）は，水稲の直播栽培の導入に重要な形質である。イネは発芽時に高い温度を好むが，水稲の栽培が盛んな東北や北陸地方では，播種期でも寒冷になることがある。移植栽培のように管理された状態で育苗すれば，これらの地域でも発芽が問題になることはない。しかし，直播栽培で野外の水田に播かれると，低温で発芽率が低下しやすいので，低温発芽性が重要になる。

穂発芽耐性と同じように，低温発芽性にも品種間差が認められる。イタリア由来の品種'Italica Livorno'は強い低温発芽性をもっているので，それを支配する遺伝子をQTL解析で特定することが試みられた。その結果，低温発芽性を制御する有用な遺伝子座として，'Italica Livorno'の第3染色体に存在するqLTG3-1が特定された。qLTG3-1の遺伝子領域を，低温発芽性の弱い品種に導入すると，低温条件でも高い発芽率を示すことも確認され，直播栽培に適した品種の育成に寄与すると考えられている。

3 有用な品種を育成するために

植物のゲノムサイエンスの成果は，有用な水稲品種の育種の進展に大きく寄与している。しかし，こうした成果を十分に生かすためには，留意しておかなければならないこともある。

❶ 遺伝子産物の機能の解明

目的の形質を改善する効果のある遺伝子を特定できたとしても，その遺伝子が育種に利用できないことも少なくない。これまで述べてきたように，種子形成や発芽，出芽の過程では，複数の植物ホルモンが重要な役割をはたしている。たとえば種子休眠の制御にはABAやGAが関与しているので，休眠の制御に関係する遺伝子には，ABAやGAの合成系やシグナル伝達系に直接かかわるものが多数ある（第11章参照）。ABAやGAの生

図2-18　穂発芽したイネ

〈注13〉
1995年の北海道では，穂発芽の発生によるコムギの損害額は100億円にものぼるといわれた。

〈注14〉
生物が示す遺伝的形質で，たとえば「花色が赤か？ 白か？」というように，表現型の変異が不連続で，定性的にその差を示すことができるものを質的形質という。これに対して「草丈」のように，表現型の変異が連続的で，その差を計数値や定量値で示さなければならない形質を量的形質という。穂数，穂重，粒数など農業上重要な形質は量的形質が多い。量的形質には非常に多くの遺伝子がかかわっているので，それらを特定するのは困難とされてきた。しかし，DNAマーカーとの連鎖を統計学的に解析することによって，量的形質を支配する遺伝子の染色体上での位置を推定できるようになった。それがQTL（quantitative trait locus 量的形質遺伝子座）解析法である。

〈注15〉
イネは2n=24で，12種類の染色体がある。

機能性食品としてのお米

　作物の育種目標は，高収量，病害，ストレス抵抗性などがキーワードとしてあげられることが多い。種子も，穂発芽耐性や低温発芽性にかかわる育種が行なわれているが，イネは種子を食用とするので，成分に焦点を当てた育種も行なわれている。成分としては食味がもっとも重要であるが，最近では機能性食品として「お米」を利用するという考えがある。たとえば，赤米や黒米などの有色米（colored-kernel rice）は，玄米の種皮の部分にアントシアニン系やタンニン系の色素が含まれている。これらの色素は抗酸化作用があり，生活習慣病の予防に効果があるとされており，栽培しやすく高収量で，食味のよい有色米の育種が行なわれている。

　また玄米の発芽胚は，血圧上昇や肥満の抑制に効果があるとされている γ-アミノ酪酸（GABA）を多く含む。この点に着目して，胚の部分を巨大化した'はいいぶき'という品種が育成されている。日本人はお米を主食として食べているので，このような有効成分を継続して摂取できることがお米を機能性食品として利用するうえでの最大のメリットである。ただし，種皮も胚も精米すると除かれてしまうので，調理法の工夫も必要である。

理作用はきわめて多様であり，種子だけに限定されるものではなく，多くの器官で成長と分化のカギとなる役割をはたしている。

　せっかく特定して単離した遺伝子を導入しても，目的の形質の改善とともに，他の形質にも大きな影響を与えて，全体としてはマイナスの効果になることもありえる。これを防ぐには，遺伝子を特定するだけでなく，その遺伝子産物の機能を解析し，どのような機構で目的の形質を改善しているのかを正確に解明する必要がある。ただし，そのためには莫大な時間と労力を要することも事実である。

　遺伝子産物の機能についての研究成果を踏まえつつ，同時に生産現場で求められている課題を解決するための実践的な育種が重要になる。

❷ 有用な遺伝資源の確保

　現在わが国で栽培面積がもっとも多い水稲品種は'コシヒカリ'である。その最大の理由は食味であろう。しかし，優良な品種を育成するときに「コシヒカリのように…」や「コシヒカリに負けないくらい…」ということだけを念頭に行なうと，特定の遺伝子だけが選抜され，多くの有用な遺伝子が失われる危険性がある。表面的な形質だけで「栽培上マイナス」と評価された遺伝子にも，有用になる可能性が秘められている。

　たとえば，穂発芽耐性には休眠性の誘導が想定できるが，休眠性があまりに強いと，発芽の不ぞろいにつながる。強い休眠性は発芽率の確保という面ではむしろ栽培しにくい形質でもある。また，機能性食品として最近注目されている有色米も，明治時代には白米（しろごめ）に混入する雑草として，徹底して除去されていたようだ。これらの例のように，どんな遺伝子も生産現場で役立つ可能性があるので，多様な遺伝子をもつ多くの品種や系統を遺伝資源として体系的に確保しておくことが重要である。

　一般に遺伝資源は，もっともストレスに強い種子の状態で保存される。できるだけ長期間，種子の発芽能力が失われないようにする必要があるが，種子の寿命が維持される仕組みは，まだ完全には解明されていない。この点でも種子を対象とした生理学は重要な役割をになうことになる。

第3章 葉面積拡大の仕組み

　葉の成長量や葉面積の増加量は，個体群の光合成速度，物質生産量を左右するので，作物の物質生産量を高く効率的に確保するには分枝や茎，葉の成長を適切に制御する必要がある。ここでは，作物の個体群の葉面積の変化と，それにおよぼす内的・外的要因について述べる。

1 葉の成長と一生

1 茎葉の成長とファイトマー
❶ 茎と葉の成り立ち
　茎は，先端にある成長点（shoot apex）が分裂することによって新しい細胞をつくり，その細胞や組織が伸びることによって長軸方向に長さを伸ばす。そして，茎の側方に葉がつくられる。葉は光合成を営む主要な器官であるが，茎は必要な水や無機養分を根から葉に送る機能もある。
　茎の葉がつくところを節（node），節と節のあいだを節間（internode）とよぶ。茎の先端近くでは節と節間の区別がはっきりしないが，葉が成長して着生部が明瞭になるとはっきりする。とくにイネ科などでは，節が隆起するため，節と節間が区別しやすい。節間が伸びることを，節間伸長（internode elongation）とよぶ。

❷ 単位構造の考え方
　高等植物では，茎に節と節間がくり返しつくられて成長する。そして，「葉」，葉がつく「節」，節付近につくられる「側芽」と「不定根」〈注1〉，「節間」の分化と成長には密接な関係がある。そのため，この5つを1つの単位構造とみる考え方があり，ファイトマー（phytomer）とよばれている（図3-1）。植物体はファイトマーが積み重なった構造体とみなすことができ，植物の成長は頂端にファイトマーをくり返して積み上げ，その数を増やすことであるととらえられる。

2 葉の一生と役割
❶ 葉の一生─分化，成長，老化─
　葉の"もと"になる葉原基（leaf primordia）は，茎の成長点近くの細胞の分裂によってつくられる。これが葉の組織の分化である。葉原基から新しい細胞や組織ができるとともに，個々の細胞や組織が伸

〈注1〉
茎など根以外の器官からつくられる根。例として，トウモロコシやソルガムの茎の下部の節の近くや，サツマイモの節の近くなどにみられる。

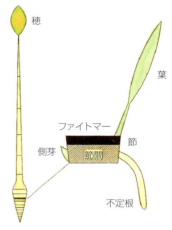

図3-1　ファイトマーの概念
（根本，2010）
ファイトマーの考え方は，栄養器官にかぎらず穂を含めた花序の形態にも適用できる

図3-2 葉の役割

〈注2〉
短日植物ではある日長よりも短くならないと花芽を形成しない日長、長日植物ではある日長よりも長くならないと花芽を形成しない日長のことをいう（第1章2項のコラム「花芽形成に必要な条件」参照）。

図3-3 イネの葉身と葉鞘
（後藤ら, 2000）

図3-4
イネの葉耳、葉舌、カラー
（星川, 1975）

びて、葉の長さや幅、厚さを大きくする（葉の成長）。葉の成長は、気温、光強度、窒素施用量など環境や栽培管理の影響を受ける。イネなどの多くの植物では、上位の葉ほど長く、幅も広くなる。葉がある大きさになると、分裂組織の活性が低下し、葉の組織は成熟する。そして、一定期間活動したのち、老化がすすみ、枯死して、脱落する。茎や根は無限成長であるが、葉は有限成長である。

個体群でみると、葉面積指数（leaf area index, LAI, 第1章1-2項参照）は、発芽後、分枝や茎数の増加とともにつぎつぎと新しい葉がでて大きくなり、一定期間で最大値に達するが、それ以降は葉の枯死や脱落によって小さくなる。

❷ 葉の役割

葉のおもな役割は、光合成（photosynthesis）、呼吸（respiration）、蒸散（transpiration）、日長の感受（photoperiodic response）などである。

葉は、葉緑体を多く含み、気孔から二酸化炭素（CO_2）を取り込み、根から吸収された水と、光エネルギーを用いて、デンプンなどの炭水化物の生産と酸素（O_2）を発生する光合成を行なう。同時に、多数の気孔から水が蒸気となって大気中へ放出される蒸散を行なう。また、日長を感受し、植物に固有の限界日長（critical daylength）〈注2〉によって、栄養成長から生殖成長に移行する。そのほか、植物ホルモンのオーキシン、ジベレリン、アブシシン酸、エチレンなどを合成する（図3-2）。このような葉の役割は、植物の齢や、昼夜、気温、湿度、土壌、水分条件などによって変化する。たとえば、若い植物では光合成、呼吸、蒸散のいずれも盛んに行なわれるが、齢がすすむと光合成や蒸散よりも呼吸の役割が大きくなる。

2 葉の形態

1 外部形態

❶ 単子葉植物

●葉の構成と鞘葉、不完全葉、完全葉

単子葉植物であるイネ科の葉は、葉身（leaf blade）と葉鞘（leaf sheath）からなる（図3-3）。葉身と葉鞘のあいだにはカラー（collar）とよばれる葉緑素のない白色で帯状の部分があり、その内側に葉耳と葉舌がつく（図3-4）。葉耳は上位の葉や稈を抱くような構造をしており、葉舌は白い膜状組織で、発生的には葉鞘の先端が退化したものと考えられている。ほとんどの単子葉植物には托葉（stipule, 双子葉植物の項参照）がなく、葉柄（petiole, 双子葉植物の項参照）のかわりに葉鞘をもっている。

播種後、最初にでる葉が鞘葉（coleoptile, 子葉鞘, 幼葉鞘）である。単子葉植物では、胚盤と鞘葉が子葉（cotyledon）に相当するとの考え方が有力である。つづいて第1葉、第2葉……とでてくるが、イネでは第1葉は外見上、葉身のない不完全葉（incomplete leaf）で、第2葉以降の葉

は明らかに葉身と葉鞘を区別できる完全葉（complete leaf）である〈注3〉。

● 葉脈

単子葉植物では，葉脈（vein）が葉身内を縦方向に平行に走向する。葉脈の内部には維管束が通っている。葉身の中央を走向する隆起した葉脈は中肋（midrib）といい，もっとも太い維管束が通っている。イネの葉では，太い葉脈には大維管束が，細い葉脈には小維管束が通っている。葉身の先端部と基部では，細い葉脈と葉脈が合流または消失するので，葉脈の数は中央部よりも少ない。葉身の基部では，太い葉脈と細い葉脈が交互に並んで走向し，葉鞘にはいる。

❷双子葉植物

● 葉の種類（葉的器官）

双子葉植物では，播種後，子葉，低出葉（cataphyll），初生葉（primary leaf），普通葉（本葉）（foliage leaf），高出葉（hyposophyll），花葉（floral leaf）の順に葉と葉的器官がでてくる。子葉は子実がつくられる過程で発生し，2枚が対生する。マメ科植物の種子は，子葉に貯蔵物質が蓄積される。播種後，子葉が地上で展開する地上子葉型（epigeal cotyledon）と，子葉が土中にとどまり上胚軸が地上にでる地下子葉型（hypogeal cotyledon）がある〈注4〉。

普通葉がでる前に，普通葉より茎の基部側に葉的器官がつくられることがあり，低出葉とよばれる（図3-5）。低出葉は，突起状や鱗片状（鱗片葉, scale leaf）などで，基部側のものほど発達が不十分である。

ダイズやインゲンマメなどでは，子葉のつぎにでるのは初生葉で，低出葉はでない。初生葉は普通葉の一種であるが，1枚の葉身からなる単葉（simple leaf）であり，子葉節の上の第1節に対生する。ラッカセイには低出葉や初生葉はなく，子葉のつぎに本葉がでる。

双子葉植物の普通葉は，葉身，葉柄，托葉がそろった完全葉の場合が多い（図3-6）。これらのうち1つまたは2つが欠けている葉を不完全葉とよぶ。

● 葉の構成

マメ科植物の普通葉は，葉身，葉柄，托葉で構成される（図3-7）。葉身が複数の小葉（leaflet）で構成されている葉が多く，複葉（compound leaf）とよばれる〈注5〉。小葉は基部の小葉柄（petiolule）で葉

図3-6 完全葉（土橋, 1999）

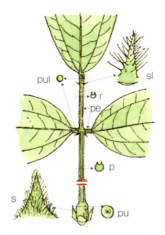

図3-7 ダイズ複葉の形態
（星川, 1992）
p：葉柄, pe：小葉柄, pu：葉枕,
pul：小葉枕, r：葉軸, s：托葉,
sl：小托葉

〈注3〉
鞘葉，不完全葉，完全葉は，起源は同じだが形態や働きがちがう相同器官であり，これらはまとめて葉的器官（phyllome）とよばれる。なお，双子葉植物の項にでてくる各種の葉や，冬芽をおおう鱗片葉，花の基部にある苞葉，サボテンの針なども葉的器官の1つである。

図3-5 ソラマメの芽生え
子葉は地中にある

〈注4〉
地上子葉型にはダイズ，インゲンマメ，ササゲ，リョクトウなど，地下子葉型にはアズキ，エンドウ，ソラマメなどがある。

〈注5〉
ダイズやインゲンマメの普通葉は，3枚の小葉からなる複葉。ラッカセイは2対，計4枚の小葉からなる羽状複葉（pinnate compound leaf）が互生する。エンドウは，2枚の低出葉が互生したのち，2枚の托葉と2枚の小葉からなる普通葉がでる。上位の葉では巻きひげがでて，小葉数が多い。ソラマメは，子葉がでたあと，2〜3枚の低出葉が互生してでて，その後2枚の小葉からなる1対の羽状複葉が数節つき，その上の節から小葉が3〜6枚からなる羽状複葉が数対つく（図3-5）。

軸(rachis)か葉柄につき,葉身は葉柄で茎についている。葉柄の基部に2枚の托葉がつくられる。また,小葉柄の基部に小托葉がつくられることもある。

2 内部形態

❶ 単子葉植物

単子葉植物の葉の内部形態は種類によってちがうが,ここではイネを中心に述べる。

●維管束,維管束鞘細胞

図3-8にイネの葉身の横断面を示した。葉の向軸側〈注6〉は凹凸が多く,背軸側は比較的平坦である。向軸側の大きな山の部分には大維管束が,小さな山の部分には小維管束があり,2つの大維管束のあいだに1から数本の小維管束がある。

大維管束,小維管束のまわりは維管束鞘細胞(vascular bundle sheath)にかこまれている。維管束鞘細胞は大型の柔細胞(parenchyma)であり,イネ科のC_4植物では多数の大型の葉緑体が,C_3植物では小型の葉緑体が含まれる。維管束鞘細胞の一部は向軸側や背軸側に伸びて維管束鞘延長部(bundle sheath extension)〈注7〉になる。

トウモロコシなどのイネ科のC_4植物では,維管束鞘細胞が大きく,そのなかに大型の特殊な葉緑体が含まれており,光合成の炭酸固定経路の一部をになっている(第6章1-4項参照)。

維管束の向軸側が木部(xylem)で,原形質や上下の隔壁が消失して死んだ細胞が管状になった道管(導管,vessel)があり,根で吸収した水や養分を輸送する。背軸側は師部(phloem)で,生きた細胞の師管(篩管,sieve tube)があり,葉でつくられた光合成産物を輸送する。

●機動細胞

向軸側の谷の部分には機動細胞(motor cell, bulliform cell)がある。機動細胞は葉身の厚さの半分程度をしめる大型の細胞で,膨圧が高いと大き

〈注6〉
向軸側は,原基のときに茎頂分裂組織に向いている側,背軸側は茎頂分裂組織に向いていない側である。なお,向軸側は葉の表側,背軸側は裏側になる。

〈注7〉
葉の横断面でみると,維管束のまわりをとりかこむ維管束鞘細胞の一部が,向軸側と背軸側に向かって伸びている部分。葉肉細胞より大きな柔細胞で,葉肉を区画化して葉の物理的な強度を高め,維管束と表皮組織の連絡に働いているとされている。維管束鞘延長部をもつ葉を異圧葉(heterobaric leaf),もたないか不完全な葉を等圧葉(hom(e)obaric leaf)とよぶ。

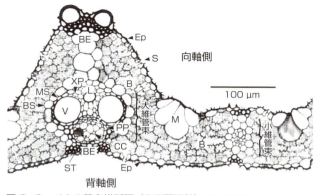

図3-8 イネの葉身横断面(光学顕微鏡)(中村原図)
V:道管, XP:木部柔細胞, L:原生木部腔, ST:師管, CC:伴細胞, PP:師部柔細胞, BS:維管束鞘細胞, BE:維管束鞘延長部, MS:メストム鞘, B:葉肉細胞, Ep:表皮, S:気孔, M:機動細胞

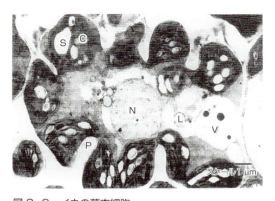

図3-9 イネの葉肉細胞
(透過電子顕微鏡)(長南ら,1977)
C:葉緑体, L:脂質顆粒, N:核, S:デンプン粒, V:液胞
P:細胞壁が内側に貫入した部分

くなって葉を開き，膨圧が低いと小さくなって葉を閉じる。
● 葉肉細胞

維管束や機動細胞以外の部分には，葉緑体を含む柔細胞である葉肉細胞（mesophyll cell）がある。イネの葉肉細胞は，細胞壁の一部が内側に貫入しており，有腕細胞（arm cell）〈注8〉とよばれる（図3-9）。なお，被子植物では向軸側に柵状組織（palisade tissue），背軸側に海綿状組織（spongy tissue）が分化することが多いが，イネ科作物にはその区別はない。一般に，夏作物は冬作物より細胞が小さく，葉肉細胞の表面積／体積比が大きい。

● 気孔

葉の表面では，気孔（stomata，単数形は stoma）が葉脈の斜面に縦方向に並んでいる。気孔のまわりには孔辺細胞（guard cell）と副細胞（subsidiary cell）があり，前者の膨圧が高くなると気孔が開く。気孔の長さは30μm程度で，単位葉面積当たりの数は上位葉で多い。

〈注8〉
有腕細胞は，細胞壁の表面を内側に拡大してガス交換の効率を高めている。

❷ 双子葉植物

● 維管束，維管束鞘細胞

図3-10にダイズの複葉の横断面を示した。ダイズでは複数の葉脈（維管束）が網目状に発達しているが，維管束は，単子葉植物と同じように向軸側が道管のある木部で，背軸側が師管のある師部である。

マメ科植物も，イネと同じように維管束のまわりを維管束鞘細胞がとりかこんでいる。維管束鞘細胞は1層で，そのなかに小型の葉緑体が含まれている。植物によっては，イネなどと同じように，葉の横断面をみると，維管束のまわりをとりかこむ維管束鞘細胞の一部が，向軸側と背軸側に向かって伸びている維管束鞘延長部の細胞が配列するが（ダイズなど），形成しない植物もある（ソラマメなど）。

● 葉肉細胞（柵状組織，海綿状組織）

双子葉植物の葉肉は，向軸側に柵状組織が，背軸側に海綿状組織が分化する（図3-10）。柵状組織は，円柱状の柵状細胞が垂直にすきまなく並んでおり，ダイズでは2～3層である。海綿状組織は，海綿状細胞の形が多様なので，細胞間のすきまが大きい。柵状組織と海綿状組織のあいだに1層の葉脈間細胞がある。

光が強いと柵状組織が発達し，弱いと海綿状組織が発達する。

● 気孔

双子葉植物では，葉の気孔は表皮に散在しており（図3-11），葉脈の斜面に並んでいるイネなどの単

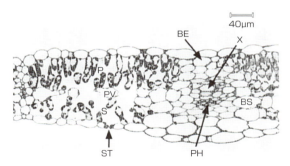

図3-10　ダイズ複葉の断面（光学顕微鏡）（三宅，2010）
BS：維管束鞘細胞，BE：維管束鞘延長部，P：柵状組織，PH：師部，PV：葉脈間細胞，S：海綿状組織，ST：気孔，X：木部

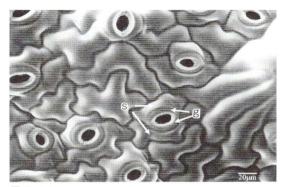

図3-11
開孔時の気孔（凍結走査電子顕微鏡）（三宅，2010）
インゲンマメの初生葉背軸側
g：孔辺細胞，s：副細胞

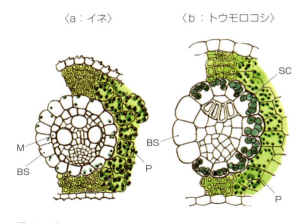

図3-12
イネとトウモロコシの葉身縦走維管束部の横断面
(星川, 1975)
M:メストム鞘細胞, SC:維管束鞘細胞内の特殊な葉緑体,
BS:維管束鞘細胞, P:葉肉細胞

子葉植物とはちがう。気孔の密度は，向軸側より背軸側のほうが高い。

3 葉の維管束の走向（イネの例）

葉の維管束は，茎と葉のあいだや，葉身や葉鞘内での物質の輸送をになっており，前者を長距離輸送，後者を短距離輸送とよぶこともある（第8章1-1項参照）。イネの葉身の維管束は，葉身の長さの方向に走向する縦走維管束と，葉身の幅の方向に走向する横走維管束に大別される。縦走維管束は，横断面の大きさによって大維管束と小維管束に分けられる。

❶縦走維管束

縦走維管束は物質の長距離輸送をになっており，いろいろな細胞から構成されているが，横断面積は道管と師管が大きい。維管束のまわりには葉緑体をもっている維管束鞘細胞があり，柔細胞の数も多い（図3-12a）。

図3-13にイネの葉身と葉鞘の縦走維管束の走向を示した。また，図3-14に茎の縦断面の維管束の走向と，茎の4つの部分の横断面を示した。

図3-13をみると，イネの葉身と葉鞘では，大維管束と大維管束とのあいだに小維管束が走向する。葉身の中肋（midrib）にはその葉でもっとも大きな大維管束が走向する。この大維管束は，葉鞘から茎にはいると，2つの節間（internode）を下降して，2つ下の節で他の維管束と合着し，消失する（図3-14）。

葉身で大維管束にはさまれた小維管束の中央の1本は，葉鞘から茎にはいると，1つの節間を下降して，1つ下の節で他の維管束と合着し，消失する（図3-14）。このほかの小維管束は，葉身の中肋付近で合流または消失する（図3-13）。

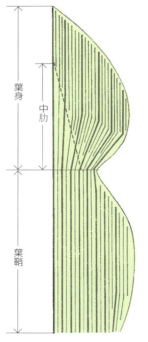

図3-13　水稲の葉身と葉鞘の縦走維管束の走向
(長南・川原・松田, 1974)
太い線：大維管束, 細い線：小維管束

❷横走維管束

横走維管束は縦走維管束のあいだを連絡していて，葉の全体に分布している（図3-14）。細く比較的単純な構造をしており，維管束鞘細胞はなく，ふつうは道管と師管を1本ずつと，2個程度の柔細胞によって構成されている。

単位葉面積当たりの横走維管束の走向距離は，縦走維管束の1/6程度である。葉鞘は，葉身より横走維管束の分布密度は低く，また葉の先側より基部側が低い。

❸双子葉植物の維管束の走向

上述のように，イネでは葉の縦走維管束と横走維管束や，縦走維管束が茎にはいってからの分布のようすが明らかにされている。しかし，イネ以

外の単子葉植物や双子葉植物については，十分にわかっていない。

双子葉植物では，葉身の通道（導）組織である葉脈のなかに維管束が分布しており，葉柄の維管束と連絡したのち，茎の維管束と連絡している。

茎の維管束から枝分かれして葉にはいる維管束を葉跡（leaf trace）とよぶ。葉跡は1枚の葉に1〜数本ある。葉跡が茎の維管束から枝分かれすると，その上の部分の維管束が欠けて空隙部分ができる。この空隙部分を葉隙（leaf gap）とよび，実際には柔組織細胞がある（図3-15）。

1枚の葉の葉跡と葉隙の関係は，1本の葉跡に葉隙が1つの場合や，2〜3つある場合がある。また，3本の葉跡があり，それぞれに1つの葉隙がある場合もある。

3 葉の分化・成長と要因

1 葉の分化

❶ 葉の原基の分化

単子葉植物のイネでは，まず，成長点近くにある成長円錐の最外層の細胞が，成長円錐の表面と平行に分裂して数が増え，成長円錐の基部に隆起がつくられる。これが葉の原基である。この隆起が伸びて成長円錐をかこむように大きくなり，成長円錐をフード状におおう（図3-16）。

葉の原基がこのように大きくなると，そのつぎの葉（上位の葉，図3-16のn+1葉）の原基が，下位の葉（図3-16のn葉）の反対側の基部（成長円錐の基部）に分化する。

ある葉原基が分化して，つぎの葉原基が分化するまでの期間を葉間期（plastochron）とよぶ。葉間期は，品種や栽培環境によってちがうが，イネでは5日程度である。なお，葉原基の段階ですでに葉の開度〈注9〉が決まっている。

双子葉植物では，地上部の成長点付近に，表面に平行な1〜数層の細胞層があり，その2番目かそれより下層の細胞層が，表面に平行な面で分裂（並層分裂）し葉原基がつくられる。

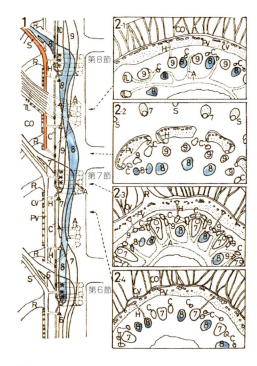

図3-14
不伸長茎部（第6〜8節）の縦断面の維管束連絡（1）と4部分の横断面（2₁〜4）
（星川，1975）
6〜10：6〜10葉の大維管束（青色：8葉の大維管束），S：小維管束（茶色：8葉の小維管束），PV：辺周部維管束環，CV：連絡維管束，A：節網維管束，C：縦走小維管束，H：横走小維管束，TL：分げつ大維管束，R：冠根，CO：皮層
◎＊△▲●は維管束の連絡点
2-1：第7，8節のあいだの部分，2-2：第7節の部分，2-3：第7節のすぐ下の部分，2-4：第6，7節のあいだの部分

〈注9〉
互生葉序（1節に1枚の葉がつく）で，ある節についている葉の中肋から茎の中心に延長した線とつぎの節についている葉のそれとの角度のことで，イネでは葉が左右に互い違いにつき，葉の開度は1/2である。

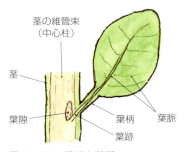

図3-15 葉跡と葉隙

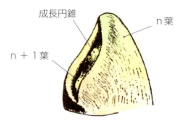

図3-16 成長点近くの葉原基の分化と成長（長南原図）

❷ 葉の維管束の分化

葉原基のフード〈注10〉が大きくなると，その基部には維管束が分化し，葉原基のなかを上に向かって伸びる。この維管束は，このあとに分化する維管束より横断面積や通道能力が大きいため大維管束（large vascular bundle）とよばれ，のちに葉身や葉鞘の大維管束になる。フードの長さが1mmぐらいに成長したときに，大維管束にはさまれた部分に小維管束（small vascular bundle）が分化して伸びる。

このように，のちに葉身や葉鞘の大維管束になる維管束は，葉原基の発達・成長の早い段階で分化し，その後，小維管束が分化する。

❸ 葉の器官の分化

イネの葉原基がさらに伸びて8mm程度の長さに成長したとき，基部に葉耳（auricle）と葉舌（ligule）が分化して，葉身（leaf blade）と葉鞘（leaf sheath）の境界が明瞭にわかるようになる。また，葉原基の先端に近い部分の表皮（epidermis）細胞には，気孔（stoma，複数形はstomata）をつくる孔辺細胞（guard cell）のもとになる細胞が分化する。

〈注10〉
発達・成長した葉原基で，成長点を含む成長円錐をとりかこみフード状になったもの（図3-16のn葉）。

2 葉の成長の概要
❶ 葉身の分化と成長

葉身の組織は，分化したのち，先端部から基部に向かって成熟がすすむ。また，葉肉細胞（mesophyll cell）よりも表皮細胞の成熟のほうが早い。葉身は，基部にある介在分裂組織（intercalary meristem）の分裂と伸長によって成長する。イネでは，葉の基本的な形態は，1つ下の葉の葉鞘から葉身が抽出したころに，介在分裂組織の分裂活性が低下して完成する。その後，葉鞘が急激に伸び，抽出した葉身が伸び広がって葉になる。

❷ 葉身の形態形成を左右する条件

葉の大きさや形は，第1に成長円錐の大きさに影響され，分化後の成長円錐が大きいほど，完成した葉も大きくなる。第2に，形態形成するときの環境条件に影響される。環境条件は，成長円錐の大きさにも影響するので，それによって間接的に葉の大きさを左右するが，直接的に形態形成過程に作用してさまざまな変化をもたらす。

たとえば，イネと同じように葉肉細胞が有腕細胞であるコムギは，光強度が弱いと細胞

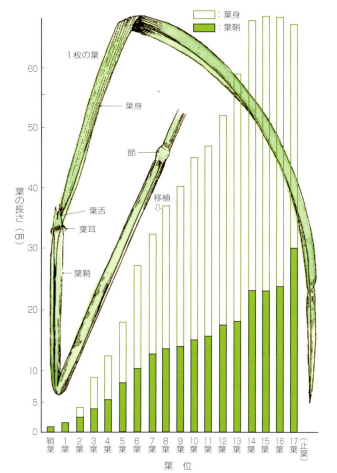

図3-17 1枚の葉と各葉位の葉の全長，葉身長，葉鞘長（主稈）
（星川，1975）

内の突起数が少なくなり，その影響は葉身の基部ほど顕著である。また，高温でイネとコムギの有腕細胞内の突起数が多くなり，単位葉面積当たりの葉肉細胞数も多くなる。こうした環境条件の影響は，葉身の先端と基部でちがい，基部ほど環境条件による影響を受けやすい。

3 葉位による葉の形態のちがい

イネでは，上位の葉ほど葉身と葉鞘が長く，葉身の幅も広い。しかし，もっとも長くなるのは，止葉（最上位葉）より2～3枚下の葉である（図3-17）。このような葉位による葉の大きさのちがいは，成長円錐の大きさのちがいと密接に関係しており，たとえば，完成した葉の幅は成長円錐の基部の直径に対応している。内部構造では，上位の葉ほど維管束数や，単位葉面積当たりの気孔や葉肉細胞の数，葉肉細胞の突起数が多い。イネの単位葉面積当たりの葉肉細胞の表面積を推計すると，下位葉（第5葉）は葉身の約23倍（23mm^{2}mm^{-1}），上位葉（第12葉）は約39倍（39mm^{2}mm^{-1}）あり，上位の葉ほど葉肉細胞が発達している。

コムギでも，上位の葉ほど，葉身や葉鞘が長く，単位葉面積当たりの気孔数が多い。なお，コムギでは，上位の葉ほど葉身の先端と基部の構造的な差異が小さい。

4 葉の成長と環境要因

❶ 気温

単子葉植物のイネでは，気温が低いと葉身が短くなり葉面積も小さくなるが，葉肉組織は厚くなり，単位葉面積当たりの葉肉細胞の数は多くなる。気温が高いと葉身が長くなり，葉面積も大きくなるが，気温がいちじるしく高い場合は葉の成長がおさえられる。

前述のように，冬作物は夏作物より細胞が大きい。冬作物であるコムギなどを高温，強光，乾燥条件で栽培すると，ある温度までは葉肉細胞の突起数が増え，葉肉細胞の表面積／体積比が大きくなって，夏作物に近い形態的特性をもつようになる。

❷ 光強度

弱光下で栽培された作物の葉は陰葉的構造，強光下では陽葉的構造になる。陽葉は陰葉にくらべて，葉身が厚く，単位葉面積当たりの生体重や乾物重が重く，柵状組織の細胞層数が多く，細胞間隙が小さい。また，窒素含量が多く，気孔抵抗（stomatal resistance）〈注11〉が小さいので光合成速度が高い。

単子葉植物であるイネを遮光条件で栽培すると，葉が薄くなり，葉身の表面の凹凸が少なくなる（図3-18）。また，単位葉面積当たりの葉肉細胞の数や，葉肉細胞の表面積，葉肉細胞の突起の数などが少なくなる。これらの変化は光合成

〈注11〉
水蒸気や二酸化炭素などの気体の拡散に対する気孔の抵抗のこと。この逆数である気孔伝導度（stomatal conductance）で気孔のガス交換能をあらわすこともある（第6章2項参照）。

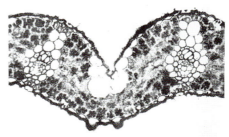

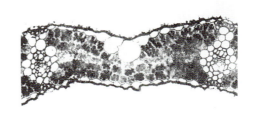

図3-18 遮光処理による水稲葉身の形態変化
（光学顕微鏡）（長南, 1967）
上：自然光区，下：遮光区

速度を低下させる要因であるが，遮光条件がつづくと葉面積が大きくなり，単位面積当たりの光合成速度の低下をおぎなう作用もある。

双子葉植物の陰葉も，陽葉にくらべて柵状組織の細胞が短くなり，数も少なくなって，全体的に葉の発達が劣る。

❸ 窒素施用量

作物に窒素を多施用すると葉面積が増える。イネでは，窒素を多施用した場合，単位葉面積当たりの葉肉細胞の数や，葉肉細胞の突起の数が少なくなることや，葉肉組織の細胞間隙が大きくなることが知られている。しかし，個々の葉肉細胞が大きくなるため，葉肉が厚くなる。なお，環境や栄養条件の影響は，葉鞘よりも葉身に大きくあらわれる。

こうした，窒素の多施用による葉面積や葉肉細胞の変化は，イネ以外の単子葉植物や双子葉植物でも同じようにあらわれる。また，窒素施用量や環境条件，体内の栄養条件による葉の成長への影響は，品種間差がある。

❹ 水ストレス

葉の成長量は水ストレスによって大きく低下する。

葉の水ポテンシャル（水ストレスとともに第10章1項参照）は，明け方にもっとも高く，日中に低くなり，夕方から明け方にかけて回復する。日中の低下の程度は土壌水分や大気の湿度に左右され，とくに，土壌が乾燥状態になると，葉の水ポテンシャルが大きく低下する。

葉の水ポテンシャルが低くなると，葉の細胞の伸長速度と分裂活性が低下し，面積の小さい葉がつくられる〈注12〉。

〈注12〉
コムギが水ストレス（水ポテンシャル－0.3MPa）にさらされると，葉肉細胞の分裂活性が42%にまで低下し，葉の成長速度が半減するとの報告もある。

〈注13〉
Rubiscoは地球上にもっとも多く存在するタンパク質である。Rubiscoについては第6章参照。

〈注14〉
葉の厚さを示す指標として，単位葉面積当たりの葉の乾物重である比葉重（specific leaf weight）が用いられる。

4 葉の老化と要因

1 葉の老化と窒素の再配分

C_3植物の葉では，窒素の約75%が葉緑体に分配されている。その約1/3（全体の約27%）が，CO_2を固定する酵素Rubisco（ルビスコ，Ribulose-1,5-bisphosphate carboxylase/oxygenase）に含まれる〈注13〉。Rubiscoは，葉が展開するとき多量に生産され，葉緑体のストロマに含まれ，光合成に寄与する。したがって，葉の光合成活性は葉の窒素濃度と密接な比例関係にあり，葉が厚いほど葉面積当たりの窒素含量が多い〈注14〉。

Rubiscoは，葉の老化の過程でアミノ酸などに分解されてすみやかに減る（図3-19）。これらは，新しくつくられる若い葉や種子，光条件のよい上位葉に転流されて再利用される。植物が成長すると下位葉は黄化して枯死するが，それによって窒素の再分配が行なわれている（第9章3-2，3項参照）。こうした，老化による葉の黄化，枯死の速さは，作物の葉面積の維持と密接にかかわっている。

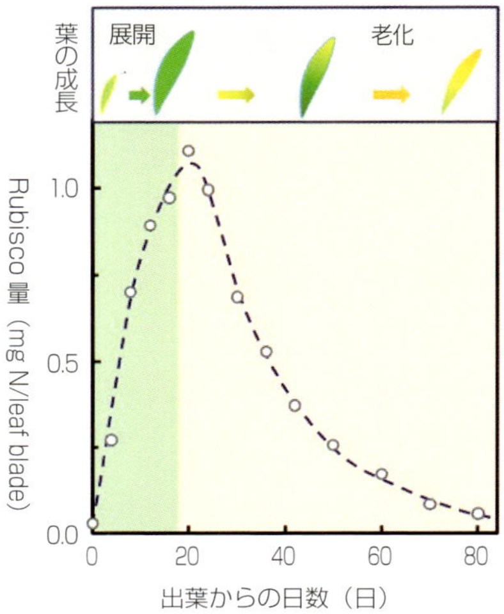

図3-19
葉の成長・老化とRubisco量の変化
(Makino et al., 1984)

2 葉の老化に影響する要因

❶窒素

葉の老化は，前述のように葉の酵素やタンパク質が分解して窒素がつくられ，新しくつくられる器官に転流する現象であり，葉の窒素含量と密接に関係している。

作物の窒素吸収量が多いと葉の窒素含量が多くなるため，窒素の追肥は葉の老化を抑制する効果がある。

❷光

植物の成長がすすむと，上位葉の繁茂によって，下位葉が受けとれる光が少なくなる。光条件が悪くなった下位葉は，自身の酵素やタンパク質を分解して窒素をつくり，上位葉などに転流して老化し枯れる。

なお，光が強くても窒素が少ないと，葉の老化が早くなる。

❸植物ホルモン

植物ホルモンも葉の老化に影響する。根で合成されるサイトカイニンは，根の機能を高く維持することによって葉の老化を抑制する。アブシシン酸（アブシジン酸）は，葉のタンパク質の分解を促進するなど，老化を促進する。

❹水ストレス

植物の葉の老化は水ストレスによって促進される。

前述のように，土壌が乾燥状態になると，葉の水ポテンシャルが低下するが，それに加えて根の機能も低下する。根の機能が低下すると，根から地上部に送られる窒素やサイトカイニンの量が少なくなる。また，水ストレスを受けると，葉のRubiscoの含量が低下して光合成速度が低くなる。これらの結果，葉の老化が促進される。

5 分枝・分げつの形成と成長

1 分枝と分げつ

茎の頂端につくられる芽は頂芽（apical bud），側方につくられる芽は側芽（lateral bud）とよばれる。頂芽が伸びて主軸（main axis）がつくられ，その後，側芽が側方に伸びて側枝がつくられる。このように，主軸の側方につくられる分枝を単軸分枝（monopodium）とよぶ。

それに対して，主軸の先端が伸長を停止したり花芽に分化すると，これにかわって側芽が伸びて主軸のようになる分枝を仮軸分枝（sympodium）とよぶ。仮軸分枝には，主軸のようになる種類（カキ，ブルーベリー）だけでなく，先端に花芽が分化する種類（ヤツデ，アオキ）もある。

分枝をつくる植物に対して，イネ科植物は茎の基部に側枝に相当する分げつ（tiller）が多数つくられ，発育がすすむと主茎と分げつの区別がつきにくくなる。

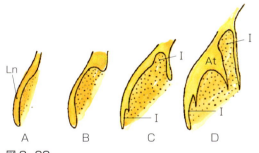

図3-20
イネの第n節での分げつ芽の形成経過（A～D）
（山崎，1960から描写，改変）
A→Dの経過をたどって分げつ芽が形成される
I：分げつの葉原基，Ln：出現しはじめた第n葉の葉腋，At：分げつ芽の茎頂

植物は，このように分枝や分げつを増やすとともに，葉の数を増やし葉面積を拡大しながら成長する。

2 分げつの形成と増加

❶分げつの形成

イネ科作物では分げつの分化・形成過程が詳細に明らかにされている。ここではその概要を紹介する（図3-20）。

頂芽の茎頂につくられた葉原基（図3-20のLn）が成長すると，その葉腋近くの表層の組織（図3-20の点部）が分裂して隆起する。この隆起がしだいに成長し，新しい葉原基（図3-20のI）をつくる。この2つの葉原基にはさまれた部分に，新しい茎頂（図3-20のAt）がつくられる。これが分げつ芽（側芽）で，成長して分げつになる。

❷分げつの増加

生育がすすむとともに，分げつの数は指数関数的に増える。しかし，個体間の相互遮蔽による光条件の悪化や，養水分不足，移植後の生育の一時的な遅れ（植え傷み），気温，水温，地温などが原因で，分げつの増加がおさえられる。また，分げつ数の多・少には品種間差があり，分げつ数が多い品種は多げつ性品種，少ない品種は少げつ性品種とよばれる。

多げつ性品種は，穂は小さく1穂籾数は少ないが，分げつ数が多くなるので，穂数を多くして収量を確保する品種である。少げつ性品種は，分げつ数が少ないので穂数は少ないが，穂が大きく1穂籾数を多くすることによって収量を確保する品種である。

分げつは成長して茎になり，穂を出して開花・結実するが，環境条件や栄養状態が悪いと，生育が遅れたり枯死する。

主茎からでる分げつが1次分げつ（primary tiller），1次分げつからでる分げつを2次分げつ（secondary tiller）とよぶ。

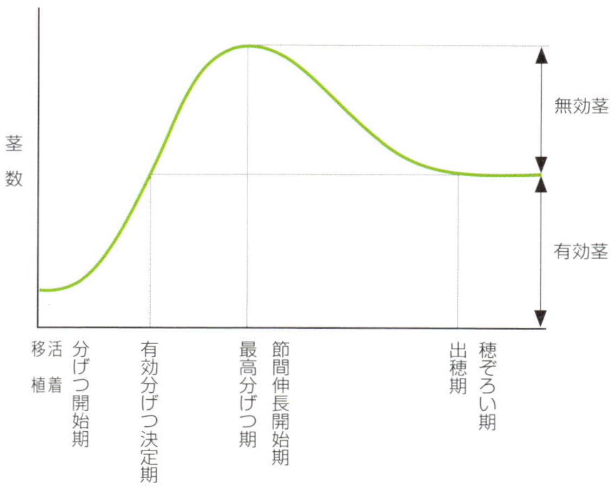

❸分げつの増減と有効茎歩合

水稲では，水田に移植された苗は，活着後，分げつをだして茎数を増やす（図3-21）。

盛んに分げつ数を増やす時期を分げつ期（tillering stage）といい，分げつ数がもっとも多くなる最高分げつ期（maximum tiller number stage）をむかえる。

その後，弱小の分げつは枯死して分げつ数が減る。最終的に穂をつける分げつを有効分げつ（productive tiller），生育の途中で枯死したり，

図3-21　1株茎数の推移の概念図

> **同伸葉・同伸分げつ理論と実際の分げつの出現**
>
> イネやムギで，分げつの成長と出現が，主茎の葉の成長と同調してすすむことを片山（1951）が示し，同伸葉・同伸分げつ理論（relation of synchronously developed leaves and tillers）とよばれている。この理論によれば，主茎のある葉がでたときに，その3枚下の葉の葉腋から分げつの第1葉がでる。そして，この関係は，主茎と1次分げつだけではなく，1次分げつと2次分げつ，2次分げつと3次分げつのあいだにも適用され，生育の把握に有効であるとされている。
>
> しかし，実際の水田で栽培される水稲では，全ての分げつがこの理論のように出現しないのが一般的である。また，ある節位の分げつが，この理論よりも早い時期に出現し，その結果，分げつ数が理論よりも多くなることもある。このように，実際の栽培現場では完全に一致しないので，茎数増加の判断や肥培管理上の大まかな目安として活用するのがよい。

穂をつけても結実しない分げつを無効分げつ（non-productive tiller）とよぶ。

出現した全ての分げつに対する有効分げつの割合を有効茎歩合（percentage of productive tillers），有効分げつと同数の分げつ数を確保する時期を有効分げつ決定期（productive tiller number determining stage）という。有効茎歩合は，通常の水稲栽培では50〜80％である。

6 葉面積拡大の栽培，遺伝的改良

1 これまでの作物栽培と葉面積

❶ 19世紀以前—少ない肥料でLAIを高める品種を栽培

肥料，とくに窒素肥料を十分に施用することが容易でなかった19世紀以前は，少ない窒素肥料でいかにLAIを確保するかが作物生産を高めるために重要であった。そのため，少ない肥料でもLAIを大きくできる特徴をもった品種が多く栽培されていた。

これらの品種は，多肥にすると過繁茂による倒伏などによって肥料の効果がでないだけでなく，収量が低下することも多い。

❷ 20世紀後半以降—多肥と耐肥性品種でLAIを高める

化学的に合成した窒素肥料を多量に施用できるようになった20世紀半ば以降は，耐肥性（adaptability for heavy manuring）品種〈注15〉が広く栽培されるようになった。耐肥性品種は多肥でも過繁茂にならず，よい受光態勢を維持しながら葉の窒素含量を高めることができるため，生産性を高めてきた。

たとえば，わが国の水稲栽培では耐肥性品種を用いて，必要茎数，LAIを早期に確保し，その後の過繁茂を抑制して籾数を確保し，登熟期の葉の窒素含量を高めて光合成を高く維持し，さらに生育後期のLAIの減少をおさえるために，穂肥，実肥などの後期追肥が行なわれ増収を実現してきた。このように，20世紀後半の水稲の収量増加は，倒伏を防ぎ，よい受光態勢を維持しつつ，LAIを増加させてきたことがあげられる。

イネやコムギでは，「緑の革命」に貢献した半矮性遺伝子（第5章5-1参照）が世界の多くの地域の品種にとりいれられ，受光態勢が大幅に改良

〈注15〉
窒素施用量を増やすと収量が増える品種のこと。耐肥性品種の具体的な形質としては，①草丈が高くない，②葉が立っている，③多窒素でも光合成/呼吸比が低下しない，④体内のデンプン含量が多い，などである。

され，その結果LAIも大きくすることができ，20世紀後半の収量の飛躍的向上をもたらした。

❸ F_1 品種の利用—生育初期から葉面積を拡大

トウモロコシでは，旺盛に生育する雑種強勢を利用したF_1品種が普及し，収量を大きく高めた。F_1品種は生育初期から葉面積を拡大する特徴があり，これが総乾物生産量と子実収量の増加をもたらした。水稲のF_1品種にも同様な特徴がある。

2 葉面積拡大の可能性

生育初期の受光率をより高め，生育中期以降は光合成器官としての葉をさらに増やすことが作物生産を高めるために必要になる。最後に，葉面積拡大の可能性を考えたい。

❶ 生育初期の葉面積の拡大

育種面では，F_1品種の旺盛な初期生育の機構を明らかにして，品種改良にとりいれていくことが1つの可能性としてあげられる。

栽培面では，栽植密度を高めることが可能性として考えられるが，高栽植密度による生育や品質への影響を十分に考えておく必要がある。直播水稲は移植水稲よりも初期生育が旺盛で，葉面積の拡大が早い。水稲では，葉面積拡大の可能性の1つとして直播栽培があげられる。

しかし直播栽培では，倒伏や，初期生育の旺盛による肥切れなどによるその後の生育の停滞などの問題をあわせて解決しなければならない。直播水稲の生育の特徴を整理し，個体群乾物生産を高めることができる品種の育成や，栽培管理技術を確立していくことが必要になる。

❷ 生育中期以降の葉面積の拡大

第4章で記述されているように，受光態勢をさらに改善することによって，個体群の最適葉面積指数を大きくすることができる。長稈品種の育成によって，LAIを大きくしても個体群内への高いCO_2の拡散速度を維持し，個体群乾物生産量をさらに高めることが可能になるであろう。葉面積を一層拡大するためには倒伏抵抗性も改良していく必要性がある。受光態勢や倒伏抵抗性の育種による改善については，第4，5章を参照されたい。

❸ 葉面積拡大に向けての視点

葉面積を大きくすることは，それだけ多くの養分や体内物質を葉に向けることになる。F_1品種の例のように施肥量が同じでも，生育初期だけでなく生育がすすんでも葉面積を拡大できる品種がある。このような品種の葉面積拡大の仕組みを，本章で記述してきた葉面積拡大の視点から解明し，葉面積拡大にかかわる形質を明らかにしていくことが必要である。そして，施肥量を増やすことなく葉面積を拡大できる品種の育成や栽培方法の開発で，乾物生産の増加に結びつく葉面積拡大が可能になると思われる。

第4章 個体群の構造と機能

　近代農業は単作化，機械化，大規模化によって発展してきた。したがって，農耕地では混作や間作される以外は，1種類の作物が栽培されるので，個体群（population, canopy）としてとらえなければならない。

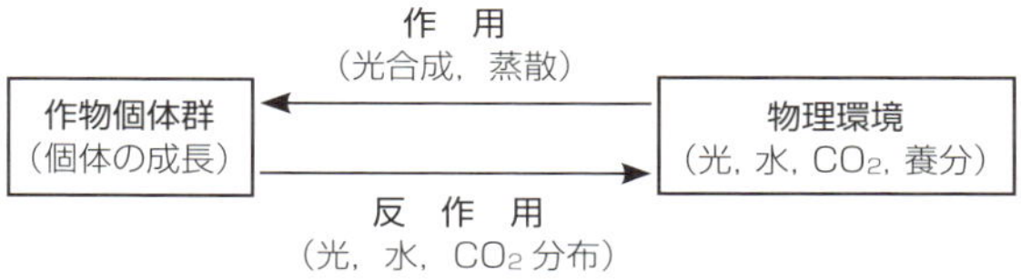

　個体群内の気象や土壌などの環境（物理環境）は，葉の光合成や蒸散に作用して作物を成長させるが，それにともなって個体群内の光，水，二酸化炭素（CO_2）などの微気象が影響（反作用）を受ける（図4-1）。したがって，ポット栽培など孤立して生育する作物とはちがい，作物の生産性を向上させるためには，作物個体の機能を解析するだけでなく，個体群の構造と機能を明らかにし，純生産（個体群光合成）〈注1〉を高めることが必要である。

図4-1　作物個体群と物理環境の作用と反作用

〈注1〉
植物の葉の光合成で生産された有機物の量全体を総生産量（gross production），総生産量から植物の呼吸で消費される呼吸量（respiration）を差し引いた，植物体に固定された量を純生産量（net production）という（総生産量 ＝ 純生産量 ＋ 呼吸消費量）（本章4-2項参照）。

1 個体群構造と光合成

1 個体群構造

　圃場に栽培された作物は，成長とともに葉を展開して配置し，発達した個体群をつくる。個体群内での葉の分布，茎や葉柄の形，穂などの器官の着生位置は種や品種によってちがい，垂直分布もちがう〈注2〉。この垂直分布を，個体群構造（canopy structure）あるいは個体群生産構造とよぶ。

　図4-2に示したように，直立した葉群をもつイネ個体群の葉面積（葉面積指数，LAI）は中層に多く，上層，下層になるほど少なくなり，葉身をささえている稈や葉鞘は下層ほど乾物重が重い。水平な葉群をもつダイズ個体群では，葉面積は上層に多く下層になるほど少なく，茎や葉柄は中層に多く，莢は上層から下層まで均等につく。

〈注2〉
個体群の物質生産構造を明らかにするため，層別刈取り法が考案されている。この方法は植物群落の同化系（葉）と非同化系（葉柄，茎，花，果実，根）を層別に刈取り，量とともに群落内の受光量の垂直分布を測定して示される（図4-2）。

2 個体群構造と葉の受光

　同化器官である葉の形や分布は，個体群内部への光の透過と密接に関係しており，生産力を大きく左右する。物質生産の基礎である光合成にもっとも影響する環境要因は太陽からの光の放射〈注3〉であり，個体群内の光合成器官が受ける放射の量は，光合成器官の空間的な配置に大きく影響される。下層にいくほど光強度が下がり，直立した葉群をもつイネでは緩やかに下がるが，水平な葉群をもつダイズでは上層で急激に下がる。

〈注3〉
太陽放射（日射，solar radiation）の97％以上が波長3μm以下なので短波放射ともよぶ。波長成分は，25nm（紫外線），300〜700nm（可視光線），700nm〜25μm（赤外線）の広範囲におよぶ。

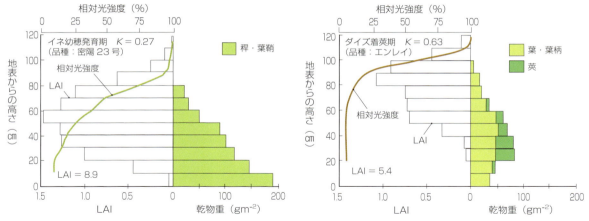

図4-2 イネ（LAI=8.9）とダイズ（LAI=5.4）の個体群構造のちがい
LAI：葉面積指数，K：吸光係数

2 個体群吸光係数

個体群内の上層から下層への光強度の低下は，おもに葉の光吸収によっておこる。したがって，個体群の葉面積，葉の配列，傾き，方向などは，個体群内の光条件を決める重要な要因である。

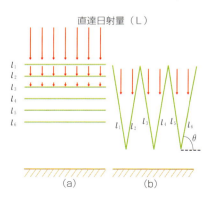

(a) では下層の葉は直達日射量（L）が上層の葉を透過した光しか受光できないが，(b) では6枚の葉全てが均一にL・cos θ の日射量を受けることができる

図4-3 6枚の葉（$l_1 \sim l_6$）が太陽光線に垂直に重なって配置されている場合（a）と垂直面からθ角度で傾斜して配置された場合（b）の葉面の受光状態の比較（石井ら，1994）

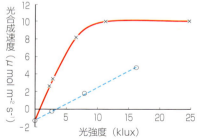

図4-4 シロガラシ個葉（×）と模擬個群（○）の光強度と光合成速度の関係
（Boysen Jensen，1932）

光強度は葉面・個体群上の水平面照度で，模擬個体群のLAI（3.4）を乗じることで，単位土地面積当たりの個体群光合成速度に換算できる

葉の配置と個体群の光合成活動

植物による葉の配置のちがいが，個体群の光合成活動を理解するのに重要であることを指摘したのはボイセンイェンセン（Boysen Jensen，1932）である。彼は，葉面積が土地面積の数倍に茂っている場合，葉群が水平の個体群は光合成に不利であることを，葉の配列の模式図によって示した（図4-3）。

さらに，シロガラシの小さな鉢植えの模擬個体群をつくって，個葉の光合成速度と個体群の光合成速度の比較を行なった。水平におかれた個葉の光合成速度は，光強度が高くなるとともに直線的に増加したのち飽和するため，高い光強度では全ての光を光合成に利用することができない。また，模擬個体群内では複数の葉が垂直に分布しており，葉が受ける光強度は下層ほど小さくなるため，個体群では葉面積当たりの光合成速度は光強度が高まるとともに直線的に増えるが，個葉より小さいことを示した（図4-4）。

1 散乱放射の吸光係数

個体群内を透過する光の全てが散乱光〈注4〉と仮定した場合,ある高さの水平面の光強度(I)は,その水平面より上にある葉の葉面積指数(積算葉面積指数,F)と一定の関係がある。その関係は次の式であらわされる〈注5〉。散乱放射は,個体群内をこの式にしたがって低下する。

$I = I_0 e^{-KF}$ ……………(1)

すなわち

$\log_e(I/I_0) = -KF$

(I_0 は群落上の光強度)

上式では,相対光強度の自然対数と積算葉面積指数のあいだに直線的な関係があり,K はその勾配として求められる。K は吸光係数(canopy light extinction coefficient)とよばれ,物質が光を吸収する程度を示す。値の大小は葉の傾斜角度と密接な関係にある。

2 直達放射の吸光係数

個体群内の水平面への直達放射は,それより上にある葉によってさえぎられるので,直達放射が多い場合は個体群内に日向と日陰の部分ができる。直達放射の低下は,照射される葉面積が少なくなることによっておこる。

直達放射の吸光係数(K)は,ある水平面よりも上にある葉の葉面積指数 F と,太陽方向から水平面への投影面積 F' の比(F'/F)として求められる。吸光係数は葉の方位と傾斜角度,太陽高度(h)の関数である。

ダイズのような水平葉型(H型),イネのような直立葉型(V型),トウモロコシのような均一葉型(U型),HとVの中間型(I型)の各作物個体群について,太陽高度と直達光の K との関係のシミュレーションを行なうと,h が高いときは H 型の吸光係数は V 型より小さくなるが,h が低いときにはこの関係が逆転する(図4-5)。また,吸光係数には日変化がみられ,h が低い朝夕に大きく,h が高い日中に小さくなる。なお,h が高いときは V 型のほうが直達光が下部までよく照射されるが,h が低くなると H 型のほうがよく照射される。U 型,I 型は両者の中間を示す。

3 個体群吸光係数の種・品種によるちがい

❶ 作物の種類によるちがい

各種作物・牧草の個体群で測定した,積算葉面積指数と相対光強度の関係をみると,吸光係数(K)はイネ科作物,牧草では 0.26〜0.58 の範囲にあるが,広葉作物では大きく 0.69〜1.50 である(図4-6)。吸光係数が小さい個体群は,積算葉面積指数が同じでも相対光強度が高く,光がよく透過していることがわかる。

〈注4〉
太陽による光の放射は,太陽の光球から直接地上に届く直達放射(direct solar radiation)と,大気によって散乱・反射して天空の全方向から届く散乱放射(diffuse solar radiation)に分けられる。散乱放射は曇天日に多い。

〈注5〉
この式は,均一な半透明の物質のなかを光強度が下がりながら透過するときに適用される,ランベルト・ベール(Lambert-Beer)の法則の式と同じである。

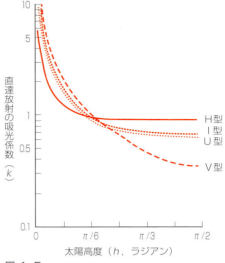

図4-5 水平葉型(H型),直立葉型(V型),中間型(I型),均一葉型(U型)の各作物個体群の直達光の吸光係数(k)と太陽高度(h)との関係(堀江,1981)

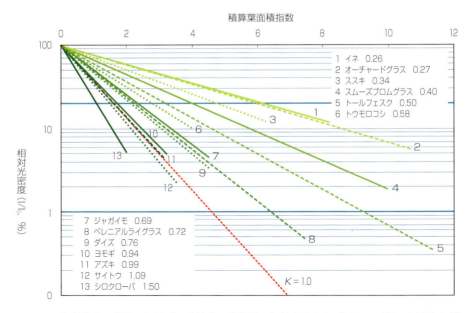

図4-6 各種作物・牧草の個体群の積算葉面積指数と相対光強度(I/I_0)との関係(吸光係数(K))
1～6,8はイネ科,7,9～12は広葉作物。作物名のうしろの数字は呼吸係数(K)。イネは直立した葉身をもつ日印交雑品種'密陽23号'の分げつ盛期の数値。ペレニアルライグラスはイネ科牧草であるが,個体群上層に傾斜角度の大きい葉面積が集中するため,吸光係数は0.72と広葉作物と同様の値を示す。図にはないが,イグサは直径2～3mmの円筒状の茎をもち,個体群の茎表面積指数は30以上になり,茎表面積指数から求めた吸光係数は0.05である

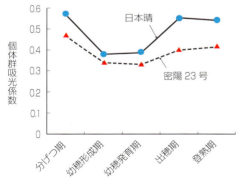

図4-7
受光態勢がちがうイネ2品種の個体群吸光係数の生育による変化(石原ら,1987から作図)

〈注6〉
個体群が光を受けるための葉や茎の空間的配置。

〈注7〉
出穂期以降の個体群では,同化器官の葉身,非同化器官の稈,葉鞘,穂が,別々の層に配置される。

❷品種によるちがい

草型がちがう14品種のイネの吸光係数を比較すると,出穂期が0.38～0.69,登熟中期が0.50～0.84と大きな差があり,多収性品種の'密陽23号'や'タカナリ'は,'日本晴'より葉身が直立的で受光態勢〈注6〉がよく,吸光係数が小さい。また,昭和60(1985)年代から栽培された新品種と,大正から昭和20(1945)年代に栽培されていた旧品種では,幼穂発育期の吸光係数は同じだが,登熟中期は旧品種(0.88)より新品種(0.66)が小さく,登熟期の受光態勢がよいことが認められている。

4 生育による個体群吸光係数の変化

イネの個体群吸光係数は,葉面積の拡大過程にある分げつ期に大きく,幼穂形成期から幼穂発育期にかけてもっとも小さくなり,出穂期には再び大きくなって,登熟期にはさらに大きくなる(図4-7)。登熟期に吸光係数が大きくなるのは,出穂期以降,葉身の傾斜角度が小さくなることに加えて,個体群の上層に集中して分布する穂が〈注7〉,登熟とともに傾いて遮光するためである。また,前に述べたように直立した葉身をもつ'密陽23号'は'日本晴'より吸光係数が小さいが,その差は出穂期以降大きくなる。

水稲へケイ酸を施用すると,茎や葉の表面にケイ化細胞がつくられて硬

くなり，葉身が直立して個体群吸光係数が小さく維持されて受光態勢がよくなり，乾物生産・収量が向上する。個体群内へ光の照射がよくなることによって下位葉の老化が抑制され，枯れ上がりが少なくなるだけでなく根の活力を高める効果もあるとされている。

3 吸光係数に影響する要因

1 葉の傾斜角度

図4-3で示したように，葉が直立しているほど個体群の内部まで光がよく照射される。葉の傾斜角度によって吸光係数がちがい，90度で約0.4，0度で約1.0とされている。

また，実測した5種の個体群の吸光係数と葉の傾斜角度はよく対応しており（図4-8），葉が均一に分布する場合は，散乱光での吸光係数は，おもに葉の傾斜角度によって変化する。

水平葉群をもつダイズは，小葉が日中，太陽に向かって傾斜角度（本章では水平面に対する角度）を大きくするように運動（調位運動）するので，吸光係数が小さくなる。葉群の運動によって，日中の個体群内に光が照射されやすくしているのである（図4-9）。

2 施肥

水稲栽培で多窒素にすると葉面積指数（LAI）が大きくなって，いわゆる過繁茂になり，葉身が長くなって傾斜角度が小さくなるので，個体群吸光係数が大きくなる。

しかし，牧草のネピアグラスの施肥窒素を，10a当たり12, 60, 120kgで栽培すると，最大LAIはそれぞれ7, 13, 18と大きくなるが，吸光係数は0.56, 0.41, 0.33とLAIが大きいほど小さくなる。ネピアグラスでは，LAIが大きくなるほど葉身を直立させるため，吸光係数が小さくなるのである。

水稲栽培で多収するには，ネピアグラスのように，LAIが大きくなっても吸光係数が小さくなる栽培法が求められ，受光態勢の改善と耐倒伏性の強化が課題にされてきた（48ページ上のコラム参照）。

3 栽植様式，栽植密度

作物の生育・収量や個体群構造は，条間や株間，植付け方法（並木植え，千鳥植え）などに大きく影響される。密植にすると，水稲ではLAIがいちじるしく大きくなり，下位葉が直立化して個体群吸光係数は超密植＜密植＜疎植の順に小さくなる。ダイズも同様で，栽植密度が3.4株/

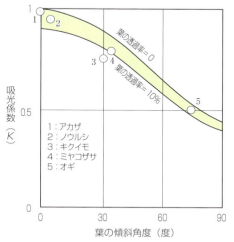

図4-8 葉の傾斜角度と吸光係数の関係
（Monsi und Saeki, 1957）
図中の数字は植物名

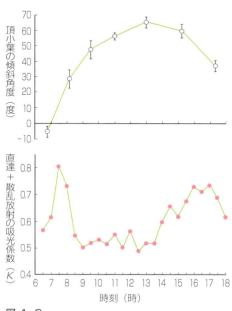

図4-9
ダイズ個体群上層の小葉（頂小葉）の傾斜角度と個体群吸光係数（K）の日変化

受光態勢の改善と耐倒伏性の強化に向けた稲作技術の展開

受光態勢（light intercepting characteristics）の改善と耐倒伏性の強化に向けた稲作技術として，松島省三が1960年代後半に提唱した「理想稲（V字）稲作理論」がある。下位節間は短く，上位3葉の葉身は短く・厚く・直立的であるべきとされ，イネでは止葉とIV節間，第2葉とV節間が同時に伸びるので，その期間の窒素吸収を制限する栽培法である。

その後（2000年前後），松葉捷也によって松島省三らの試験結果が再検討され，追肥や窒素吸収の制限によって上位葉の葉身の伸びは制限されるが，同時に伸びる下位節間の伸びは制限されていないことが示された。さらに，生育前期を少肥で経過させ，生育中期に窒素を吸収させると，下位節間が短く，上位節間と上位葉の葉身が長い逆三角形の草姿がつくられ，受光態勢がよく耐倒伏性の強いイネに育つことを示した。

この考え方は，1970～1990年代前半に提唱された，田中稔の「深層追肥稲作」や橋川潮の「健康多収」イネの草姿（1986），井原豊の「への字稲作」とも共通している。なお，今後は，低投入持続的農業の推進に向けて，少施肥で多収になる草姿制御が必要とされる。

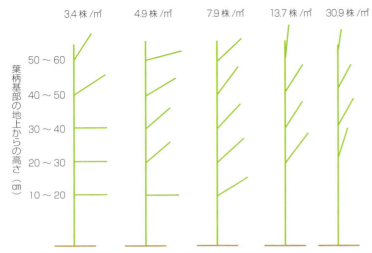

m²から30.9株/m²へと密植になるにしたがって，葉柄の傾斜角度が大きくなり（図4-10），小葉も直立的になる（コラム参照）。

このように，密植にするとLAIが大きくなるとともに葉は直立的になり，個体群吸光係数は小さく受光態勢はよくなる傾向にある。

しかし，草高が高く稈や茎が細くなるため，台風や豪雨による倒伏のリスクが高くなる。

図4-10　ダイズ個体群の密植化による葉柄傾斜角度の変化（川嶋・松沢，1961）

4 個体群光合成速度

1 個体群光合成モデル

層別刈取り法による群落生産構造と吸光係数，これに個葉の光—光合成関係の近似式（2）を用いて，個体群の総光合成速度P_gを与える理論式（3）が導かれている。

$$P = \frac{bI}{(1+aI)} \quad \cdots\cdots\cdots\cdots (2)$$

ダイズの栽植密度，畦幅の組み合わせと個体群吸光係数

ダイズの栽植密度を標準（11.1本 m^{-2}）と密植（22.2本 m^{-2}），条間を80cm（広畦）と30cm（狭畦）で組み合わせて栽培を行ない，開花盛期に個体群吸光係数（K）を測定すると，狭畦・密植区0.60＜広畦・密植区0.68＜狭畦・標準区0.73＜広畦・標準区0.78となり，密植で狭畦ほどKが小さく受光態勢がよかった。密植でKが小さくなるのは，小葉の傾斜角度が大きくなるためである。狭畦でKが小さくなるのは，広畦では葉面積が条に近いほど密に，条間ほど疎になって不均一分布するが，狭畦では均一に分布するためである。

$$P_g = \frac{1}{K} \cdot \frac{b}{a} \log_e \frac{1+aI_0K}{1+aI_0Ke^{-KF}} \quad \cdots\cdots\cdots\cdots (3)$$

(P：真の光合成速度，aとb：定数でbは光-光合成関係の初期勾配，b/a：光飽和した最大光合成速度，I_0：群落最上層の水平面の光強度，I：ある高さの水平面の光強度)

（3）式で，P_gと吸光係数（K）は反比例の関係，P_gとb，b/aは比例関係にあるので，吸光係数が小さいほど，また，光-光合成関係の初期勾配と光飽和した最大光合成速度値が大きいほど，総光合成速度が高くなることを意味している。

その後，測定されたKは葉の透過率（m）の影響を加味した値であることを考慮して，以下のように改良が加えられた。

$K = (1 - m) K'$

（K'は葉が光を完全に吸収した場合の吸光係数）

この式では，葉の透過率が大きいほど吸光係数は小さくなり，（3）式の総光合成速度（P_g）は高くなる。

2 葉面積指数と個体群光合成速度

純生産量（Pn）と総生産量（Pg），呼吸量（R）のあいだには次式の関係がある。

$Pn = Pg - R$

この3項目が，葉面積指数（LAI）が大きくなるとどう変化するかを図4-11に示した。図の(a)ではLAIが大きくなるとPgは直線的に増えるが，やがて葉の相互遮蔽が大きくなり，増え方がにぶって飽和してくる。Rは植物体量が増えると直線的に大きくなるため，PnはあるLAIでもっとも大きくなり，それ以上LAIが増えると減る。Pnには最適LAIがある。

しかし，Rは植物体量に比例するのではなく，光合成量に比例するともいわれる。その場合は図の(b)のように，RはLAIに対して飽和するため，PnもLAIに対して飽和し，このときのLAIを限界LAIとよぶ。図の(a)，(b)でわかるように，LAIをむやみに大きくしてもPnは大きくならない。

KとPnの関係をみると，LAIの増大とともにPnは直線的に大きくなるが，Pnの増大はしだいに小さくなり，最適LAI以上になると減少するが，Pnの極大値

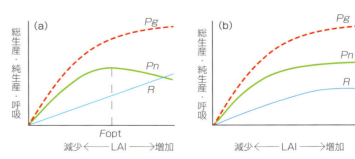

図4-11 葉面積指数（LAI）と光合成（総生産），純生産，呼吸との関係（模式図）
Pg：総生産量，Pn：純生産量，R：呼吸量，$Fopt$：最適葉面積指数
(a)：呼吸量が個体群の拡大にともなって直線的に大きくなると仮定した場合
(b)：呼吸量が総生産量に比例すると仮定した場合

> **個体群光合成モデルの改良**
>
> 　個体群光合成速度の理論式（3）は，個体群を構成する全ての葉が同じ光－光合成関係をもち，個体群内を照射する全ての光が散乱光と仮定されている。その後，このモデルから，葉の傾斜角度を考慮すると個体群構造の光合成への影響が小さくなることや，散乱光比率が0％から100％に増えると個体群光合成は約30％増加することも示されている。
>
> 　さらに，水稲の葉位別の葉面積分布と光－個葉光合成関係を組み込んだモデルがつくられた。このモデルで推定した個体群成長速度（CGR）の品種間の関係は，実測値とよく一致している。そして，多収品種'密陽23号'は吸光係数が小さく，葉面積は個体群中層に多く，それより上層，下層になるほど均一に減っていく個体群構造をもっていることが明らかにされている。

は K が小さいほど高くなる（図4-12）。また，日射量が多くなるほど個体群成長速度（CGR）は大きくなり，最適LAIも大きくなる（図4-13）。したがって，日射量が少なくLAIが2～3と小さい地域や品種では，K を改善しても乾物生産の増大は期待できないが，日射量が多い地域や品種ではLAIを大きくして K を小さくすれば，乾物生産を増大できる可能性がある。

3 葉の傾斜角度と個体群光合成速度

　個体群光合成速度は吸光係数の影響がいちじるしく，吸光係数は葉の傾斜角度や葉の透過率と密接に関係することが明確となったが，いずれもモデルシミュレーションによる理論的解析による結果である。このことが，出穂期のイネ個体群の葉先に錘をつけて葉身を下垂させた実験で実証されている。

　葉身下垂区では少ない日射量で光飽和になり，光合成速度の最大値は光飽和のなかった無処理区の68％に低下することが確認されている（図4-14）。この個体群構造を図4-15に示したが，無処理区では葉面積（葉身）が上層から下層まで広い範囲に分布しているが，葉身下垂区では40～60cmの高さに集中していた。高さ40cmの相対照度は，無処理区で約17％だったが葉身下垂区では約5％といちじるしく低かった。そして，葉身下垂区の出穂期から成熟期までの乾物増加量は無処理区の66％，玄米収量は68％しかなかった。

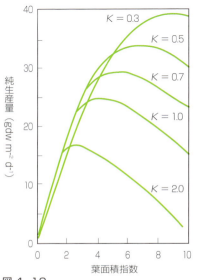

図4-12
吸光係数（K）のちがいによる個体群の葉面積指数（LAI）と純生産（Pn）の関係の変化（Saeki，1960）

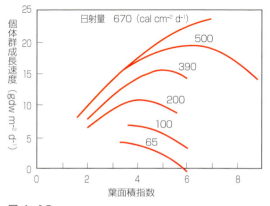

図4-13
サブクローバーの個体群成長速度（CGR）におよぼす日射量と葉面積指数（LAI）の影響（Black，1963）

5 個体群構造と CO_2 拡散

1 直立葉群と水平葉群の CO_2 拡散のちがい

　光合成の基質である CO_2 は，個体群内では濃度勾配によって拡散していくが，その濃度は個体群構造や葉面積密度，風速，気孔伝導度などによって大幅に変化する。直立葉群をもつイネ個体群と水平葉群をもつダイズ個体群内での，微気象の垂直分布を比較したのが図4-16である。この結果は，水平葉群のダイズは個体群上層に葉面積が集中するため，個体群内への

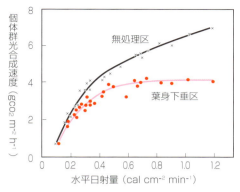

図4-14 イネ個体群の葉身下垂処理による光合成速度の低下 (田中ら, 1969)
葉身下垂区は, 出穂期のイネの直立した葉身の葉先に小さな錘をつけて下垂させ, 傾斜角度を小さくした

風の透過や CO_2 拡散, 大気中への水蒸気拡散が, 直立葉群のイネにくらべて阻害されていることを示唆している。

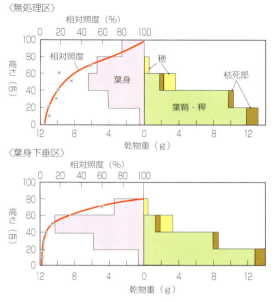

図4-15 出穂期のイネ個体群の葉身下垂区と無処理区の個体群構造 (田中ら, 1969)

2 稈の長短と CO_2 拡散, 収量

グレインソルガムでは, 短稈品種より長稈品種のほうが個体群成長速度（CGR）, 純同化率（NAR）が高く, 乾物生産, 収量も高い。これは, 長稈品種は短稈品種より葉面積密度〈注8〉が小さいためである。水稲でも長稈の旧品種のほうが, 短稈の新品種より穂ばらみ期の CGR が大きいことが確認されている。つまり, 葉面積密度の小さい個体群のほうが, 個体群と大気のあいだの CO_2 拡散の抵抗が小さくなるため光合成速度が高くなるからである。

水稲栽培では, 短稈化することで耐倒伏性を強化し, 風雨などから個体群構造を維持して乾物生産, 収量を高めてきた（コラム参照）。

しかし, 結果として葉面積密度を大きくし, 個体群の CO_2 拡散の抵抗を大きくしてしまうので, さらなる乾物生産, 収量の向上には限界がある。近年では, 稈長が長くても耐倒伏性の強い水稲の多収性品種が育成されており, 今後の多収性品種, とくに粗飼料として茎葉収量が多い発酵粗飼料用品種の育種目標として, 長稈, 強稈性の強化は不可欠である。

〈注8〉
LAI は単位土地面積当たりであるのに対し, 葉面積密度は単位体積の空間当たりの葉面積（m^2/m^3（葉面積／空間の体積＝葉面積密度））であらわされ, 空間のなかに葉がどれだけあるのかを示している。立体的な葉面積の混み具合を示し, 個体群内の光強度の分布やガス拡散に影響する。

〈コラムの注〉
草型（plant type）: イネ科作物の品種特性の1つで, 草姿をあらわす。イネでは穂数型, 偏穂数型, 中間型, 偏穂重型, 穂重型の5型に分類される。
長稈, 短稈: イネ科作物の品種特性の1つ。稈の長さで長稈, 中稈, 短稈に分類され, 草型と合わせて用いられる。長稈品種は穂数が少なく穂長が長い穂重型, 短稈品種は穂数が多く穂長が短い穂数型の傾向にある。

明治以降の水稲の増収と草型の変化

図4-17に明治期以降に, 北海道と暖地で栽培された主要品種の草型〈注〉の変化を示した。両地域ともに新しい品種ほど草丈が短くなり, 分げつ数, 穂数が増え, 長稈穂重型から短稈穂数型にかわってきた。また, 新品種のほうが LAI が大きく, 吸光係数が小さくなる傾向も明らかで, 施肥量の増加による倒伏を防ぐため, 短稈化してきたことは明瞭である。

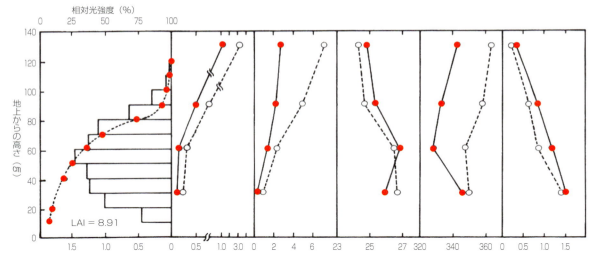
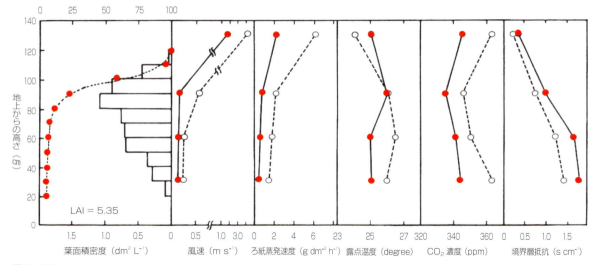

図4-16
イネとダイズ個体群の生産構造と午前8時（●）と午後13時（○）の各高さの風速，ろ紙蒸発速度，露点温度，
CO_2濃度，境界層抵抗（斎藤ら，1994）

6 個体群構造の遺伝的改良

1 世界ですすむ穂重型，直立葉身型品種の育成

　国際稲研究所（IRRI）では，1966年に'低脚烏尖'〈注9〉に由来する半矮性遺伝子をもつ'IR8'が育成された（図4-18）。この品種は短稈化により耐倒伏性と耐肥性を強化し，その結果高い収穫指数を達成し，「緑の革命（green revolution）」を推進させた〈注10〉。その後，1990年代に熱帯ジャポニカの遺伝資源を利用して，分げつが少なく超穂重型，短稈で太く丈夫な茎，発達した根系，濃緑で直立した葉身などをもつ，新しい草型のNPT（New Plant Type）系統（図4-19）が育成された。

〈注9〉
台湾在来品種で半矮性遺伝子をもつ。

〈注10〉
'IR8'と同じ特性をもつ'IR36''IR64''IR72'などの多収で病害虫抵抗性をもち，東南アジアに広く普及した優秀な品種が数多く育成された。

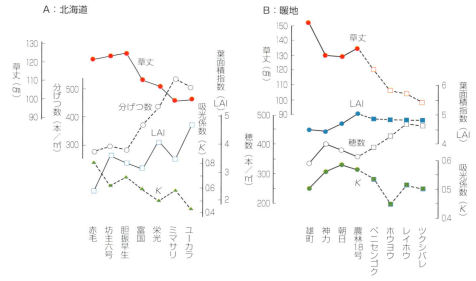

図 4-17 明治期以降育成された新旧品種の草型，受光態勢の変遷
(A：田中ら，1968，B：武田ら，1984)
品種は左側が明治期の品種で，右になるほど新しい品種

図 4-18
伝統的インディカ品種（左）と IR8（右）の草姿
IR8 は単稈化によって耐倒伏性，耐肥性が強まり，高い収穫指数を達成した

図 4-19　IRRI の第一世代 NPT 系統（左）と中国の超多収ハイブリッドイネ（右）の草姿

　中国では亜種間雑種強勢を利用した，超多収ハイブリッドイネの育成がすすめられている。理想型（ideotype）にむけた形態的改良目標を，草高 120 cm 以上で，上位 3 枚の葉身が長く，厚く，葉幅が狭く，V 字型で直立していて，穂の位置が相対的に低いことにおき，育成された品種（'Liangyoupeijiu'（'両優培九'））（図 4-19）は，中国の 13 省で 223 万 ha 栽培され，12.11t/ha の多収を記録したとされている。
　韓国では，1972 年に'ユーカラ''台中在来 1 号''IR8'の三元交雑によって半矮性品種の'統一'が育成され，以降'密陽 23 号''水原 258 号'などが育成されて日印交雑品種とよばれている。'密陽 23 号'は，1 穂穎花数が多いのでシンク容量〈注11〉が大きく，日本の品種より 30% 以上多

〈注11〉
シンク容量＝総籾数×玄米 1 粒重

6　個体群構造の遺伝的改良

収で，個体群吸光係数が出穂期以降も小さく，穂の上層に直立した葉身をもっている。

2 わが国での超多収性水稲品種の育成

わが国では水田利用再編対策でコメの他用途化が検討され，これを契機に多収性水稲品種の特性解明や，育種計画がスタートした。2005年以降，米粉用や飼料用など新たな利用に対応した米（新規需要米）の生産を本格化させるとともに，多くの多収性水稲品種が育成されてきている。

近年育成された多収性水稲品種の玄米収量と乾物生産量を表4-1に示した。いずれの品種も'日本晴'より穂数は少ないが，'べこあおば'は千粒重が大きく，これ以外の品種は一穂籾数が130〜179と多く，シンク容量が約1.5倍になることによって乾物生産が高まり多収になっている。インド型品種の'タカナリ'と'北陸193号'は1,050g/㎡をこえる収量を得ている。これら品種の多くは，直立型の葉身で，大きな穂の上層に大きな葉身が配置されている。

3 直立型葉身，直立穂の研究の進展

イネの葉身傾斜角度を調節する，葉身と葉鞘の接続部分（ラミナジョイント）に，植物ホルモンの1つであるブラシノステロイド（第11章1-6項参照）が重要な作用をしていることが知られている。ブラシノステロイド欠損変異体osdwarf4-1の解析によって，ブラシノステロイドの働きを部分的におさえてイネの葉身を直立させ，収量を増やせることが明らかになっている。また，中国の遼寧省では，直立穂型の品種開発が行なわれ，広く普及している。強稈で多収系長稈品種である'中国117号'の穂の直立性は，個体群内への光の透過をよくし，乾物生産を高めることが認められており，今後，わが国でも直立穂型の多収性品種の育成が期待される。

現在，多収性にかかわる葉身傾斜角度や直立穂，強稈性，籾数増加，個葉光合成，耐病性，耐虫性，直播適性などの遺伝子研究がすすめられており，今後これらの遺伝子を集積することによって，玄米収量が12〜15t/haの超多収性品種の育成が期待される。

表4-1 近年育成された多収性水稲品種の収量と収量構成要素（長田ら，2012を改変）

品種	穂数 (本 m^{-2})	一穂 籾数 (粒)	総籾数 (×10^{3}m^{-2})	登熟 歩合 (%)	玄米 千粒重 (g)	シンク 容量 (g m^{-2})	玄米 収量 (g m^{-2})	収穫期 乾物重 (g m^{-2})
日本晴	435	82	35.7	84.6	21.9	782	662	1,868
べこあおば	370	98	36.1	61.8	31.8	1,147	701	1,874
タカナリ	339	161	54.0	91.5	21.3	1,151	1,053	2,155
北陸193号	308	166	50.7	94.3	22.3	1,133	1,068	2,423
西海198号	365	130	47.2	86.7	23.4	1,103	954	2,253
ミズホチカラ	354	146	51.6	77.7	22.9	1,181	917	2,122
ホシアオバ	295	139	40.8	72.8	28.8	1,178	856	2,173
モミロマン	284	179	50.6	64.4	23.9	1,207	776	2,051

数値は2008〜2010年の2年または3年の平均値（広島県福山市）
日本晴は昭和後期の多収品種（1970〜1978年日本全国の作付け面積第1位）

第5章 倒伏とそのメカニズム

　作物が収穫期まで受光態勢を維持し，安定して高い乾物生産量や子実収量をあげるためには，倒伏（lodging）を避けることが重要である。そのためには，肥培管理，栽培管理など栽培技術の確立とともに，倒伏の発生要因や発生機構，倒伏抵抗性（lodging resistance）の解明とその遺伝的改良が不可欠である。

1 倒伏の被害とタイプ

1 倒伏の被害

　イネ，コムギ，トウモロコシ，サトウキビなどイネ科作物やダイズなどマメ科作物などでは，降雨や台風による風雨などによって倒伏が発生する。わが国では，近年の台風の大型化により，九州をはじめ倒伏の被害が増えている。倒伏は，多肥，密植など肥培管理や栽植密度，栽植様式，病害虫の発生などによって助長される。

　いったん倒伏すると受光態勢が悪くなり，個体群全体の光合成速度の低下による乾物生産の大幅な減少，登熟不良などで減収する。茎の挫折がともなうと通道（導）組織が損傷されるので，養水分の吸収や輸送に影響する。さらに，個体群内の温度や湿度に影響したり，通気性が低下するので病害の発生にもつながる。水稲では，穂が水に浸かると穂発芽を引き起こし，品質を低下させる。

2 倒伏のタイプ

　倒伏現象は作物の種類によってちがいがあるが，大きく3つのタイプに分けられる。茎の挫折による挫折型倒伏，挫折まではしないが湾曲して傾斜する湾曲型倒伏，直播栽培などで根が浅く地ぎわから株全体が倒れるころび型倒伏である（図5-1）。

　イネ，コムギ，オオムギなどイネ科作物の直播栽培では，播種位置が浅いところび型倒伏になりやすく，深くなると移植栽培と同じで，湾曲型や挫折型になりやすい。実際には最初の降雨で湾曲型がおこり，その後，台風などで挫折型のいちじるしい倒伏になることが多い。

　倒伏の発生時期は，イネはほとんどが登熟期であるが，コムギでは出穂前後からおこる。

　トウモロコシではころび型や湾曲型に加え，出穂期前の節間伸長期から

図5-1 作物の倒伏のタイプ
A：湾曲型（イネ），B：挫折型（イネ），C：ころび型（トウモロコシ）

茎の伸長部や茎の比較的高い位置でおこる，折損型とよばれる倒伏も問題になる。

2 倒伏に影響する作物の性質と土壌条件

1 地上部モーメントと倒伏

力学的な視点からみると，倒伏は茎の伸長がいちじるしくなる時期から，種子が実り重くなって重心が高くなる収穫期まで，地上部のモーメント〈注1〉が高まり，植物体が倒れようとする力が大きくなることによっておこる。

イネ科作物の，イネ，コムギなどの挫折型，湾曲型倒伏やトウモロコシの折損型，湾曲型倒伏には，穂の重さや茎（イネ科では稈）の伸びが大きく影響する。タケと同じようにイネ科作物は，短期間に節と節のあいだ（節間）が急速に伸びる。長稈品種は短稈品種より節間が長くなりやすく，地上部のモーメントが大きくなるので倒伏しやすい。また，同じ稈長の品種でも，稈基部の下位節間が長い品種のほうが短い品種より挫折型倒伏しやすい。

なお，節間伸長は，高温，日射量不足で助長される。

〈注1〉
モーメントは，ある点を中心に回転させようとする力の作用のことをいう。回転させようとする力が植物の倒れようとする力になるのである。

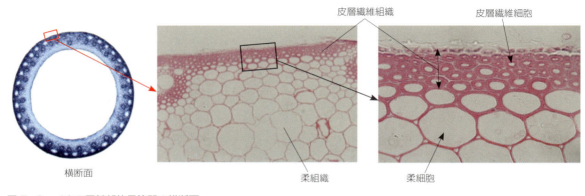

図5-2 イネの稈基部伸長節間の横断面
二次壁の肥厚により皮層繊維細胞のなかにはセルロースなどの細胞壁成分が分布している

2 茎の構造と節間長

❶茎の内部構造

茎の内部構造は，植物体の支持に大きく影響し，湾曲型や挫折型倒伏への抵抗力をあたえる。とくに，機械組織とよばれる，リグニン（lignin）が蓄積して木化した組織の発達は倒伏抵抗性に大きく影響する。

イネ，コムギ，オオムギなどの機械組織は，稈の柔組織の外側，最周辺部に局在する皮層繊維組織（cortical fiber tissue）である（図5-2）。外側にあることによって，少ない量でも効率的に強度を高めることを可能にしている。

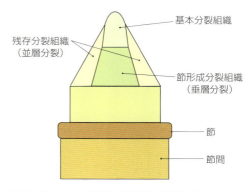

図5-3　イネの茎頂分裂組織（縦断面）

❷茎の太さ

茎の太さは，茎の強度に大きく影響する。双子葉植物は形成層をもち，二次分裂による細胞分裂によって比較的長い時間をかけて茎が太くなる。形成層の細胞分裂の活性が低いと茎が細くなり，倒伏しやすくなる。

形成層をもたないイネなどの単子葉植物は，茎頂分裂組織の残存分裂組織による並層分裂（図5-3）〈注2〉によって柔組織細胞数が増えて茎が太くなる。そのため，茎がつくられる初期の段階で，短期間に茎の太さがほぼ決定される〈注3〉。この期間の栽培環境は茎の太さに大きく影響し，日照不足，高温，窒素過多の条件では節間の徒長とあわせて茎が細くなり，茎強度の低下によって倒伏を助長する。

❸茎の硬さ

イネでは節間伸長がはじまると，柔組織細胞に遅れて，表皮と皮層繊維組織の分裂がはじまり，節間伸長が完了するまで分裂する。節間伸長の完了とともに皮層繊維細胞の二次壁の肥厚がはじまり，セルロース（cellulose）〈注4〉，ヘミセルロース（hemicellulose）〈注5〉，リグニン〈注6〉などが蓄積して硬くなる（図5-2）。

そのため，セルロース合成酵素やリグニン合成酵素が欠損した，イネの突然変異体は稈がもろくなる。

皮層繊維組織の厚さは稈を太くするだけでなく，曲りにくさ，折れにくさなどにも影響している（図5-4）。

〈注2〉
分裂面が植物の軸（茎）に対して平行な面になる分裂。これに対して，分裂面が直角な面になる分裂を垂層分裂という。

〈注3〉
イネの下位節間の稈径は，節間伸長がはじまる前に約70％が決定されている。

〈注4〉
グルコースが規則正しくβ-グルコシド結合した鎖状構造をもつ多糖類であり，分子式$(C_6H_{10}O_5)_n$であらわされる。植物細胞壁や繊維の主成分である。

〈注5〉
キシロース，アラビノースの5単糖，グルコース，マンノース，ガラクトースの6単糖を構成ユニットとする多糖類であり，セルロース繊維に蓄積する。

〈注6〉
フェニルプロパンとその誘導体を構成ユニットとし，三次元的に結合した高分子化合物である。ヘミセルロースと同様にセルロース繊維に蓄積する。

図5-4　うすい皮層繊維組織をもつイネ系統'中国117号'（左）と厚い皮層繊維組織をもつ品種'リーフスター'の稈の横断面
赤色の染色部分は皮層繊維組織と維管束に局在するリグニン

❹ 節間と節間長

イネ科植物の茎は節と節間から構成される。穂首節からその下の節のあいだを穂首節間とよび，最上位節間になる。穂首節間を第Ⅰ節間とし，下位へ第Ⅱ，第Ⅲ，第Ⅳ節間とつづく。早生の品種は第Ⅲから第Ⅳ節間，中生は第Ⅳから第Ⅴ節間，晩生は第ⅤからⅥ節間が最下位の伸長節間になる。

幼穂分化開始期に下位節間から節間伸長をはじめ，最後に穂首節間が伸びる。節間は下位から上位にいくほど細く，長くなる。同じ熟期でくらべると，短稈品種は長稈品種より各節間長が短い。

挫折型倒伏でとくに問題になるのが下位節間である。下位節間の伸長期に，窒素施肥したり，高温にあうと，下位節間の伸長が助長され，地上部のモーメントを高めるとともに，下位節間の挫折強度を低下させるので倒伏しやすくなる。

3 根の成長

根の成長はころび型倒伏に影響し，とくに直播された作物で問題になる。

根の成長は，肥培管理などの影響を受け，倒伏抵抗性にも影響する。たとえば，窒素肥料を多投すると地上部の成長を促進し，相対的に根の成長は抑制され，ころび型倒伏が発生しやすくなる。浅く播種すると根張りが浅くなり，ころび倒伏しやすくなる。

また，根張り，深根性や浅根性，根量などの植物特性も，ころび型倒伏抵抗性に重要である。トウモロコシでは根張りの範囲が広く，根が深く水平方向に広く開帳している品種のほうが，ころび型倒伏抵抗性が大きい。

直播水稲では深根性の品種が浅根性の品種より転び型倒伏しにくいことが知られている。

4 土壌の物理的条件

ころび型倒伏抵抗性には土壌硬度など，土壌の物理的環境も影響する。土壌硬度が小さいと根による株の支持力が低下し，ころび型倒伏が発生しやすくなる。直播水稲では，生育途中に灌水を止め，中干しを行なうことによって土壌硬度を高め倒伏を防いでいる。

3 倒伏抵抗性の評価

1 挫折型倒伏抵抗性

❶ 挫折抵抗力＝葉鞘付挫折時モーメント

挫折型倒伏は，稈基部の伸長節間や節での挫折によっておこり，イネやコムギでは葉鞘を含めた稈基部の挫折抵抗力が問題になる。挫折抵抗力は葉鞘付挫折時モーメント〈注7〉として表現される。

葉鞘付挫折時モーメントは，稈のみの挫折時モーメントと葉鞘による稈の補強程度（葉鞘補強度）に分けられる。そして，稈のみの挫折時モーメントは，稈の太さの指標である断面係数と材質の折れにくさの指標である曲げ応力〈注8〉に分けられる（図5-5）。

〈注7〉
葉鞘を含めた稈基部の挫折抵抗力を葉鞘付挫折時モーメントといい，稈のみでの挫折（稈のみ挫折）時モーメントと区別して表現している。

〈注8〉
物体を変形させる力が加わっているときは，その物体内にも抵抗する力が生じるが，これを応力という。

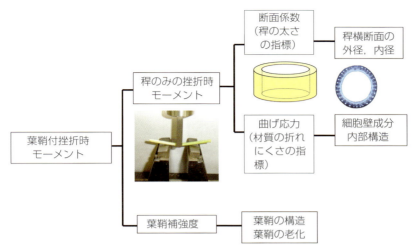

図5-5 挫折型倒伏抵抗性にかかわる稈基部の葉鞘付挫折時モーメントとその構成要素

図5-6
材料試験機による稈の挫折荷重の測定

稈のみの挫折時モーメントと葉鞘補強度は以下の式で求められる。

稈のみの挫折時モーメント＝断面係数×曲げ応力

葉鞘補強度＝（葉鞘付挫折時モーメント－稈のみの挫折時モーメント）/
葉鞘付挫折時モーメント

❷断面係数と曲げ応力の算出方法

イネやコムギなどの稈の横断面は楕円に近いので，楕円と仮定し以下の式から断面係数を算出する。

断面係数＝$\pi/32 \times (a_1^3 b_1 - a_2^3 b_2)/a_1$
　　　　a_1: 稈外短径，a_2: 稈内短径，b_1: 稈外長径，b_2: 稈内長径

曲げ応力は稈の挫折時モーメントを断面係数で割って求める。これには，おもに皮層繊維組織に蓄積するセルロース，リグニンなどの稈の組織単位当たりの量，すなわち密度が関係する。

❸材料試験機による葉鞘付（あるいは稈のみの）挫折時モーメントの算出

挫折時の最大荷重 W は，図5-6のような材料試験機を用いて高い精度で測定できる。支点間距離 L の両端固定ばり〈注9〉の方法で測定した場合，葉鞘付（あるいは稈のみの）挫折時モーメントは次式から求められる。

葉鞘付（あるいは稈のみの）挫折時モーメント＝ WL/4

〈注9〉
両側が固定され，移動も回転も拘束された状態をいう。

❹倒伏指数の算出方法と左右する要因

挫折倒伏への抵抗性を示す倒伏指数（lodging index）は，次式のように，地上部の重さと長さの積で，稈基部にかかる，倒れようとする力である地上部モーメントを，挫折抵抗力（稈基部の抵抗力）である葉鞘付挫折時モーメントで除して求める。

倒伏指数＝地上部モーメント／葉鞘付挫折時モーメント

イネ，コムギ，オオムギでは，実際の倒伏程度と倒伏指数のあいだに密接な関係があり，倒伏指数が小さいほど倒伏しにくい。

倒伏指数が小さくなる要因の1つは，草丈が低いとか地上部の重量が軽いなどによる，地上部モーメントが小さくなることである。もう1つは，葉鞘付挫折時モーメントが大きくなることである。葉鞘付挫折時モーメントは，断面係数が大きいとか曲げ応力が大きい，葉鞘補強度が大きい場合に大きくなる。

2 折損型倒伏抵抗性

稈の途中で挫折する折損型倒伏は，節間伸長期の未成熟で稈が弱い時期や，成熟期に稈が老化して強度が低下しておこりやすい。折損型倒伏抵抗性の評価は，貫入抵抗測定器で稈の硬度を測定する方法などで行なわれている。

3 湾曲型倒伏抵抗性

湾曲型倒伏は稈全体，すなわち釣竿のしなりのように，上位節間から下位節間までの曲げ強さが問題になる。

稈の曲げ強さは，物体の曲げ変化のしにくさを示す指標である曲げ剛性であらわされる。

曲げ剛性＝断面二次モーメント×ヤング率

断面二次モーメント〈注10〉は，イネやコムギ，オオムギのように稈の横断面が中空の楕円の場合，稈の外径と内径によって決定される。稈の組織量が同じ場合，稈の外径が小さく稈壁が厚いよりも稈の外径が大きく稈壁のうすいほうが，断面二次モーメントが大きくなり，曲げ剛性が高まる（図5-7）。

ヤング率〈注11〉は，おもに茎の厚膜組織や維管束に集積するセルロースやリグニンなどの有機成分や，表皮組織に蓄積するシリカなどの無機成分が関係することが知られている。

4 ころび型倒伏抵抗性

ころび型倒伏抵抗性は，根系の株支持力が高いほど強い。株支持力の測定は，個体の引き倒し抵抗，押し倒し抵抗，引き抜き抵抗などの方法があるが，一般には押し倒し抵抗で行なう。

押し倒し抵抗は，株の基部をたばねて地表から10～20cmの部位にバフォースゲージをあて，45度に傾くまで押し倒すのに必要とする力，いいかえると押し倒す力に対する抵抗力を測定する（図5-8）。

〈注10〉
物体の変形しにくさをあらわす指標。物体の断面形状と大きさで決まり，断面の大きさが同じでも形状をかえると，断面二次モーメントの値も変化する。

〈注11〉
弾性率の一種で，ものを引っ張ったときの伸びと力の関係から求められる定数で，その物体の歪みにくさをあらわす。伸び弾性率ともいう。

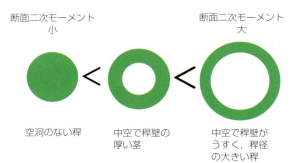

図5-7 同じ断面積（組織量）の稈の稈径の大きさ，稈壁の厚さと断面二次モーメントの大きさ

押し倒し抵抗は，根の垂直，水平などの伸長方向，根の引張り強度，根の太さや数などがかかわっている。

4 倒伏を避けるための栽培技術

倒伏を避けるためには，節間伸長を制御する適切な栽培管理が必要になる。節間伸長期に窒素肥料を投入すると節間伸長を助長するので，イネ，コムギでは，挫折型倒伏が問題になる。下位節間の伸長期の追肥を避けるなどの対策が行なわれてきた。コシヒカリなど倒伏しやすい品種の場合には，倒伏軽減剤を使用して節間伸長を抑制し，地上部モーメントを下げて倒伏を防ぐことができる。

水稲の湛水直播栽培では，播種深度が浅くなると転び型倒伏を助長するため，種子を土中に打ち込み播種深度を深くする，打ち込み式点播栽培などが開発されている。品種は転び型倒伏抵抗性の高い直播向き短稈品種を選定する。

また，湛水直播栽培では土壌硬度が転び型倒伏に密接にかかわっているので，中干しや落水などの水管理を行なって土壌硬度を高め，その結果，根による支持力を高めることによって転び型倒伏を防止する対策がある。過度の密植は稈を細くし倒伏しやすくするため，それぞれの品種で多収かつ倒伏しにくい適正な栽植密度に設定する必要がある。

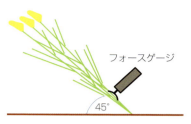

図5-8
ころび型倒伏抵抗性の評価のための押し倒し抵抗の測定

5 倒伏抵抗性の遺伝的改良

倒伏抵抗性の改良では，作物の種類，倒伏のタイプによって対象になる形質がちがってくる。

イネ，コムギ，オオムギでは短稈化によって倒伏抵抗性の改良が行なわれてきた。しかし，近年はイネやコムギでも強稈化による倒伏抵抗性の改良が注目されている〈注12〉。

ここでは，「緑の革命の遺伝子」として知られている半矮性遺伝子を利用した，イネ，コムギなどの短稈化による改良と，最近研究がすすんでいる強稈化による改良について述べる。

1 短稈化による改良（半矮性遺伝子の利用）

イネでは短稈化させる矮性遺伝子が劣性の突然変異として存在しているが，成長量，収量がいちじるしく低下するなどの多面発現〈注13〉があり，ほとんど利用されていない。しかし，半矮性遺伝子は他の形質への影響が少ないので広く利用されてきた。

❶イネでの改良

イネでは半矮性遺伝子 *semi-dwarf 1*（*sd1*）を利用した，短稈の'IR8''レイメイ''Calrose76' などが育成されている。植物ホルモンのジベレリンが節間の伸びにもかかわっているが，*sd1* 遺伝子はジベレリンを合成する

〈注12〉
草丈の高いハイブリッドを利用した飼料用のトウモロコシ，ソルガムでは，長く重い地上部を支えるため，太稈など強稈化を育種目標とした品種改良が行なわれている。

〈注13〉
1つの遺伝子で複数の形質に作用すること。

図5-9 イネ品種'コシヒカリ'の短稈化，強稈化による倒伏抵抗性の改良
左から，コシヒカリ，半矮性遺伝子 sd1 をもつ短稈コシヒカリ，稈を太くする強稈遺伝子 SCM2=APO1 をもつ強稈コシヒカリ

GA20酸化酵素の機能を失わせることが明らかになっている。

最近では，倒伏抵抗性の小さい'コシヒカリ'を sd1 遺伝子で短稈化した品種が育成されている（図5-9）。

❷ムギでの改良

コムギでは，わが国で育成された農林10号に由来する半矮性遺伝子 Reduced height1（Rht1）と Reduced height2（Rht2）が世界のコムギの品種改良に利用されている。この2つの遺伝子は，ジベレリン量が正常であっても，その存在情報を正常に伝達することを妨げるので，ジベレリンによる成長促進作用が失われ，節間が短くなることが明らかにされている。

オオムギでは渦性〈注14〉の原因遺伝子である uzu 遺伝子の多面発現によって矮性化するので，わが国ではこの uzu 遺伝子を半矮性遺伝子として多くの品種に導入している。

最近，この矮性形質をもたらす遺伝子は，植物ホルモンであるブラシノライド〈注15〉の受容体をコードし，渦性を示す短稈品種はこの遺伝子が変異しブラシノライドに対する感受性を失うことによって節間の伸長が抑制され，矮性化することが明らかにされた。

2 強稈化による改良

これまで，強稈化による改良はイネやコムギではほとんど行なわれず，強稈遺伝子の単離も行なわれていなかった。

イネでは fine culm1（fc1）など細稈遺伝子や，セルロース合成などに関与している brittle culm（bc）など弱稈遺伝子は，劣性の突然変異としてみつかっている。それに対して，強稈性にかかわる稈の太さなどの形質は，複数の遺伝子で支配される量的形質なので改良がむずかしい。

〈注14〉
オオムギの品種には，渦性とよばれる短稈品種と，並性とよばれる長稈品種がある。

〈注15〉
植物ホルモンのブラシノステロイド（第11章1-6項参照）の一種で，植物の伸長成長，細胞分裂と増殖，種子の発芽などを促進する作用がある。

しかし，これらの量的形質は遺伝率の高い形質なので，選抜によって固定することが可能な形質でもある。

❶イネでの改良

イネでは，稈が太く断面係数が大きい'中国117号'と，稈が細く断面係数は小さいが曲げ応力の大きい'コシヒカリ'を交雑して，断面係数と曲げ応力が大きく，稈の挫折時モーメントが大きい強稈品種'リーフスター'が育成されている（図5-10）。このように，交配によって強稈性にかかわる形質を集めることによって，倒伏抵抗性の改良がすすめられている。

図5-10　強稈性のイネ長稈品種'リーフスター'
左から，コシヒカリ，リーフスター（コシヒカリ（♂）×中国117号（♀））, 中国117号

最近では，もっともゲノム解読がすすんでいるイネを中心に，おもなイネ科作物のゲノム情報を利用して，強稈性の遺伝子の同定と，それを含んだ量的形質遺伝子座（QTL）（第2章7-1項参照）の特定の研究がすすめられている。

'日本晴'と稈の太い'Kasalath'（インディカ種）の交配組み合わせによって，稈の外径が大きくなるQTLが第1，7，8，12染色体で検出されている。

また'コシヒカリ'と'ハバタキ'（インディカ種）の交配組み合わせでは，12本の染色体のほとんどの領域が'コシヒカリ'で，特定の領域のみが強稈品種'ハバタキ'の染色体断片に置換した系統群〈注16〉から，第1，6染色体に断面係数と稈外径を大きくするQTLがあることが特定された（図5-11）〈注17〉。

そして，DNAマーカー選抜（marker assisted selection, MAS）を利用して，'コシヒカリ'に'ハバタキ'のSCM2を含む染色体断片を置換

〈注16〉
ある品種の染色体の一部の領域が他の品種と置換した系統を多数育成して，染色体全体をカバーするようにした系統群で，染色体断片置換系統群（chromosome segment substitution lines : CSSLs）という。イネでは40近くの置換系統によって12本の染色体全体をカバーする。

〈注17〉
第1染色体のQTLはSTRONG CULM 1 (SCM 1)，第6染色体のQTLはSCM2と名付けられた。なお，SCM2は成長点で発現し穂の分化にかかわっているAPO1 (ABERRANT PANICLE ORGANIZATION1) という遺伝子であることも同定されている。APO1 = SCM2は，多面発現によって稈の形成や，稈の太さの制御にもかかわっている。

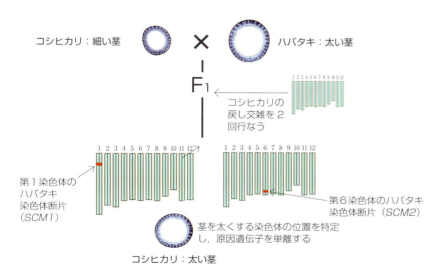

図5-11　染色体断片置換系統を用いたイネの強稈関連QTLの染色体領域の特定

した，強稈性の準同質遺伝子系統〈注18〉NIL-SCM2 が育成されている（図5-9）。

ヤング率など稈質にかかわる QTL も特定されており，イネでは第5染色体の prl5 などが知られている。

❷コムギでの改良

コムギでも倒伏抵抗性にかかわる形質の QTL 解析で，解析に用いられた倒伏抵抗性にちがいのある品種の組み合わせから，異なる染色体領域に強稈性にかかわる形質の QTL が検出されており，強稈性に複数の QTL の原因遺伝子がかかわっていることがわかっている。

第3B 染色体〈注19〉にはリグニン合成にかかわるコーヒー酸 3-O-メチルトランスフェラーゼ遺伝子があり，この遺伝子を強く発現する品種はリグニン含有率が高く，倒伏抵抗性が高い。このことは，リグニン合成酵素を制御することによっても，イネ科作物の強稈性の改良が可能であることを示している。

今後，強稈性にかかわる形質の QTL が特定され，それぞれの原因遺伝子の同定と機能が解明されれば，倒伏抵抗性を改良したい品種に他の品種に由来する複数の倒伏抵抗性の高い遺伝子を集積することができ，さらに倒伏抵抗性が向上することが期待される。

〈注18〉
目的とする遺伝子（この場合は SCM2）とその近傍の染色体領域以外は，反復親（この場合はコシヒカリ）由来の遺伝子や染色体に置き換わった系統のこと。

〈注19〉
現在のコムギは，染色体数7本の3種類の野生種が交雑して栽培化された6倍体（AABBDD）であり，合計21本（2n＝42）の染色体をもつ。第3B染色体とは，Aゲノム第3染色体，Bゲノム第3染色体，Cゲノム第3染色体のうちの，Bゲノムの第3染色体のことである。

第6章 光合成

　植物は，光エネルギーを用いて葉の気孔から取り込んだ二酸化炭素（CO_2）を糖に合成する。この反応を光合成（photosynthesis）という。光合成は地球上の生物にとってもっとも重要な生理反応の1つであり，作物の光合成の基本機構を十分に理解して光合成能を高めることは，作物の物質生産や収量を向上させるための第一歩である。

1 光合成のメカニズム

1 光合成の2つの反応

　光合成は，光エネルギーの捕集・変換と二酸化炭素（CO_2）の固定（炭酸固定）の2つの過程からなる（図6-1）。太陽から放射された光エネルギーは葉のなかの葉緑体によって集められ，このエネルギーを用いてNADPH〈注1〉とATP（アデノシン三リン酸）がつくられる。この過程で光エネルギーの化学エネルギーへの変換（光化学反応）がおこる。つぎに，NADPHやATPとして蓄えられた化学エネルギーを用いて，CO_2の固定（炭酸固定反応）が行なわれる。このように光合成には，光化学反応と光とは直接関係していない炭酸固定反応の2つの反応があり，前者を明反応（light reaction），後者を暗反応（dark reaction）とよんでいる。

2 葉緑体－光合成の場－

　葉で光合成が行なわれる場は葉緑体（chloroplast）である（図6-2）。葉緑体は葉肉細胞に多量に含まれており，

〈注1〉
ニコチンアミドアデニンジヌクレオチドリン酸（NADP）の還元型。電子受容体であるNADPが，光化学反応でできた電子を受け取ることによってつくられる。ATPとNADPHのエネルギーと還元力を用いて，CO_2から炭水化物が合成される。

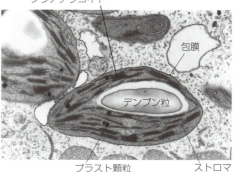

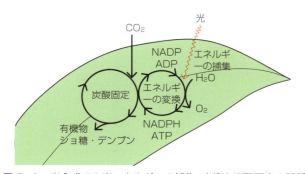

図6-1 光合成での光エネルギーの捕集・変換と炭酸固定の関係

図6-2 葉緑体の横断面（アブラナ科植物）と構造（Ueno, 2011）

1 光合成のメカニズム　65

〈注2〉
プラストキノンに富む顆粒。成熟あるいは老化した細胞の葉緑体に多く含まれ，光合成機能には直接かかわっていない。

〈注3〉
光化学系Ⅱ（赤色光（680 nm）に吸収極大をもつ光反応システム）が行なう反応をになう膜結合性のタンパク質複合体。集光機能をもつ色素タンパク質を含んでいる。

〈注4〉
光化学系Ⅱと光化学系Ⅰのあいだの電子伝達反応をになうタンパク質複合体。シトクロム b_6，シトクロム f，リスケ鉄―硫黄センタータンパク質などからなっている。

〈注5〉
光化学系Ⅰ（遠赤色光（700 nm）に吸収極大をもつ光反応システム）が行なう反応をになう膜結合性のタンパク質複合体。集光機能をもつ色素タンパク質を含んでいる。

〈注6〉
ADPとリン酸からATPの合成を触媒する酵素タンパク質複合体。疎水性の膜結合領域（CF_0）とストロマに突きだした領域（CF_1）からなる

〈注7〉
光化学系ⅠとⅡの集光装置を構成する主要な色素タンパク質。

直径は5～10 μmの円盤状で，横断面は凸レンズ状にみえる。葉緑体は2重の包膜で包まれており，その内部はストロマ（stroma）とよばれる基質と，チラコイド（thylakoid）とよばれる平らな袋状の膜で構成されている。チラコイドが層状に重なった部分をグラナチラコイド，それ以外の部分をストロマチラコイドという。

チラコイドには光合成の光化学反応にかかわるクロロフィル（chlorophyll），カロテノイド（carotenoid）や，さまざまなタンパク質が組み込まれている。ストロマには炭酸固定など代謝にかかわる酵素タンパク質のほか，デンプン粒（starch grain）やプラスト顆粒〈注2〉が蓄積されている。

3 光合成の光化学反応
❶ チラコイド膜と光合成色素
葉緑体に補足された光エネルギーが，どのようにして化学エネルギーに変換されるかを図6-3に示した。図では，チラコイド膜を境にして上側がストロマ，下側がチラコイドの袋の内腔を示している。チラコイドの膜には光化学系Ⅱ複合体〈注3〉，シトクロム b_6/f 複合体（Cytb_6/f）〈注4〉，光化学系Ⅰ複合体〈注5〉，ATP合成酵素複合体〈注6〉が組み込まれている。これらは，光合成色素や電子伝達にかかわる物質とタンパク質が集合したものである。光合成色素は，光を補足してそのエネルギーを反応中心へ伝達する役目をもち，集光性クロロフィル a/b タンパク質（LHCI, LHCII）〈注7〉として光化学系Ⅰおよびの複合体をつくる。

❷ 光化学反応の過程
まず，捕集された光エネルギーを用いて，マンガンクラスター（Mn

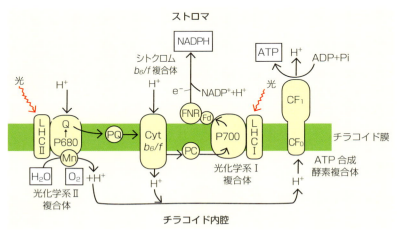

図6-3 チラコイド膜での光化学反応系
LHCⅠ，LHCⅡ：集光性クロロフィルa/bタンパク質，Mn：マンガンクラスター，P680：光化学系Ⅱ反応中心クロロフィル，Q：結合型プラストキノン，PQ：プラストキノン，Cytb_6/f：シトクロム b_6/f 複合体，PC：プラストシアニン，P700：光化学系Ⅰ反応中心クロロフィル，Fd：フェレドキシン，FNR：フェレドキシン-NADP酸化還元酵素，CF_0，CF_1：ATP合成酵素複合体，ADP：アデノシン二リン酸，Pi：無機リン酸

の働きによって水（H_2O）が酸素（O_2）と水素イオン（H^+）に分解される。このときできる電子は，プラストキノン（PQ）やシトクロム b_6/f 複合体などを経て光化学系I複合体に伝えられ，これをもとにNADPからNADPHがつくられる。また，これらの反応によってチラコイド内腔へH^+が放出されてH^+濃度が高まるので，ATP合成酵素複合体を介して，チラコイド内腔側からストロマ側へのH^+の流れができる。このとき，ADP（アデノシン二リン酸）からATPがつくられる。

これらの一連の流れのなかで，光エネルギーはNADPHとATPの形で化学エネルギーとして蓄えられ，炭酸固定回路の駆動に用いられる。

4 炭酸固定反応と光呼吸

光合成の炭酸固定機構にはC_3光合成（C_3 photosynthesis），C_4光合成（C_4 photosynthesis）およびCAM（Crassulacean Acid Metabolism，ベンケイソウ型有機酸代謝）光合成という3つの型がある。それぞれの光合成を行なう植物をC_3植物（C_3 plant），C_4植物（C_4 plant），CAM植物（CAM plant）とよぶ。C_3植物では光呼吸（photorespiration）が行なわれるが，C_4植物では光呼吸はほとんど行なわれないか，低くおさえられている。

❶ C_3植物とC_4植物の葉構造

C_3植物の葉は，多数の葉緑体を含んだ葉肉細胞（mesophyll cell）で光合成を行なう（図6-4左）。C_3植物でも維管束鞘細胞（bundle sheath cell）が維管束をとりかこんでいるが，葉緑体は少量しか含まれていない。

C_4植物の葉には，多数の葉緑体を含んだ2種類の光合成細胞が分化している（図6-4右）。外側には1層の葉肉細胞が，その内側には1層の維管束鞘細胞が維管束をとりかこむように配列しており，これをクランツ型葉構造（Kranz leaf anatomy）〈注8〉とよぶ。

〈注8〉クランツ（Kranz）は花冠を意味するドイツ語で，維管束をとりかこむ葉肉細胞と維管束鞘細胞の配列が花冠のようにみえるので，このようによばれる。

❷ C_3光合成

C_3光合成では，C_3回路（C_3 cycle，カルビン・ベンソン回路ともいう）によってCO_2が固定され，炭水化物の合成が行なわれる（図6-5）。

最初に，CO_2は初期炭酸固定酵素のRubisco（ribulose 1,5-bisphosphate carboxylase/oxygenase，ルビスコとも表記される）の働きによって，リブロース1,5-ビスリン酸（RuBP）と結合して，初期固定産物の3-ホスホグリセリン酸（3-PGA）がつくられる。これは炭素3つからなる化合物なので，C_3回路とよばれている。

3-PGAからいくつかの反応を経て中間体のトリオースリン酸がつくられ，これをもとにショ糖の合成が行なわれる。同時にトリオースリン酸からCO_2の受容体であるRuBP

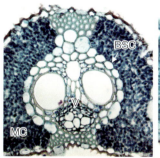 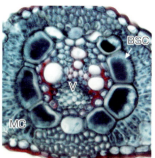

イネ（C_3）　　　　シコクビエ（C_4，NAD-ME型）

図6-4　イネ科 C_3, C_4 植物の葉構造
MC：葉肉細胞，BSC：維管束鞘細胞，V：維管束

の再生が行なわれ、C_3回路が完結する。

この回路にはRubiscoのほか、多数の炭素代謝酵素がかかわっており、光化学反応でつくられたNADPHやATPが回路の駆動力になっている。植物種の多くはC_3植物であり、イネ、コムギ、ダイズなど主要な作物はこのグループにはいる（後出表6-1）。

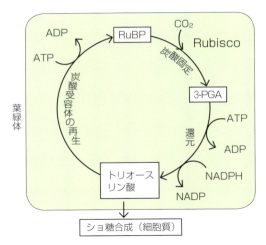

図6-5 C_3回路の概略

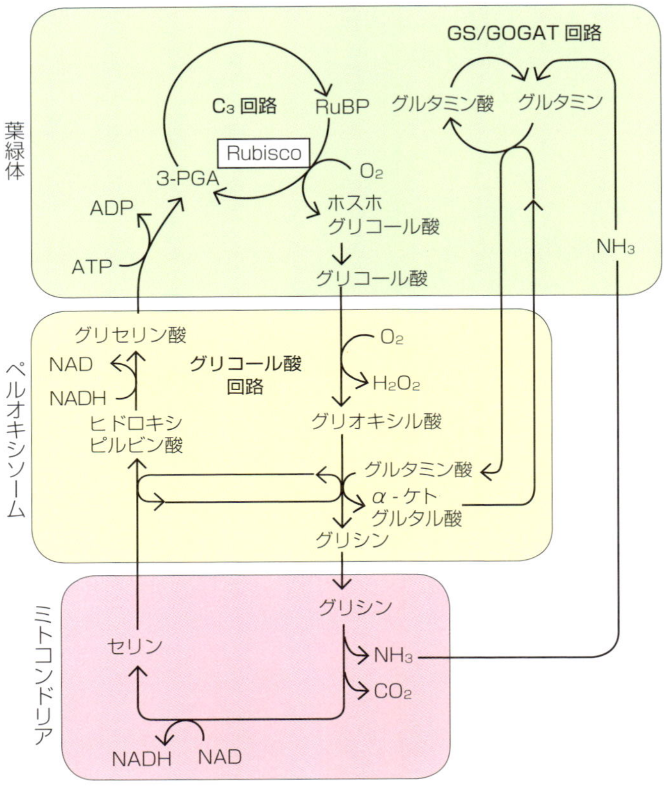

❸ 光呼吸

光呼吸とは、葉に光が当たっているときに葉の組織からCO_2が放出される現象である。これは、RubiscoにはCO_2の固定を触媒するカルボキシラーゼ（carboxylase）としての働きとともに、O_2の添加を触媒するオキシゲナーゼ（oxygenase）としての働きもあるためにおこる〈注9〉。

オキシゲナーゼ反応によってRuBPとO_2からホスホグリコール酸がつくられ（図6-6）、グリコール酸回路（glycolate cycle）〈注10〉のなかでグリコール酸を経てグリシンに変換される。グリシンは、ミトコンドリアに含まれているグリシンデカルボキシラーゼの働きにより脱炭酸されてセリンになる。このとき放出されるCO_2が光呼吸の実体である。その後、セリンはグリセリン酸に変換され、3-PGAとして葉緑体に回収される。

このように光呼吸はRubiscoを介してC_3回路と連動しており、葉など植物の緑色組織でのみ働く代謝である。また、暗呼吸（dark respiration）とちがいエネルギーはつくられない。C_3植物の光呼吸は、通常の大気条件で光合成の30%程度に相当すると見積もられている。このように、一度固定したCO_2の一部が光呼吸によって放出されるので、C_3植物の光合成効率を低下させる原因になっている〈注11, 12〉。

図6-6 グリコール酸回路
葉緑体のC_3回路とGS/GOGAT回路もあわせて示す

❹ C_4光合成

● C_4光合成の過程

C_4光合成は、2種類の光合成細胞でC_4回路（C_4 cycle、正式名はC_4ジカルボン酸回路）とC_3回路が協調して働くことによって行なわれる（図6-7）。取り込まれたCO_2は、まず葉肉細胞にあるホスホエノールピル

ビン酸カルボキシラーゼ（PEP carboxylase）の働きにより，オキサロ酢酸として合成される。これがリンゴ酸やアスパラギン酸に変換されて，原形質連絡（plasmodesmata，単数形は plasmodesma）を通って隣接した維管束鞘細胞へ輸送される（図 6 - 8）。そこで脱炭酸酵素〈注 13〉によって分解されて CO_2 を放出する。放出された CO_2 は Rubisco によって再固定されて，C_3 回路で糖（炭水化物）合成される。また，脱炭酸の過程でできた C_3 化合物は葉肉細胞へ送られ，CO_2 の受容体であるホスホエノールピルビン酸（PEP）の再生に用いられる。

● C_4 回路の役割

このように，C_4 回路は CO_2 濃縮ポンプとして働いており，維管束鞘細胞内の CO_2 分圧を高める役割をもっている。維管束鞘細胞内の CO_2 濃度は，大気の 10 倍程度に達するともいわれている。

維管束鞘細胞の細胞壁（cell wall）は葉肉細胞より数倍厚く，しばしば細胞壁のなかにスベリン膜というスベリンとろう質からな

〈注 9〉
Rubisco のカルボキシラーゼとオキシゲナーゼとしての働きは CO_2 と O_2 の分圧比の影響を受け，CO_2/O_2 分圧比が高いとカルボキシラーゼ反応が，CO_2/O_2 分圧比が低いとオキシゲナーゼ反応が相対的に高くなる。

〈注 10〉
グリコール酸回路は葉緑体，ペルオキシソーム（peroxisome），ミトコンドリア（mitochondrion，複数形は mitochondria）という 3 つのオルガネラ（細胞小器官）のあいだで働く回路である。

〈注 11〉
最近では，光呼吸はいくつかの生理的な意義もあると考えられている。その 1 つは，植物にとって有害なホスホグリコール酸をグリコール酸回路のなかで無毒化する働きである。また，過剰なエネルギーを消費して，光阻害を緩和するとも考えられている。

〈注 12〉
光呼吸のグリコール酸回路は，GS/GOGAT 回路を介して窒素代謝とも綿密にかかわっている（図 6 - 6）。ミトコンドリアではグリシンの脱炭酸と同時にアンモニア（NH_3）の放出がおこるが，NH_3 は葉緑体のグルタミン合成酵素（glutamine synthetase；GS）の働きによってグルタミンに合成される。しかし，植物種によっては NH_3 の全てが固定されるわけではなく一部失われるという報告もあり，作物の窒素経済の点から注目される。

〈注 13〉
有機酸から CO_2 の脱離を触媒する酵素。C_4 回路では後述する 3 つの酵素がある。

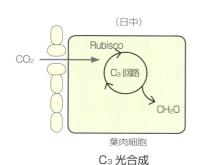

C_3 光合成

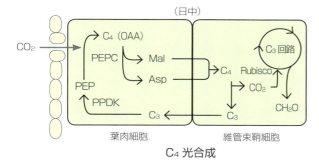

C_4 光合成

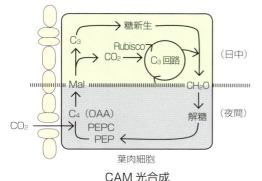

CAM 光合成

図 6 - 7 　C_3 光合成，C_4 光合成，CAM 光合成の炭酸固定機構の比較
Asp：アスパラギン酸，C_3：C_3 化合物，C_4：C_4 化合物，CH_2O：炭水化物，PPDK：ピルビン酸・リン酸ジキナーゼ，Mal：リンゴ酸，OAA：オキサロ酢酸，PEP：ホスホエノールピルビン酸，PEPC：PEP カルボキシラーゼ

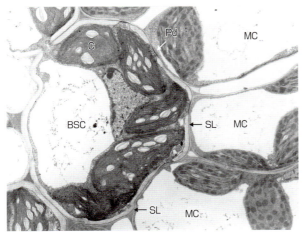

図6-8
C₄植物（コブナグサ：NADP-ME型のイネ科野草）の葉の微細構造 (Ueno, 1995)
MC：葉肉細胞，BSC：維管束鞘細胞，Pd：原形質連絡，SL：スベリン膜，C：葉緑体

〈注14〉
C₄光合成では，ピルビン酸・リン酸ジキナーゼによってC₃化合物のピルビン酸からPEPが再生されるとき2モルのATPが必要で，その分C₃光合成より多くのエネルギーを使う。

る膜構造を発達させており，CO_2のもれを抑制している（図6-8）。

そのため，維管束鞘細胞内のCO_2分圧が高まり，Rubiscoのオキシゲナーゼ活性が抑制されて光呼吸がおさえられ，高い光合成能力を発揮することができる。

C_4光合成ではC_3光合成より1分子のCO_2を固定するのに多くのエネルギーが必要であるが〈注14〉，CO_2濃縮ポンプの働きによって光呼吸による効率の低下をまぬがれ，固定効率はC_3光合成よりも優る。

● 3つのサブタイプがある

C_4植物の種の数はC_3植物よりはるかに少ないが，熱帯・亜熱帯起源の植物グループにみられる。C_4光合成は，C_4化合物に働く脱炭酸酵素のちがいによりNADP-リンゴ酸酵素（NADP-ME）型，NAD-リンゴ酸酵素（NAD-ME）型，PEPカルボキシキナーゼ（PCK）型という3つのサブタイプに分けられる。表6-1にそれぞれのサブタイプに属する代表的なC_4型の作物，牧草，雑草を示した。

NADP-ME型のイネ科C_4植物には，ネピアグラスやソルガムのようにバイオマス生産能が高いものが多くみられる。PCK型はイネ科植物にだけみられる。

❺ CAM光合成

CAM光合成では，気温の低い夜間に気孔を開きCO_2を吸収して，葉肉細胞でリンゴ酸を合成して蓄える。高温乾燥した日中は気孔を閉じて蒸散をおさえ，蓄えたリンゴ酸を脱炭酸して放出したCO_2をC_3回路によっ

表6-1 代表的なC_3,C_4植物（作物，牧草，雑草(*)）

C₃植物	C₄植物		
	NADP-リンゴ酸酵素型	NAD-リンゴ酸酵素型	PEPカルボキシキナーゼ型
イネ	トウモロコシ	シコクビエ	ローズグラス
コムギ	ソルガム	キビ	ギニアグラス
オオムギ	サトウキビ	オオクサキビ	パラグラス
イタリアンライグラス	アワ	バーミューダーグラス	ノシバ
ダイズ	ネピアグラス	オヒシバ*	コウライシバ
ジャガイモ	Miscanthus x giganteus	スズメガヤ*	ネズミノオ*
サツマイモ	ノビエ*	アマランサス	
ソバ	メヒシバ*	アオビユ*	
ナタネ	ハマスゲ*	スベリヒユ*	
テンサイ	コゴメガヤツリ*		
ワタ	マツバボタン		
チャ	オカヒジキ		

て再固定する（図6-7）。このように，CAMは体内からの水分放出をおさえて光合成を行なうことができ，乾燥環境に適応した光合成機構である（本章3-4-③項参照）。CAM植物はサボテン類や着生ランに多数みられる。作物としてはパイナップルやアガベ（リュウゼツラン）が知られている。

2 葉内のCO_2の拡散

1 CO_2の拡散過程

光合成の代謝機構は光合成速度を決定するおもな要因であるが，近年，葉内のCO_2の拡散過程も光合成速度を左右する要因として注目されるようになった。

大気中のCO_2は葉の気孔（stomata，単数形はstoma）を通って，葉の細胞間隙（intercellular space）にはいる。さらにCO_2は葉肉細胞の細胞壁，細胞膜，細胞質，葉緑体の包膜を経て葉緑体のストロマに到達する（図6-9）。C_3植物の場合は，CO_2はストロマにあるRubiscoで固定され，C_3回路によって炭水化物が合成される。

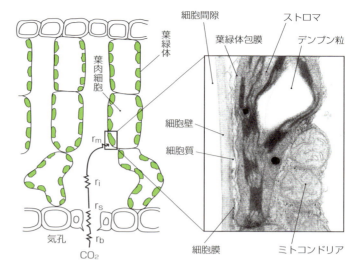

図6-9 葉での外気から葉緑体ストロマへのCO_2の拡散
r_b：葉面境界層抵抗，r_s：気孔抵抗，r_i：細胞間隙抵抗，r_m：葉肉抵抗
葉肉抵抗に細胞間隙抵抗を含めて，細胞間隙から葉緑体ストロマにいたる過程での抵抗を一括して葉肉抵抗ということも多い

2 葉の表面から葉肉細胞までの拡散と抵抗

CO_2は濃度勾配によって拡散するが，そのときさまざまな抵抗を受ける。まず，葉の表面で葉面境界層抵抗（leaf boundary layer resistance）を受ける。風があれば抵抗は低いが，群落内のように風がないところでは高くなる。

つぎに，CO_2は葉の表面にある気孔を通過するが（図6-10），このときとくに大きな抵抗を受け，これを気孔抵抗（stomatal resistance）とよぶ（図6-9）。気孔開度は気孔抵抗を決めるおもな要因で，植物の水分状態や空気湿度で変動する。葉の気孔の大きさや密度は種によって大きくちがい，同じイネ科作物でも，イネは小型の気孔が高密度で分布しているのに対し，オオムギは大型の気孔が低密度で分布している〈注15〉。気孔密度は葉の向軸（表）側より背軸（裏）側のほうが高いが，キャッサバのように背軸側にだけ気孔をもっているものもある。

気孔を通ったCO_2は次に細胞間隙に到達するが，細胞間隙による抵抗（細胞間隙抵抗，intercellular air space resistance）はそれほど大きくはないと考えられている。葉肉細胞での細胞間隙のCO_2分圧は，強光，25℃，大気のCO_2濃度という条件で，C_3植物は25 Pa（パスカル），C_4植物は10 Pa程度である。

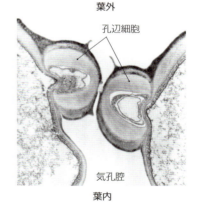

図6-10 イネ葉の表皮の閉鎖しかかった気孔の横断面
2つの孔辺細胞のあいだの孔から空気中のCO_2が葉内にはいる。孔に接した細胞壁には複数の突起物があり，複雑な構造である。水分はこの逆経路で蒸散として葉外にでる
(Ueno and Agarie, 2005)

〈注15〉
気孔の大きさ（孔辺細胞長）と気孔密度（葉の両面合計）は，イネ41品種の平均で23 μm，840個/mm²，オオムギの1品種で62 μm，51個/mm²と報告されている。

3 葉肉細胞からストロマへの拡散と抵抗

葉肉細胞の表面から葉緑体のストロマにいたる過程で生じる抵抗を，一括して葉肉抵抗（mesophyll resistance）とよんでいる（図6-9）〈注16〉。これまで，葉肉抵抗の詳細は不明であったが，近年，炭素安定同位体解析法〈注17〉の発達によって実体が明らかにされつつある。

CO_2 が気孔を通って葉肉細胞表面に到達するまでの過程は気相中の拡散であるが，葉肉細胞表面以降の過程は液相中の拡散である。液相中の CO_2 の拡散抵抗は気相中の CO_2 の拡散抵抗の 10,000 倍も高い。CO_2 が葉肉細胞表面からストロマまで液相中を拡散する距離は，葉の表面から気相中を拡散する距離よりもはるかに短いが，その抵抗は小さくはない〈注18〉。葉肉抵抗にかかわる要因には，細胞間隙に接している葉肉細胞や葉緑体の表面積，細胞壁の厚さなどがある。葉肉細胞表面では，葉緑体は細胞間隙に接している部位に配列しており，CO_2 の拡散距離を短くしている。

最近，葉肉細胞の細胞膜から葉緑体への CO_2 の拡散にアクアポリン（aquaporin）という膜タンパク質が関与していることが明らかになりつつある（第10章4-2-③項参照）。この膜タンパク質は，葉肉細胞の細胞膜や葉緑体包膜における CO_2 の透過を促進していると考えられている。

3 光合成に影響する要因

作物は水田や畑など野外環境で栽培するので，光合成は光，温度，水分などさまざまな外的要因の影響を受ける。また，作物の栄養状態や老化などの内的要因によっても変化する。

1 光

❶ 光質と光合成

植物は全ての波長域の光を光合成に利用するわけではない。植物が光合成に利用できる光を光合成有効放射（photosynthetically active radiation）とよび，クロロフィルやカロテノイドが吸収できる 400～700 nm の光である。図6-11 はさまざまな植物の葉に異なる波長の光を当てて，光合成速度にどのように影響するのかをあらわしたものである。もっとも高いピークが 600～680 nm（赤色光域）に，小さいピークが 435 nm 付近にみられる。

短波長域で木本の光合成効率が低いのは，木本では葉の表面にワックスが発達しており，青色光を反射するためである。

❷ 光強度と光合成の関係
● 光補償点と光飽和点

図6-12 に光―光合成曲線を示す。光強度0，すなわち暗黒では CO_2 が葉から放出されるが，このときの CO_2 放出速度が暗呼吸〈注19〉速度である。

〈注16〉
光合成のガス交換測定では，気孔抵抗と葉肉抵抗は，その逆数である気孔伝導度（stomatal conductance），葉肉伝導度（mesophyll conductance）としてあらわされる。伝導度が高いほど CO_2 が通りやすいことを示している。

〈注17〉
炭素には質量のちがう安定同位体（^{12}C, ^{13}C）があり，質量のちがいが拡散速度や化学反応に影響して，植物の安定同位体組成にわずかな差ができる。安定同位体組成を測定することで，葉内での CO_2 拡散や光合成代謝について多くの情報を得ることができる。

〈注18〉
CO_2 が葉の内部へ拡散するとき，抵抗を受けることでどのくらい濃度が低下するかが推定されており，外気，気孔腔，細胞間隙，ストロマの CO_2 濃度をそれぞれ Ca, Cs, Ci, Cc とすると，Cs/Ca = 0.60～0.85, Ci/Cs = 0.90～0.99, Cc/Ci = 0.50～0.80 である。

〈注19〉
光条件に左右されない呼吸で，昼夜にかかわらず行なわれている。

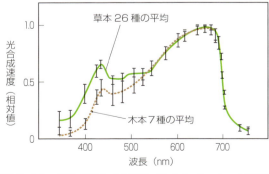

図6-11 植物の光合成作用スペクトル（Inada, 1976）

光強度がこれよりも高まると，やがて暗呼吸によるCO₂の放出と光合成によるCO₂の取り込みがつり合うようになる。このときの光強度を光補償点（light compensation point）とよぶ。

その後，光強度の高まりにつれて光合成速度はほぼ直線的に上昇するが，さらに光強度が高まるとやがてそれ以上光合成速度が上昇しなくなる。このときの光強度を光飽和点（light saturation point）とよぶ。

● 光の強度と光化学反応，炭酸固定反応

光が弱いときには，光合成速度は光化学反応に左右されており，光エネルギーのATPやNADPHへの転換速度によって支配されている。一方，光が強いときには，ATPやNADPHは十分につくられるので，光強度と関係しないCO₂の固定反応が制限要因となり，光合成速度は炭酸固定反応に左右される。

光―光合成曲線の初期勾配を量子収率（quantum yield）とよび，吸収された1光量子当たりのCO₂固定量をあらわす。

● C₄植物とC₃植物のちがい

C₄植物の光合成速度はC₃植物より高いが，光強度への光合成速度の反応もちがう。C₃植物では光合成速度はある光強度で光飽和するが，C₄植物では通常の光強度ではなかなか飽和しない。この最大の理由は，C₄植物は効率的な炭酸固定回路をもっているため，光合成速度が炭酸固定反応に左右されないためと考えられている。

❸ 光阻害

光は光合成を行なうために必要不可欠なものであるが，必要以上の光はかえって害となる。光による光合成機能の低下を光阻害（photoinhibition）とよび，葉緑体のエネルギー消費を上回る過剰な光エネルギーが供給されたときにおこる。反応性の高い活性酸素（reactive oxygen）（第2章注5参照）などができ，葉緑体成分が酸化されたり損傷される。

光阻害がおこりやすい条件は，乾燥や土壌の高い塩分濃度によって葉の気孔が閉じてCO₂の供給が制限されたときや，低温のため光合成代謝酵素が阻害されて，炭酸固定に用いるエネルギーの消費が低下したときである。また，低窒素で栽培されたイネでも光阻害がおこる。

一方，植物はキサントフィルサイクル（xanthophyll cycle）〈注20〉によって，クロロフィルが吸収した光エネルギーを熱に変換して放散し，葉緑体の光合成機能を障害から守っている。また，葉内に赤色色素のアントシアニン（anthocyanin）やベタシアニン（betacyanin）を蓄積する植物もあるが（図6-13），これらの色素は光阻害を緩和する作用をもっている

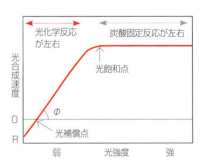

図6-12
光―光合成曲線と光合成の律速因子
φ：量子収率（弱光域でのX軸と光合成曲線とのあいだの傾き），R：暗呼吸速度

〈注20〉
3つのキサントフィルからなる系で，ビオラキサンチンとゼアキサンチンが中間体のアンテラザンチンを経由して相互に転換する。強光下で，ビオラキサンチンはアンテラザンチンを経て高い熱放散効果をもつゼアキサンチンに変換され，過剰エネルギーを熱として消失させる。

図6-13
アマランサスの赤葉系統（ベタシアニン蓄積）（左）と青葉系統（右）
A：赤葉系統の葉の横断切片像．B：青葉系統の葉の横断切片像

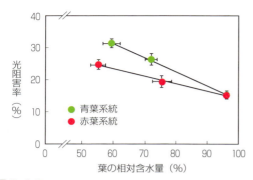

図6-14
乾燥ストレスを受けたアマランサスの青葉系統と赤葉系統（ベタシアニン蓄積）の葉の相対含水量と光阻害率の関係（Nakashima et al., 2011）
ポットで栽培した植物の灌水を2日間停止し、そのあいだに光化学系Ⅱの最大量子収率（Fv/Fm）と葉の相対含水量を測定した。Fv/Fm の測定はクロロフィル蛍光分析法による。光阻害率は、暗所に置いた葉の Fv/Fm と強光処理した葉の Fv/Fm をもとに算出した

（図6-14）。

2 温度

❶温度の影響と光合成最適温度

植物の光合成速度はある温度でもっとも高くなり、この温度を光合成最適温度といい、これより高くても低くても光合成速度は低下する（図6-15）。最適温度以下では光合成代謝にかかわる酵素反応が、高温では Rubisco のカルボキシラーゼとオキシゲナーゼの活性比が影響を受け光合成速度が低下する。

温度に対する CO_2 と O_2 の溶解度のちがいにより、Rubisco のカルボキシラーゼとオキシゲナーゼの活性比は変化する。温度の上昇による溶解度の低下率は O_2 より CO_2 が大きいため、高温になるほど CO_2 濃度が O_2 濃度よりも大きく低下し、オキシゲナーゼ反応が活発になる。そのため、光呼吸活性が高くなり光合成が低下する。

そのほかにも、高温による Rubisco の可逆的な不活性化や、光合成の光化学反応系の阻害なども関係していることが指摘されている。

❷植物による影響のちがい

C_3 植物と C_4 植物で光合成最適温度がちがい、C_3 植物で 10〜25℃、C_4 植物で 30〜40℃ の範囲である（図6-15）。C_4 植物で高いのは、C_4 回路の CO_2 濃縮機構で光呼吸が抑制されているためである。このような光合成の温度反応は、それぞれの植物の生育環境や分布域と密接にかかわっている。また、同じ植物や品種でも生育時期によってちがい、これを光合成の温度順応性という。

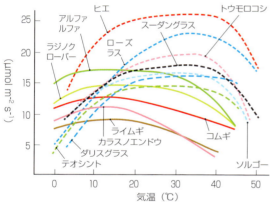

図6-15 さまざまな植物の温度—光合成曲線
（Murata et al., 1965）
実線：C_3 植物，点線：C_4 植物

3 二酸化炭素（CO_2）

❶ CO_2 補償点と CO_2 飽和点

外気の CO_2 濃度は安定しているので、露地栽培では作物が短期的に大幅な CO_2 濃度の変化に影響されることはないが、CO_2 濃度が光合成にどのように影響するのかを理解しておくことは重要である。

図6-16A に C_3 植物と C_4 植物の外気 CO_2 分圧と光合成速度の関係を示した。呼吸による CO_2 放出と光合成による CO_2 固定がつり合った状態では、みかけの光合成速度は 0 となる。このときの CO_2 分圧を CO_2 補償点（CO_2 compensation point）とよび、C_3 植物は C_4 植物より高い。CO_2 分圧が上昇すると光合成速度は高まるが、やがて飽和する。このときの CO_2 分圧を CO_2 飽和点とよび、C_4 植物は C_3 植物より低い。

❷ CO_2 分圧の影響
—C_4 植物と C_3 植物のちがい

気孔開度は CO_2 分圧の影響を受ける。そこで，気孔開度の影響を除くため，C_3，C_4 植物の葉の細胞間隙 CO_2 分圧と光合成速度の関係を図6-16Bに示した。低 CO_2 分圧では，C_4 植物のほうが C_3 植物より光合成速度は高い。この理由は，C_4 植物では，低い CO_2 分圧でも CO_2 固定能力が高い PEP カルボキシラーゼが，CO_2 を固定しているためである。

このため，乾燥ストレスを受けて葉の気孔開度が低下し，外気からの CO_2 の供給が少なくなっても，C_4 植物は C_3 植物より高い光合成を行なうことができる。

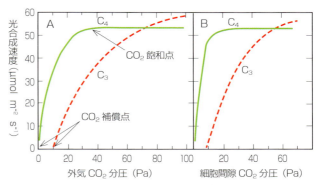

図6-16
C_3，C_4 植物の外気 CO_2 分圧 (A)，細胞間隙 CO_2 分圧 (B) と光合成速度の関係 (Berry and Downton, 1982)
C_3：ラレア (*Larrea divaricata*, マメ科植物)，C_4：ティデストロミア (*Tidestromia oblongifolia*, ヒユ科植物)

❸ 低 CO_2 濃度と高温で C_3 植物の光呼吸が高まる

図6-17に，C_3 植物の光合成と光呼吸の割合（光呼吸／光合成比）に対する，温度と葉内の細胞間隙 CO_2 濃度の影響を示した。20℃で通常の大気に近い CO_2 濃度では，Rubisco のオキシゲナーゼとカルボキシラーゼ反応の比は約1：4であるが，細胞間隙 CO_2 濃度が低下するとこの比は高まり，光呼吸／光合成比も高まる。そして，温度が高くなると光呼吸がさらに活発になり，光呼吸／光合成比もより高まる。

このように C_3 植物では高温で葉への CO_2 供給が抑制されると，光合成に対して光呼吸が相対的に高まる。

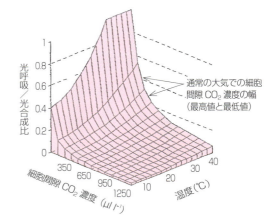

図6-17
C_3 植物の光呼吸／光合成比への温度と葉内の細胞間隙 CO_2 濃度の影響 (Ehleringer et al., 1991)
O_2 濃度を21％として計算

4 水分
❶ 乾燥ストレスと光合成の日変化

乾燥ストレスは光合成に大きく影響し，作物生産にとって大きな問題になる。

図6-18は，畑で栽培されたクワの光合成の日変化への土壌水分減少の影響を調べたものである。乾燥ストレスを受けていない降雨後2日目では，日の出とともに光合成速度は高まり正午ごろ最高値になり，その後低下する。降雨後8日目，15日目になると，光合成速度の最高値が低下するとともに，最高値になる時刻が徐々に早まり，その後の低下が大きくなる。なお，夕方気温が下がり空気湿度が高くなると，一時的に光合成速度が高まる。

降雨がなく土壌の乾燥が激しくなると光合成は行なわれなくなり，植物は枯死する。

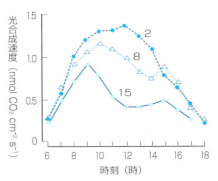

図6-18
クワの光合成速度の日変化への土壌水分低下の影響 (Tazaki et al., 1980)
図中の数字（2, 8, 15）は，測定までに何日間降雨がなかったかを示す

3　光合成に影響する要因　75

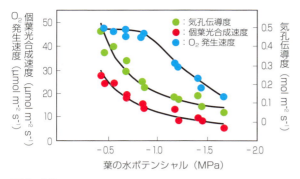

図 6-19
イネの葉の水ポテンシャルと気孔伝導度，個葉光合成速度，O_2 発生速度の関係（若林ら，1996）
個葉の光合成速度は大気 CO_2 濃度条件で赤外線 CO_2 分析法*によってガス交換を，葉肉レベルの光合成活性は高 CO_2 濃度条件で酸素電極法**によって O_2 発生速度を測定した。前者は気孔開度の影響を受けるが，後者は気孔開度の影響を受けない
*：赤外線 CO_2 分析法：透明な同化箱に生葉をいれて光を照射し，光合成による CO_2 の取り込みを赤外線 CO_2 分析計で測定する方法。同化箱の入り口と出口の CO_2 濃度差と通気量から光合成速度を求める。開放系測定法がよく用いられる
**：酸素電極法：光合成による O_2 発生速度を酸素電極により測定する方法。液相型と気相型がある

〈注21〉
同様の結果がヒマワリでも確認されている。

〈注22〉
物質生産の水利用効率は，C_3 植物で 1.1〜2.2 g 乾物/kg 水，C_4 植物で 2.9〜4.0 g 乾物/kg 水，CAM 植物で 18.2〜20.0 g 乾物/kg 水である。

❷乾燥ストレスによる葉の光合成低下の原因

葉が乾燥ストレスを受けると光合成が低下する原因の究明について，これまで多くの研究が行なわれてきており，気孔と葉肉組織の影響が考えられている。前者は気孔開度が低下して葉内への外気 CO_2 拡散の抑制であり，後者は光化学系や炭酸固定酵素の阻害である。また最近では，乾燥ストレスが気孔伝導度の低下ばかりでなく葉肉伝導度の低下も引き起こすことが報告されている。

図 6-19 は，イネの葉について，水ポテンシャル（第 10 章 1 項参照）の低下による気孔伝導度，個葉の光合成速度，葉肉組織の光合成活性（O_2 発生速度）を測定したものである。葉の水ポテンシャルの低下とともに，個葉の光合成速度は気孔伝導度と同じように低下したが，O_2 発生速度は初期には低下していない。したがって，光合成の低下は，水ポテンシャル低下の初期には気孔の閉鎖によって，後期（-0.9 MPa 以下）はそれに加え葉肉組織の光合成活性の低下によって引き起こされたと考えられる〈注21〉。

❸水利用効率

蒸散には葉温を下げて葉の温度上昇を防ぐ役割がある。また，蒸散によって体内に水の流れができ，無機養分が移動する。しかし，乾燥ストレスを受けると，前述したように気孔開度を低下させて蒸散をおさえる。

光合成と蒸散とのあいだにはトレードオフ（trade-off）の関係がある。光合成を活発に行なうには気孔を大きく開く必要があるが，このとき蒸散量も高くなり，植物は多量の水を失うことになる。すなわち，蒸散をおさえると同時に光合成を高めることはできない。消費した水と光合成量，あるいは物質生産量の関係をあらわす指標として水利用効率（water use efficiency）が用いられる。

光合成水利用効率 = 光合成速度／蒸散速度

物質生産（収量）の水利用効率 = 乾物生産量（収量）／消費した水量

この逆数，すなわち乾物 1 g を生産するのに使われた水の量を要水量（water requirement）という。これらの値は乾燥に対する種や品種の選抜の基準となる。C_4 植物は C_3 植物よりも水利用効率が高く，さらに乾燥耐性の強い CAM 植物はより高い水利用効率を示す〈注22〉。

5 塩分

塩（NaCl）ストレスによる光合成への影響は複雑である。植物が塩ス

トレスを受けると光合成速度は低下するが，乾燥ストレスによる光合成反応と同様に，気孔要因（気孔伝導度の低下）と気孔以外の要因（光合成器官そのものへの影響）がある。

　耐塩性がちがうイネの品種を比較すると，強い品種は弱い品種より純同化率（第1章注6参照）と光合成速度の低下の程度が低かった。この理由として，耐塩性の強い品種は浸透調節能力（第10章2-3項参照）が優れていることに加え，吸収ナトリウム（Na）量当たりのRubisco含量の低下の程度が低いことがあげられている。

　塩ストレスを受けると植物体内で活性酸素が発生し，葉緑体やミトコンドリアなどの細胞内小器官に障害を与える。耐塩性植物では活性酸素の消去にかかわるスーパーオキシドジスムターゼ（superoxide dismutase）などの抗酸化酵素（antioxidative enzyme）〈注23〉の活性が高く，また塩ストレスを加えることにより容易に活性が高まる。

〈注23〉
活性酸素による細胞障害を抑制する酵素の総称。このうちスーパーオキシドジスムターゼはSODと略称され，活性酸素種の1つであるスーパーオキシド（$\cdot O_2^-$）を分解する。

6 体内成分

　光合成にかかわる無機栄養として窒素，リン，カリウム，マグネシウム，鉄などをあげることができる。これらは，葉緑体光化学系の構成要素であり，炭酸固定酵素やデンプン合成酵素の構成要素でもある。

❶ 窒素の役割

　窒素はタンパク質やクロロフィルの構成要素であり，酵素や葉緑体のチラコイド膜として葉内に多量に含まれている。多くの植物で，光合成速度と葉の窒素含量（図6-20），クロロフィル含量，Rubiscoの含量（活性）のあいだには高い正の相関関係がある。C_3植物では，葉内の全窒素量の15〜35%がRubiscoに分配されており，窒素は植物の光合成，ひいては成長を制御する要素として重要である。

　窒素を効率よく利用できることは植物の生存や繁殖にとって有利であるばかりでなく，農業上も重要であり，「低投入型農業」の面からも注目される。植物の窒素経済をあらわす指標として，窒素利用効率（nitrogen use efficiency）がよく用いられる。光合成での窒素利用効率は，つぎのように求められる。

光合成窒素利用効率
＝光合成速度／葉の窒素含量

❷ C_3植物とC_4植物の窒素利用効率のちがい

　図6-21は，窒素施肥量をかえて栽培したイネ（C_3植物）とソルガム（C_4植物）の光合成窒素利用効率を比較したものである。い

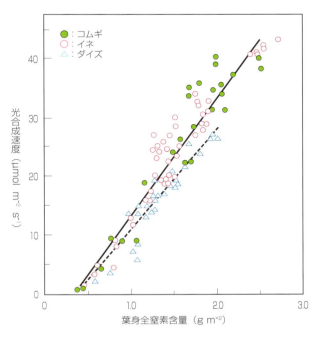

図6-20　光合成速度と葉身窒素含量の関係（牧野ら，1988）

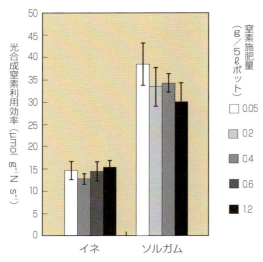

図6-21
窒素施肥量をかえて栽培したイネ（C_3植物）とソルガム（C_4植物）の光合成窒素利用効率の比較
（牧野・上野，2012）

ずれの窒素施肥量でも，ソルガムはイネよりも約2倍高い光合成窒素利用効率を示しており，このちがいは多くのC_3植物とC_4植物でみられる。

これは，C_4植物ではCO_2濃縮機構の働きで維管束鞘細胞内のCO_2濃度が高められ光呼吸がおさえられている，葉内窒素のRubiscoへの分配が少なくてすむ，Rubiscoの酵素学的特性がC_3植物とちがうなどのためである。また，C_4植物のなかでもNADP-ME型とNAD-ME型でちがう（図6-22）。

❸リンの役割

リンはATPなどの高エネルギー物質の構成成分であるほか，炭酸固定回路の代謝産物や同化産物の輸送にかかわっている。

リンが欠乏すると光合成が低下するとともに，葉緑体内部に同化産物が蓄積する〈注24〉。

〈注24〉
C_3回路でできた三炭糖リン酸は，リン酸トランスロケーターの働きで葉緑体から細胞質に輸送されショ糖に合成されるが，このとき反対にリン酸が葉緑体に取り込まれる。リン酸が欠乏するとこの対向輸送系の働きが抑制され，葉緑体内のリン酸濃度が低下する。その結果，光合成の低下と糖リン酸からデンプンへの合成がおこる。

7 老化
❶老化の原因

葉の老化（senescence）を遅らせ光合成を高く保つことは，作物の生産性を高めるために重要である。イネでは，葉が完全に展開して10日くらいで光合成速度は最大値になり，その後，老化のため徐々に低下していく（図6-23）。

このような老化による光合成の低下は，可溶性タンパク質，とくにRubiscoが減少するためである。Rubiscoは分解されて，その窒素分はアミノ酸や硝酸塩として新しい葉などをつくるのに再利用される。

❷サイトカイニンが老化を抑制

植物ホルモンのサイトカイニン（cytokinin）には，葉の老化を遅らせる作用があり，RubiscoやPEPカルボキシラーゼなどの光合成酵素遺伝子の発現を誘導し，タンパク質合成を促進する。

イネでは，根で合成されたサイトカイニンが地上部へ送られ，老化による葉のRubiscoが減るのを遅らせ，登熟期の光合成を高く維持するように働いている（第3章4項参照）。

4 光合成能力と物質生産能力の種間，品種間差

1 光合成型によるちがい

表6-2は，C_3植物とC_4植物の光合成と物質生産特性のちがいをまとめたものである。両植物の光合成にかかわる形態的・生化学的特性のちがいが，個葉レベルの光合成能力，さらには個体群の物質生産能力のちがい

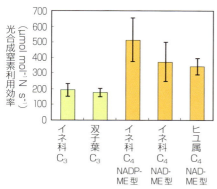

図6-22
C_3, C_4植物の光合成窒素利用効率の比較
C_3植物は17種、C_4植物は48種のデータより算出
ヒユ属は堤ら(2013)、その他の植物は過去に報告されたデータによる

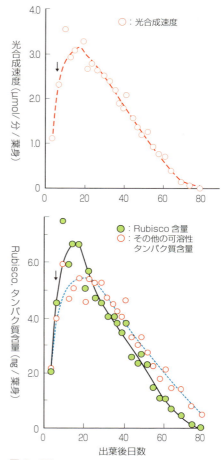

図6-23
イネ葉の出葉から老化までの光合成速度、Rubisco含量、その他の可溶性タンパク質含量の変化 (Makino et al., 1984)
矢印は葉が完全に展開した日を示す

に反映されていることがわかる。このように光合成型は光合成能力の種間差に大きくかかわっている。

木本植物を除いたC_3植物とC_4植物の光合成速度の平均値は、それぞれ18 $\mu mol\ m^{-2}\ s^{-1}$、36 $\mu mol\ m^{-2}\ s^{-1}$で約2倍の差がある。

2 種や品種によるちがい

表6-3は作物の光合成能力の種間差と品種間差をまとめたものである。イネ属(*Oryza*, C_3型)やヒユ属(*Amaranthus*, C_4型)のように、同じ属内でも種間で2倍以上のちがいがある。またそれ以外の植物も含めて、品種間にも2〜3倍の差がみられる。さらに、ガマ（約35 $\mu mol\ m^{-2}\ s^{-1}$）やヒマワ

表6-2 C_3植物とC_4植物の光合成と物質生産特性の比較

特性	C_3植物	C_4植物
CO_2固定酵素	Rubisco	PEPカルボキシラーゼ Rubisco
クランツ型葉構造	なし	あり
光合成能力 ($\mu mol\ m^{-1}\ s^{-1}$)	低い (10〜25)	高い (22〜50)
CO_2補償点 ($\mu l\ l^{-1}$)	高い (40〜70)	低い (0〜10)
光呼吸	高い	低い
光飽和点	低い (最大日射の1/4〜1/2)	高い (最大日射以上)
光合成最適温度 (℃)	低い (10〜25)	高い (30〜40)
成長適温	低い	高い
最大個体群成長速度 (max CGR, $g\ m^{-2}\ day^{-1}$)	低い (19.5 ± 3.9)	高い (30.3 ± 13.8)
最大純生産量 ($t\ ha^{-1}\ year^{-1}$)	低い (22.0 ± 3.3)	高い (38.6 ± 16.9)
水利用効率	低い	高い
窒素利用効率	低い	高い

表6-3 作物の個葉光合成速度の種間差，品種間差

作物名	種数あるいは品種数	C_3/C_4	光合成速度 ($\mu mol\ m^{-2}\ s^{-1}$)	研究者
単子葉				
イネ	50品種	C_3	14〜32	川満・縣（1987）
イネ	1種65品種	C_3	12〜32	Kanemura et al.（2007）
イネ属（おもに野生系統）	22種30系統	C_3	8〜20	Yeo et al.（1994）
イネ属（おもに野生系統）	21種45系統	C_3	10〜24	塩田ら（2011）
エンバク	20品種	C_3	15〜30	Criswell, Shibles（1971）
トウモロコシ属（野生系統も含む）	5種27品種	C_4	32〜47	屋比久・上野（2015）
サトウキビ属（おもに野生系統）	3種13系統	C_4	30〜48	Nose et al.（1994）
双子葉				
ダイズ	日本38品種	C_3	14〜20	小島・川島（1968）
ダイズ	米国20品種	C_3	18〜27	Dornhoff, Shibles（1968）
マングビーン	アジア63品種	C_3	9〜27	Islam et al.（1994）
サツマイモ	4品種	C_3	13〜16	津野・藤瀬（1965）
ヒユ属（野生系統も含む）	12種20系統	C_4	20〜41	堤ら（2013）

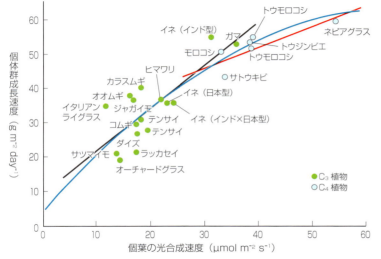

図6-24 個葉の光合成速度と個体群生長率の関係（Murata, 1981）
黒実線：C_3植物，赤実線：C_4植物，青実線：全体（C_3+C_4）

リ（約32 $\mu mol\ m^{-2}\ s^{-1}$）のようにC_3植物でも高い光合成能力を示すものもある。

このように，光合成型以外の要因も光合成能力のちがいにかかわっていることが明らかである。

3 | C_4植物は個体群成長速度も高い

図6-24は，最適条件で栽培されたC_3，C_4作物の光合成速度と個体群成長速度（率）（CGR, crop growth rate）（第1章1-2-②項参照）との関係をみたものであるが，光合成能力が高いC_4作物は物質生産能力も高いことがわかる。C_3植物とC_4植物の年間の純生産量（net production）（第4章注1参照）の平均値はそれぞれ22 $t\ ha^{-1}$，39 $t\ ha^{-1}$であり，光合成能力と同じように両者のあいだには大きなちがいがある。ネピアグラスはイネ科C_4植物のなかでもとくに高い物質生産能力があり，年間86 $t\ ha^{-1}$という純生産量が記録されている。

5 | 光合成能力の遺伝的改良

植物の光合成能力にはさまざまな要因がかかわっている。光合成能力を遺伝的に改良するうえでターゲットになるのは，まず光合成の炭酸固定・代謝機構である。また作物の光合成細胞は葉の内部に組織化されており，外気CO_2は表皮の気孔から取り込まれる。したがって，葉のCO_2拡散過

程も光合成能力改良のターゲットとなる。

1 光合成の炭酸固定，代謝機構の改良

❶ C_3植物へのC_4型CO_2濃縮機構の導入

これまで述べてきたように，CO_2濃縮機構をもつC_4植物はC_3植物より光合成能力が高く，また水利用効率や窒素利用効率も高い。このようなC_4植物の特性を遺伝子工学の手法を用いてイネなどのC_3植物に導入しようとする研究が十数年前からすすめられている。

●初期の研究

初期の研究では，C_4植物に特有な葉の構造を考えず，C_3植物にC_4光合成酵素遺伝子を導入して葉肉細胞で強く発現させて，光合成能力の向上をはかろうとした。イネなどにPEPカルボキシラーゼやピルビン酸・リン酸ジキナーゼなどのC_4光合成酵素遺伝子を，単独や複数で導入して高発現させた形質転換植物がつくられ精力的に解析されたが，C_4回路を効率的に働かせることはできなかった。こうした結果から，C_4型のCO_2濃縮機構を効率的に働かせるためには，2種光合成細胞（葉肉細胞と維管束鞘細胞）の機能を考慮することが必要であると考えられている。

●ゲノム解析による検討

現在，C_4光合成酵素遺伝子の多くが単離され，その構造や発現調節機構が明らかになってきたが，C_4植物に特有な葉のクランツ型葉構造の形成を制御する分子機構はほとんど解明されていない。

これを研究するために，トウモロコシやソルガムからクランツ型葉構造に異常のある突然変異体のスクリーニングと遺伝的解析がすすめられている。また，トウモロコシの葉原基からクランツ型葉構造が分化・形成するときに発現する遺伝子の解析も行なわれている。その他，キク科フラベリア属の遺伝的に近縁なC_3植物とC_4植物のゲノム構造を比較解析して，C_3植物とC_4植物でどのような遺伝子がちがうのかが検討されている。

●C_3・C_4光合成変換植物やC_3-C_4中間植物の解析による研究

水陸両生植物のエレオカリス ビビパラ（Eleocharis vivipara）は生育環境のちがいにより光合成型を切り換え，陸上でC_4型，水中でC_3型の葉の構造と光合成特性を発現する（図6-25）。その発現の調節にはアブシシン酸（アブシジン酸）などの植物ホルモンが

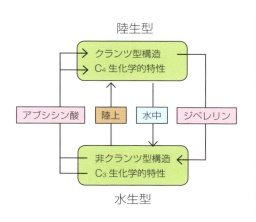

維管束鞘細胞
葉肉細胞
陸生型

維管束鞘細胞
葉肉細胞
水生型

図6-25 C_3・C_4光合成変換植物エレオカリス ビビパラのC_3型とC_4型の葉の構造と生化学的特性の発現調節（Ueno, 2001）
陸生型（C_4型）の葉は葉肉細胞と大型の維管束鞘細胞をもつが，水生型（C_3型）では維管束鞘細胞は小型で葉肉細胞が発達している。写真の倍率は同じ

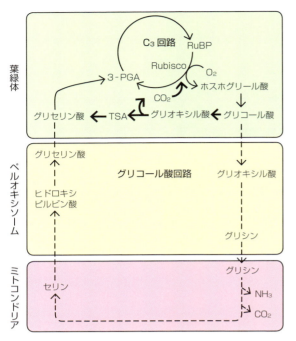

図6-26
グリコール酸回路のメタボリックエンジニアリングによる光呼吸の抑制（Kebeishら，2007）
太い矢印は新設された経路，点線の矢印は抑制された経路を示す
TSA：タルトロン酸セミアルデヒド

〈注25〉
C_3植物とC_4植物の中間的な特徴をもつ植物。葉の構造は，C_4植物ほどではないが維管束鞘細胞が発達し，多数の葉緑体やミトコンドリアをもつ。また，光合成特性も中間的であり，C_3植物からC_4植物への進化の中間段階に位置づけられている。C_3-C_4中間植物を用いて，C_3植物からC_4植物がどのようにして生まれてきたのか，活発に研究されている。

〈注26〉
フィリピンの国際稲研究所（IRRI）を中心に，世界中のC_4光合成研究者が国際コンソーシアム（International C_4 Rice Consortium）をつくり，"イネのC_4化"を目標にした研究をすすめている。

〈注27〉
遺伝子組み換えで代謝経路中の特定の酵素の発現を調節し，目的とする物質の生産や分解の促進あるいは抑制を行なうこと。

関与していることが明らかになっている。また，アブラナ科のC_3植物とC_3-C_4中間植物〈注25〉の交雑でつくられた植物の解析から，C_3-C_4中間植物の染色体の1つに葉の構造と光合成特性の発現を制御している因子があることが見つかっている。これらの研究は，C_4植物に特有な葉構造と光合成特性の発現を統合的に制御する遺伝因子があることを予想させる。

現状では，"C_3作物のC_4化"にはまだ多くの解明すべき問題が残されているが，C_3作物の光合成能力を飛躍的に向上させるための有力な手段として研究がつづけられている〈注26〉。

❷ グリコール酸回路の改変による光呼吸の抑制

C_3植物では，Rubiscoのオキシゲナーゼ反応によってホスホグリコール酸がつくられ，グリコール酸回路のなかで代謝されて3PGAになってC_3回路に回収される。この代謝過程でCO_2が放出されて光合成効率が低下する（図6-6参照）。

そこで，C_3植物のシロイヌナズナの葉緑体に，大腸菌のグリコール酸異化作用にかかわるグリコール酸脱水酵素などの遺伝子を導入してバイパス経路を設けて，グリコール酸回路のペルオキシソームとミトコンドリアでおこる代謝の流れの抑制（この方法をメタボリックエンジニアリング（metabolic engineering）〈注27〉という）が試みられた（図6-26）。

この結果，光呼吸によるCO_2放出がおさえられ，光合成能力やバイオマス生産能力が向上することが確認された。このバイパス経路でもCO_2の放出がおこるが，葉緑体内でおこるためRubisco周辺のCO_2濃度を上昇させ，光合成効率を高めることに寄与していると考えられる。

❸ Rubiscoの酵素学的特性の改変

RubiscoのCO_2とO_2への反応性をかえることで，光呼吸をおさえて光合成能力を高めることが期待できる。また，触媒作用を高めることによってRubiscoタンパク質当たりのCO_2固定量を増やすことも考えられる。このような視点から，Rubiscoの酵素学的特性の改変が試みられている。

また，さまざまな植物や藻類から，効率的な特性をもったRubiscoの探索もすすめられている。高等植物のRubiscoタンパク質は，葉緑体ゲノムにコードされた大サブユニットと核ゲノムにコードされた小サブユニットから構成されており，Rubiscoの改変には葉緑体形質転換技術が必要となる。

現在，タバコでは葉緑体形質転換法が確立されているが，イネをはじめとする他の植物でも本法の確立が望まれる。

2　葉のCO₂拡散過程の改良

　外気CO_2が葉内のRubiscoに到達するまでに受ける抵抗で，大きなものは気孔抵抗と葉肉抵抗である。したがって，気孔伝導度と葉肉伝導度を高めれば光合成能力の向上が期待できる。

　気孔開閉のメカニズムは現在も研究がすすめられているが，その一方で気孔の分化・形成を調節する遺伝子が同定されている。*STOMAGEN*遺伝子〈注28〉を強く発現させたシロイヌナズナでは気孔の密度が増え，気孔伝導度と光合成速度が上昇した。しかし，前述したように（本章3-4-③項参照）気孔伝導度の上昇は蒸散量の上昇もともなうので，この点も考慮する必要がある。

　一方，アクアポリン遺伝子（本章2-3項参照）を強く発現させたイネ形質転換体では，葉肉伝導度が高まることが認められている。また，イネでは葉肉細胞の密度を高めたり表面積を大きくすることによる葉肉伝導度の増加が，高い光合成速度と関連していることも報告されている。

〈注28〉
シロイヌナズナで発見された葉の気孔密度を増加させる調節因子。

3　光合成能力にかかわる量的形質遺伝子座の解析

　圃場で栽培している多数の植物について，短期間に光合成速度を正確に測定するには多くの労力が必要なので，これまで光合成能力は作物育種の選抜目標としてあまり考慮されてこなかった。

　インド型多収性イネ品種の'ハバタキ'は，日本型イネ品種の'コシヒカリ'より穂揃期の葉の窒素含量や気孔伝導度が高く，光合成速度も高い。なお，気孔伝導度が高いのは水伝導度（hydraulic conductance）（第10章注6参照）が高いためである。そこで，これらを両親とする交雑後代を用いて，光合成能力にかかわる量的形質遺伝子座（QTL, quantitative trait locus）解析（第2章注14参照）を行なうと，第4と第8染色体に光合成速度を調節するQTLが発見された。第4染色体のQTLは葉の窒素含量や根の表面積の拡大に，第8染色体のQTLは通水性にかかわっており，水分生理学的特性による光合成能力の向上という点からも興味深い。

4　近縁野生種などの有用遺伝資源の探索

　作物と近縁な野生種のなかには，作物の形質を改良するうえで有用なものがあり，遺伝資源（genetic resource）として重要である。イネ属は栽培イネ2種（*Oryza sativa*, *O. glaberrima*）と21種の野生種からなる。これらの野生種には耐虫性や耐病性のほか，高温耐性や物質生産能力に優れている系統がみられる。イネ属植物の光合成能力の調査では，野生イネのなかには，栽培イネ品種よりも高い光合成能力を示す系統が発見されている。

　また，野生種は低窒素土壌に適応していると考えられているが，実際高い窒素利用効率をもつ野生イネ系統がみつかっている。近年の分子生物学的手法をとりいれた育種技術の発展により，未利用遺伝資源の重要性は増すものと考えられる。

第7章 呼吸

植物の呼吸は，光合成によって固定した炭水化物から高エネルギー化合物を生合成し，さまざまな代謝に直接利用できるエネルギーを供給することである〈注1〉。

1 呼吸経路

1 呼吸の2つの経路

植物の呼吸は，細胞質とミトコンドリア（mitochondrion，複数形はmitochondria）の共同作業によって行なわれ，高エネルギー化合物を生合成するのにともない，酸素（O_2）を消費して二酸化炭素（CO_2）と水（H_2O）ができる。

呼吸経路は大きく分けて2つある。1つは，解糖系（glycolysis）とTCA回路（トリカルボン酸回路，tricarboxylic acid cycle）〈注2〉からなる経路である（図7-1）。これは，糖などの植物体内成分を酸化的に分解して，最終的にNAD$^+$（ニコチン酸アミドアデニンジヌクレオチド（nicotinamide adenine dinucleotide）の酸化型）から電子供与体であるNADH（NADの還元型）（図7-2）をつくる過程である。なお，解糖系は細胞質，TCA回路はミトコンドリアで行なわれる。

もう1つは，つくられたNADHとO_2を用いて，ADP（アデノシン-5'-二リン酸，adenosine

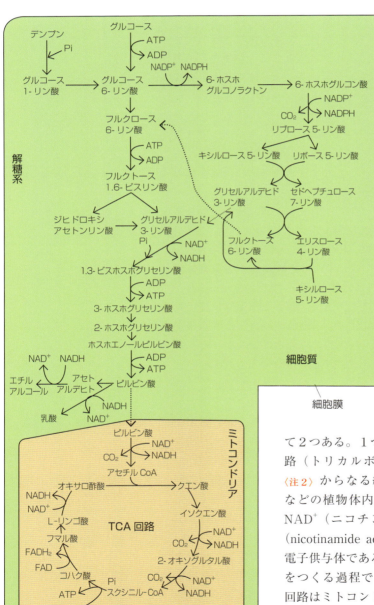

図7-1　呼吸経路（山崎ら，2004）

diphosphate) から高エネルギーリン酸化合物であるATP（アデノシン-5'-三リン酸，adenosine triphosphate）（図7-3）をつくる電子伝達系（electron transport system）で（図7-4），ミトコンドリアによって行なわれる。

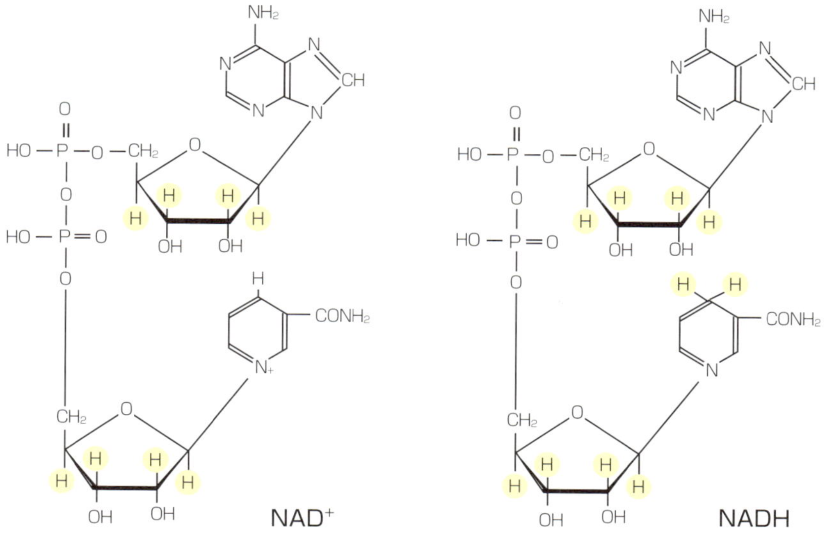

2 解糖系経路とTCA回路

❶ 主経路＝エムデン-マイエルホーフ-パルナス経路

解糖系は細胞質に含まれていて，嫌気条件でもすすむ。主経路は，10段階の酵素反応を経て，グルコースをピルビン酸にまで分解するエムデン-マイエルホーフ-パルナス経路（Embden-Meyerhof-Parnas pathway，EMP経路，EM経路）である

図7-2　NAD⁺とNADH

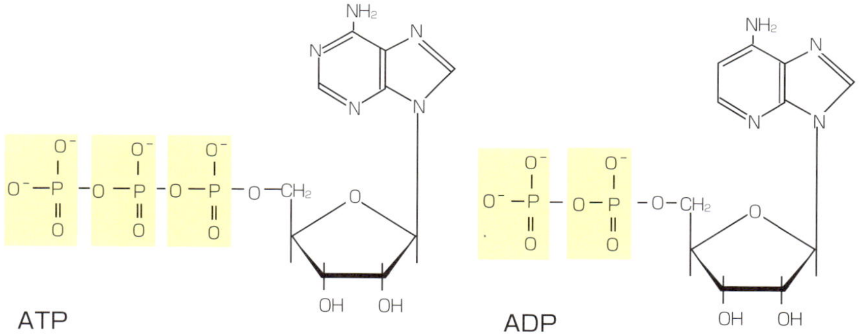

図7-3　ADPとATP

（図7-1）。解糖系で1分子のグルコースから2分子のピルビン酸がつくられるが，その過程で2分子のNADHと2分子のATPがつくられる。

嫌気条件では，さらにピルビン酸からアセトアルデヒドを経てエチルアルコールがつくられるか，あるいはピルビン酸から乳酸がつくられ，この過程でNADH 1分子が酸化されNAD⁺になる。これは微生物によって糖からアルコールができる過程（アルコール発酵，alcohol fermentation）や乳酸ができる過程（乳酸発酵，lactic acid fermentation）と同じである。なお，後者についてはほとんどの動物も同じ経路をもっている。

このアルコールあるいは乳酸がつくられる過程で1分子のNADHが消費されるため，嫌気条件で行なわれる解糖系によって，1分子のグルコースから2分子のATPがつくられることになる。これを嫌気呼吸（anaerobic respiration）とよぶ。

❷ 側路＝ペントースリン酸経路

解糖系には，ペントースリン酸経路（pentose phosphate cycle）〈注

〈注1〉
明条件の葉で行なわれる光呼吸は，呼吸とはちがう。呼吸を光呼吸と区別して暗呼吸（dark respiration）とよぶこともある（光呼吸については第6章1-4-③参照）。

〈注2〉
クエン酸回路（citric acid cycle），クレブス回路（Krebs cycle）ともいう。

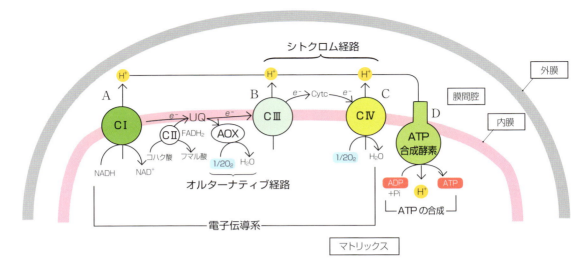

図7-4 ミトコンドリア電子伝達系と酸化的リン酸化によるATPの合成
CⅠ：複合体Ⅰ（NADH-ユビキノンレダクターゼ複合体）
CⅡ：複合体Ⅱ（コハク酸-ユビキノンレダクターゼ複合体）
CⅢ：複合体Ⅲ（シトクロムb/c_1複合体）
CⅣ：複合体Ⅳ（シトクロムcオキシダーゼ複合体）
UQ：ユビキノン，cyt c：シトクロムc，AOX：オルターナティブオキシダーゼ，e^-：電子，Pi：無機リン酸

〈注3〉
呼吸のペントースリン酸経路は，光合成の還元的ペントースリン酸経路（カルビン・ベンソン回路）（第6章1-4項参照）と区別して，酸化的ペントースリン酸経路とよばれる。

〈注4〉
アセチル補酵素Aの略で，アセチルコエンザイムエーとかアセチルコエーと読む。

3〉という側路がある（図7-1）。これは，非光合成器官や暗期の光合成器官でNADPH（ニコチン酸アミドアデニンジヌクレオチドリン酸 nicotinamide adenine dinucleotide phosphateの還元型）をつくる経路で，グルコース6-リン酸からグリセルアルデヒド3-リン酸ができる過程で2分子のNADPHがつくられる。

❸ TCA回路

好気条件では，解糖系でつくられたピルビン酸がミトコンドリア内にはいってアセチルCoA〈注4〉になる。アセチルCoAとオキサロ酢酸からクエン酸がつくられ，TCA回路によって順次，イソクエン酸，2-オキソグルタル酸，スクシニル-CoA，コハク酸，フマル酸，L-リンゴ酸を経てオキサロ酢酸と代謝される（図7-1）。

この過程で，ピルビン酸1個から合わせてCO_2が3分子，NADHが4分子，$FADH_2$（フラビンアデニンジヌクレオチド，flavin adenine dinucleotideの還元型）が1分子，ATPが1分子つくられる。

3 電子伝達系
❶ 電子伝達系によるATPの合成

TCA回路でつくられた還元物質のNADHと$FADH_2$は，ミトコンドリアの内膜にある電子伝達系に電子を放出して酸化され，シトクロム経路（cytochrome pathway）とよばれる酵素群を経由して最終的にATPをつくる（図7-4）。なお，この過程でO_2が還元されてH_2Oができる。

NADHから放出された電子は，まず複合体Ⅰとよばれる NADH-ユビ

キノンレダクターゼによってユビキノン（UQ）に伝達され，UQ が還元される。コハク酸からフマル酸への反応でできる $FADH_2$ からの電子も同様に複合体 II によって UQ に伝達され，UQ が還元される。さらに電子は，還元型 UQ からシトクロムと総称される一連のタンパク質複合体に伝達され，最終的に複合体 IV（シトクロム c オキシダーゼ複合体）の働きで O_2 を還元して H_2O をつくる。

この過程で，ミトコンドリアの内膜の外膜側に水素イオン（H^+）が送られ，マトリックス側と H^+ の勾配ができる（図7-4）。2個の電子が伝達されると，マトリックス側から外膜側へ送られる H^+ は，複合体 I で4個，複合体 III で2個，複合体 IV で4個と考えられている。

この H^+ の駆動力を利用して，ミトコンドリアの内膜にある ATP 合成酵素によって ADP と無機リン酸から ATP がつくられる（図7-4）。この過程を酸化的リン酸化（oxidative phosphorylation）とよび，H^+ 3〜4個で ATP が1個できると考えられているが，まだ確定していない。

したがって，グルコース1個から最終的につくられる ATP は，解糖系で2個，TCA 回路で2個，ミトコンドリアの電子伝達系によって約26〜34個で，あわせて30〜38個程度と考えられている。生成した ATP は細胞質へ送られ，種々の代謝過程のエネルギーとして使われる。

これらは好気条件下で O_2 を消費して行なわれる呼吸で，好気呼吸（aerobic respiration）とよぶ。

❷オルターナティブ経路

これまで述べてきたシトクロム経路は，シトクロムオキシダーゼの阻害剤であるシアン化合物によって阻害されるが，シアン化合物によって阻害されないオルターナティブ経路（alternative pathway）とよばれる電子伝達系もある（図7-4）。

シトクロム経路と同様に最終的に O_2 を還元して H_2O をつくるが，ATP 生成をともなわない。したがって，エネルギーの生産という意味ではむだな経路であるが，オルターナティブ経路のない植物は発見されておらず，その役割について研究されてきた。

これまで，成長や光合成などの代謝過程を正常に保つとか，低温や活性酸素によるストレスに対する耐性に関与しているという報告，またオルターナティブ経路が過剰に働くと乾燥ストレスや塩類ストレスに対して強くなるという報告がある。

これらから，オルターナティブ経路はストレス回避機構として働くことが強く指摘され，現在では植物にストレス耐性を付与することによって植物体内代謝の恒常性（metabolic homeostasis）を保つために機能しているとされている。

2 呼吸の中間産物と基質

1 呼吸の中間産物——植物体の構成成分の材料

　解糖系，ペントースリン酸経路，TCA回路の中間産物として，植物体のおもな構成成分の前駆物質が数多くつくられる（図7-5）。たとえば，解糖系のピルビン酸，TCA回路の2-オキソグルタル酸，オキサロ酢酸などは，タンパク質合成の材料である各種アミノ酸の合成に使われる。

　とくに，アミノ酸のなかでも植物体に多く含まれているグルタミン酸は2-オキソグルタル酸，アスパラギン酸はオキサロ酢酸から合成されるので，窒素代謝と密接に関係している。また，ジヒドロキシアセトンリン酸から合成されるグリセロールと，クエン酸から合成される脂肪酸から脂質がつくられる。さらに，ペントースリン酸経路のリボース5-リン酸から核酸が合成される。

　このように，呼吸経路の中間産物は多くの物質の合成材料の主要な供給源であり，呼吸はエネルギーをつくるだけではなく，植物体の多くの代謝で重要な役割をはたしている。とくに若く盛んに成長している部位では，タンパク質，脂質などの合成に多量の呼吸経路の中間産物が供給されている。しかし一方で，呼吸経路の中間産物が他の代謝過程に多く利用されると，グルコース1個からつくられるATPの数は，前項で述べた30〜38個よりも少なくなり，高エネルギー化合物であるATPの生成効率が低下する。

2 呼吸の基質

❶呼吸の基質と中間産物の相互関係

　呼吸の基質（呼吸に使われる物質）は，デンプンや多糖類が分解されたグルコースがおもなものである。しかし，タンパク質が分解されたアミノ酸や脂質，有機酸など植物体の構成成分である炭素化合物の多くも呼吸の基質になる。これは，前述の呼吸経路の中間産物が多くの物質の合成材料になることの逆と考えてよい。

　活発に成長している組織では，中間産物の多くが植物体の構成成分の合成に利用されるが，呼吸が活発に行なわれたり基質が不足するときは，その逆になる。たとえば，発芽時の種子では，炭水化物だけではなくタンパク質や脂質も分解されて呼吸の基質として利用される。また，老化過程にある組織や，なにかの理由で光合成産物が不足すると，植物体を構成しているタンパク質や脂質が分解されて呼吸の基質になる。

　植物は，必要に応じて呼吸経路の中間産物を植物体の構成成分の合成に振り向けたり，呼吸

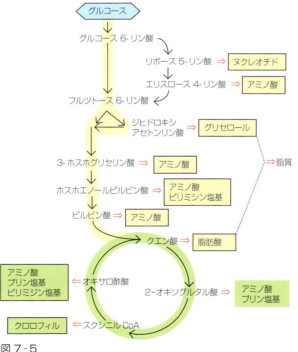

図7-5
主要な生体分子合成の前駆物質となる呼吸経路の中間物質

の基質として利用しているのである。

❷呼吸商と呼吸の基質

呼吸によって放出される CO_2 と吸収される O_2 との比率（CO_2/O_2）を呼吸商（respiratory quotient, RQ）とよぶ。

この値は、炭水化物が呼吸の基質になっているときは1である。しかし、脂肪やタンパク質が呼吸の基質になると、O_2 の吸収より CO_2 の放出が少なくなって1以下になり、反対に有機酸が呼吸の基質になると1より大きくなる。したがって、呼吸商から呼吸の基質を推定することができる。

3 呼吸速度と環境条件

1 温度

❶温度と呼吸速度の関係

呼吸速度が温度に大きく影響されることは古くから知られており、10℃～35℃の温度範囲では温度が高いほど高くなる（図7-6）（コラム参照）。10℃の温度上昇で2倍になる（Q_{10}〈注5〉が2という）といわれているが、実際には測定温度によってちがい（図7-7）、低温では Q_{10} は2よりも高く、高温では2よりも低い。

温度が35℃より高くなると呼吸の増加は止まり、さらに高くなると低

〈注5〉
キューテンと読み、温度が10℃上昇したときの呼吸速度の変化率を示す指数。

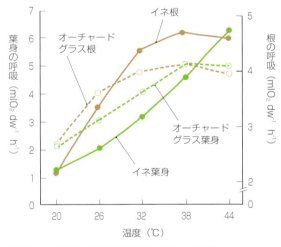

図7-6 呼吸への温度の影響（田島, 1965）

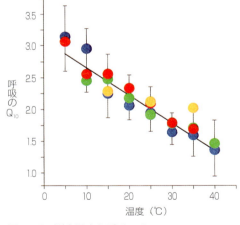

図7-7 測定温度と呼吸の Q_{10}
供試した植物は、寒帯49種（青）、亜寒帯24種（緑）、温帯50種（赤）、熱帯3種（オレンジ）で、各平均値を示す（Atkinら, 2003）

温度によって呼吸速度が影響される理由

①呼吸経路の酵素活性が温度によって変化すること、②植物体内の代謝過程が温度に影響されて、呼吸産物である高エネルギー化合物の需要が変化すること、③呼吸の基質として利用可能な物質の量が温度により変化すること、があげられる。

10～35℃程度の温度範囲では、①と②は温度が高いほど高いが、③は高温がつづくと減る。

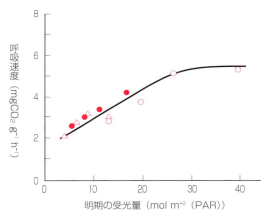

図7-8
イネの明期の受光量（光強度と光照射時間の長さの積）と引きつづく暗期の呼吸速度との関係
（Yamagishiら, 1989）
光強度は, △：100μmol m^{-2} s^{-1}, ●：260μmol m^{-2} s^{-1}, ○：610μmol m^{-2} s^{-1}。光照射時間の長さはグラフ中の各印の左から6, 9, 12, 18時間

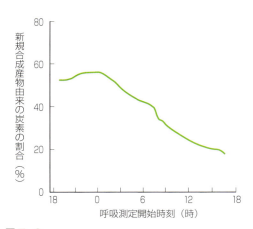

図7-9
イネ幼植物の呼吸で放出される二酸化炭素のうち新規合成産物由来の炭素の割合
（Yamagishiら, 1991）

下しはじめる。低下しはじめる温度は植物によってちがい，高温に強い熱帯起源の植物では高く，高温に弱い冷温帯起源の植物では低い傾向がある。呼吸が低下しはじめる高温になると，ミトコンドリアの内膜に異常が認められ，他の代謝経路にも障害が発生している。

低温によっても，ミトコンドリアの内膜に異常がおこる。低温への感受性も植物によってちがい，低温に弱い植物は強い植物より高い温度で障害を受ける。

❷生育時の温度の影響

生育時の温度も呼吸速度に影響する。同じ温度で呼吸を測定すると，より低温で生育したほうが高温で生育した植物より呼吸速度が高くなる。また，数日から10日程度，生育温度をかえて生育させると，呼吸速度は変化して新しい生育温度に適応することも知られている。

こうした温度の影響は，呼吸経路にかかわっている酵素などの量や活性，呼吸基質の量，ADPとATPの比率などのちがいが複雑に関与している。

2 日中の光とCO_2

日中の光強度が強い，日長が長い，あるいは大気中のCO_2濃度が高いと，暗期（夜間）の呼吸速度が高くなる（図7-8）。

夜間の呼吸には直前の日中に合成された光合成産物（新規合成産物）が優先的に使われるため（図7-9），日中の光合成量によって影響を受け，光合成量が多いと夜間の呼吸速度も高いという正の相関関係がある。

しかし，高CO_2濃度で成長した植物と強光下で成長した植物を比較すると，光合成量の増加が同じでも，前者の呼吸速度が低いという報告もあり，そのメカニズムについてはさらに検討を要する。

日中，光合成を行なっている葉でも呼吸は行なわれている。しかし，前述したように呼吸経路の中間産物は植物体の構成成分に利用されるため，日中は多くの中間産物が植物体の構成成分の合成に使われ，呼吸によるATP生成は少ないという報告もある。

3 O_2 と CO_2

❶ O_2 濃度の影響

大気中の O_2 は好気呼吸に直接かかわっており，O_2 濃度が低下すると呼吸速度が低下する。

野外では O_2 濃度が低下することはないが，根圏（第9章注14参照）やイモ，子実のなどの内部では，外部からの O_2 の流入が少ないので，O_2 濃度が低下し，呼吸が抑制される可能性がある。O_2 濃度が低下すると解糖系しか働かないので，エネルギー生産効率が悪いだけでなく，エタノールや乳酸が集積して植物が枯死することもある。

イネのように湛水で生育する作物の根は，O_2 欠乏にさらされるが，地上部から根まで連続して破生通気組織〈注6〉がつくられているため，地上部から効率よく根に O_2 を送ることができ，湛水中でも好気呼吸を行なっている。

❷ CO_2 濃度の影響

大気中の CO_2 濃度であれば，夜間の葉や非光合成器官の呼吸への影響は通常認められない。しかし，根圏やイモ，子実の内部などでは，CO_2 の外部への流出が抑制され，CO_2 濃度が増加し，呼吸が抑制されている可能性がある。

CO_2 濃度が非常に高くなると呼吸が抑制されるので，リンゴの果実などでは CA 貯蔵（controlled atmosphere storage）という貯蔵法がある。これは，低温（0～3℃），低 O_2 濃度（大気の 1/3～1/10），高 CO_2 濃度（大気の 50～200 倍）を組み合わせて行ない，果実の呼吸を抑制することで長期貯蔵を可能にしている。

4 窒素栄養

無機養分のなかで，呼吸にもっとも影響するのは窒素であり，窒素含量が高いと呼吸速度が高くなる（図7-10）。植物に含まれている窒素の多くはタンパク質の形になっているが，タンパク質含量は乾物重の 5～40％で幅がある。

タンパク質の合成やターンオーバー〈注7〉に必要なエネルギーやアミノ酸の供給を考えても，窒素含量が高い植物体の呼吸速度が高いことが推察される（次項参照）。

〈注6〉
根の皮層細胞が崩壊してできた空隙であり，地上部の通気孔とつながっていて，地下部に空気を送ることができる。皮層細胞が崩壊せずたがいに離れて空隙ができることがあり，これを離生通気組織といい破生通気組織と同じ役割をする。

〈注7〉
古くなった酵素のつくりなおしなど，古くなったものを分解し新しいものを合成すること。

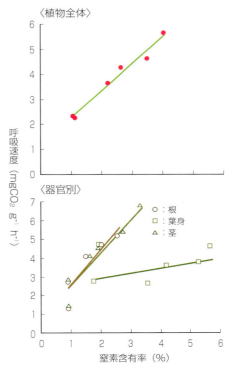

図7-10
イネ幼植物の窒素含有率と呼吸速度の関係
(Saitohら, 2000)

4 呼吸速度と生育

1 成長呼吸と維持呼吸

❶呼吸を2つの概念に分ける

1970年にマクリー（McCree）は，呼吸によってつくられたエネルギーの用途によって，植物の呼吸（R）を概念として2つの部分に分けた。1つは新しく構成成分をつくるための呼吸で成長呼吸（growth respiration），もう1つは植物体を維持するための呼吸で維持呼吸（maintenance respiration）とした。そして，成長呼吸は基質の量に左右されるので光合成量に比例し，維持呼吸は植物体の重さに比例するが基質の量とは関係しないため，次式を提唱した。

$$R = kPg + cW$$

kPg：光合成量に比例する部分で成長呼吸，cW：植物体の重さに比例する部分で維持呼吸

R：総呼吸量（$gCO_2 \ day^{-1}$），Pg：その日の明期の総光合成量（純光合成量＋呼吸量）（$g \ day^{-1}$），W：植物体の乾物重（g），k：成長係数（定数）〈注8〉，c：維持係数（定数）〈注9〉

〈注8〉 1gの植物体を合成するために放出されるCO_2量。

〈注9〉 1gの植物体を1日維持するために放出されるCO_2量。

❷成長呼吸と維持呼吸のちがい

成長呼吸は新しくつくられる構成成分の種類によってちがい，脂質やタンパク質のときは高く，有機酸や炭水化物のときは低い（表7-1）。維持呼吸は，植物組織内のイオンや代謝産物の濃度勾配の維持やタンパク質のターンオーバーに必要な呼吸で，タンパク質含量（窒素含量）が多いと大きくなる。

しかし，成長呼吸と維持呼吸は，概念的に用途によって定義されたものであり，生化学的なプロセスのちがいはない。たとえば，同じ酵素を合成する場合でも，成長している植物の酵素含量が増えるのにともなう呼吸は成長呼吸であり，成長がすすんで酵素のターンオーバーによる合成にともなう呼吸は維持呼吸である。

このように，同じ代謝過程であっても，成長呼吸と維持呼吸に概念を分けてとらえると，作物の生育を理解するのに役に立つ。

❸維持係数と成長係数

維持係数は，$0.01 \sim 0.06 \ gCO_2 \ g^{-1} \ day^{-1}$の範囲であるが，植物の種類や器官によるちがいが大きい。維持呼吸の大きな部分がタンパク質のターンオーバーに使われるので，植物体や器官のタンパク質含量が多いほ

表7-1 グルコース1gのおもな植物体構成成分への転換効率と，放出されるCO_2および吸収されるO_2の量 (Pennig de Vries, 1974)

植物体構成成分	転換効率 （g /1g グルコース）	CO_2放出量 （g /1g グルコース）	O_2吸収量 （g /1g グルコース）
炭水化物	0.826	0.102	0.082
窒素化合物	0.404	0.673	0.174
有機酸	1.104	－0.050	0.298
リグニン	0.465	0.292	0.116
油脂	0.330	0.530	0.116

ど，維持呼吸速度が高い。また，温度が高いと高くなり，Q_{10}は約2とされており，呼吸全体のQ_{10}とほぼ同じである。

成長係数は，0.1〜1.2 $gCO_2 g^{-1}$とされている。植物体や器官のタンパク質や油脂などの成分含量が多いと，炭水化物や有機酸より合成に多くのエネルギーが必要なので，成長係数が大きくなる。

成長係数は，構成成分が一定であれば温度の影響は受けず一定であるが，地上部より根のほうが高い。これは，根のほうが成長に必要なコストが大きいことを示しているが，実際には，養分を吸収する働きがあるためである。養分を吸収するにはエネルギーが必要なので根の呼吸速度が大きくなり，成長係数が大きい値になる。

しかも根は，タンパク質などの構成成分として重要な窒素を硝酸態やアンモニア態で吸収し，アミノ酸に同化することが多いのでエネルギーを多く必要とする。

したがって，現在では養分吸収に必要な呼吸を分けて，成長呼吸，維持呼吸，養分吸収呼吸の3つとすることもある（図7-11）。

❹成長と成長呼吸量と維持呼吸量の割合

植物の総呼吸量にしめる成長呼吸量と維持呼吸量の割合は成長とともに変化し，栄養成長期には成長呼吸量の割合が高く，生殖成長期にはいると維持呼吸量の割合が高くなる（図7-11）。これは生殖成長期には新たな器官形成は行なわれないが，植物体の現存量が大きくなるためである。

2 生育段階と呼吸
❶生育と呼吸量の変化

植物の総呼吸量は生育による現存量の増加によって増え，生殖成長期にはいるころに頭打ちになり，その後，徐々に低下していく（図7-12）。

子実の呼吸は，生殖成長期にはいった当初は総呼吸量の大きな割合をしめる。イネでは，開花直後の呼吸量の半分近くを穂がしめるといわれ，ダイズでも子実の成長が盛んな時期には，約半分が莢実による呼吸といわれている。

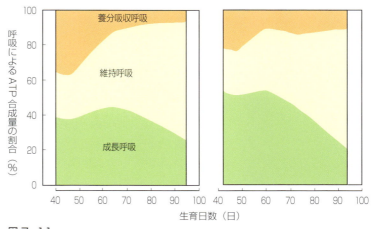

図7-11
生育による成長呼吸，維持呼吸，養分吸収に要する呼吸の割合の推移（カヤツリグサ科スゲ属植物2種）(van der Wedら，1988)

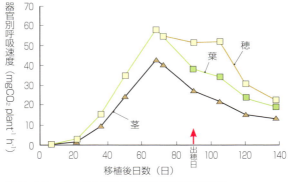

図7-12 イネの生育と器官別呼吸速度の推移
(Saitohら，1998)

4 呼吸速度と生育

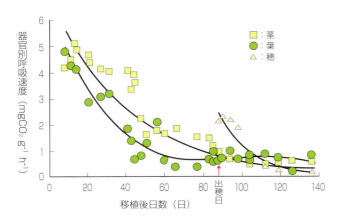

図7-13
イネの生育による器官別単位重量当たり呼吸速度の推移
(Saitoh ら，1998)

　植物体の単位重量当たりの呼吸量は，いずれの器官でも若いときには多く，生育がすすむにしたがって低下する（図7-13）。これは，若いときは成長が盛んに行なわれるので，成長呼吸量が多いためである。

❷成長量と成長効率

　一定期間の作物の成長量（乾物増加量，ΔW）は，その期間の光合成量と呼吸量（R）のバランスによって決まるが，そのバランスは次式の成長効率（GE, growth efficiency）という概念によってあらわされる。

$$GE = \Delta W / (\Delta W + R)$$

　これは，植物が光合成によって獲得した全炭素のうち，植物体を構成した炭素の割合を示している。
　GEは栄養生長期には0.6程度のことが多く，生殖成長期にはいって維持呼吸の割合が高くなると低下していく。全生育期間を平均すると0.5程度で，約半分の炭素が呼吸によって体外に放出される。

5 呼吸効率の改良の可能性

　呼吸は，光合成によって合成された炭水化物を消費する過程であり，炭素収支からはより低くすることが望ましい。しかし，呼吸は植物の代謝にエネルギーや炭素骨格を供給する重要な役割をはたしており，とくに成長呼吸は，作物が成長して収量形成を行なうために必須である。
　維持呼吸はコムギやペレニアルライグラスで系統間差が確認されており，維持呼吸が低い系統を利用することによって呼吸効率を高められる可能性がある。
　維持呼吸は温度の影響を受けるので，たとえば夜間の気温が低いと維持呼吸が低くおさえられ，呼吸の基質として使われるグルコースなどの消費量を少なくできるため，成長効率が改良される。また，登熟期には維持呼吸が多くの割合をしめるので，栽培方法の変更によって高温期の登熟を避けることができれば，炭素収支を良好にして収量形成に有利に働くと考えられる。

第8章 光合成産物の転流と蓄積

　光合成によってつくられる同化産物（photosynthate, photoassimilate）は，葉から茎を経て根，花，実などに運ばれ，器官の形成と維持，貯蔵物質の合成に利用される（図8-1）。

　転流（translocation）〈注1〉は同化産物の分配・蓄積にかかわる重要な生理過程で，作物の成長や収量形成に大きくかかわっている。

　なお，光合成産物を供給する器官のことをソース（source），受容し利用・貯蔵する器官をシンク（sink）という。

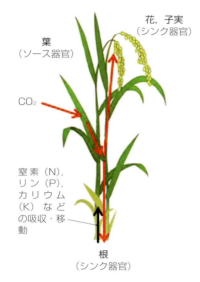
A：同化産物は，ソース器官からシンク器官へ師管を通って移動する（赤い矢印）

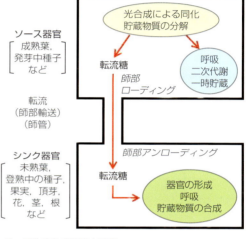
B：同化産物の移動と利用
ソース器官では，呼吸，二次代謝（クロロフィルや植物ホルモンなどの合成），一時貯蔵物質（デンプン，ショ糖）の合成に用いられる。シンク器官では，新しい器官の形成，呼吸，貯蔵物質の合成に用いられる

図8-1　植物の同化産物の流れ

〈注1〉
光合成産物や無機養分などが器官（組織）から器官（組織）に輸送されることをいう。

1 光合成産物の輸送経路

1 長距離輸送

❶長距離輸送の経路

　通道（導）組織を経由して行なわれる。葉と根など離れた器官から器官への輸送を長距離輸送という。作物など高等植物の通道組織は維管束（vascular bundle）で，葉の先端から茎を経て根系の末端や果実・子実まで，途中で分枝や合流をくり返しながらパイプのようにつながっている。

　維管束は師（篩）部（phloem）と木部（xylem）に別れている（図8-2）。炭水化物やアミノ酸など同化産物の転流は師部の師管（sieve tube）で行なわれ，無機養分の転流は両方で行なわれるが，根から吸収されたリン酸，アンモニウムなどの無機養分の地上部への転流は木部の道（導）管（vessel）

で行なわれる。

❷師部の構造と働き
—師要素，伴細胞，その他の細胞—

師管は，師要素(sieve element)とよばれる核などのオルガネラ(細胞小器官)をほとんど含まない細胞が縦につながってできており，転流物質が移動するパイプとして機能する。師要素と師要素のあいだは師板(sieve plate)で区切られており，師板には師孔(sieve pore)とよばれる穴(特殊化した原形質連絡)が多数ある。

師要素に隣接している伴細胞(companion cell)は原形質に富み，とくに多くのミトコンドリアが含まれている。伴細胞と師要素は

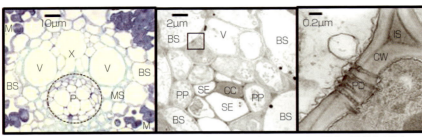

A. イネ成熟葉の横断面
P：師部(点線でかこんだ部分)，V：道管，X：木部(道管を含む)，MS：メストム鞘細胞，BS：維管束鞘細胞，M：葉肉細胞(青色の部分)，SE：師要素，CC：伴細胞，PP：師部柔細胞，PD：原形質連絡，CW：細胞壁(cell wall)，IS：細胞間隙(intercellular space)

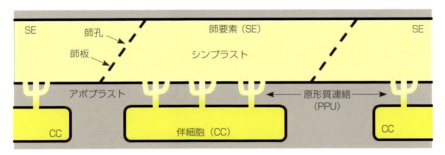

B. 師要素／伴細胞複合体(SE/CCC)の模式図
師要素と伴細胞の原形質連絡はフォークのような構造になることが多く，pore-plasmodesma unit (PPU)とよばれる
黄色：シンプラスト，灰色：アポプラスト

図8-2　維管束の構造

多くの原形質連絡(plasmodesma，複数形はplasmodesmata)でつながっており，伴細胞は輸送用のパイプである師要素にさまざまな物質やエネルギーを供給する役割をになっているといわれている。こうした両細胞の密接なかかわりから，師要素と伴細胞とをあわせて師要素／伴細胞複合体(sieve element/companion cell complex, SE/CCC)とよぶことがある。

師部にはSE/CCCのほかに，師部柔細胞(phloem parenchyma cell)があり，さらに，多くの植物では維管束のまわりに維管束鞘細胞がある。これらの細胞は，SE/CCCと維管束外の細胞(ソースの光合成細胞やシンクの貯蔵細胞)のあいだにあるので，同化産物の輸送経路の一部として考えられている。

2 短距離輸送

同化産物の転流では，長距離輸送に加えて，ソース器官である葉の葉肉細胞(光合成細胞)から師管までの輸送経路，師管からシンク器官である成長組織や貯蔵組織までの輸送も必要である。

このような隣接する輸送や，隣どうしの組織や細胞での物質移動を短距

離輸送という。

その経路は2通りあり，原形質連絡によるシンプラスト（symplast, symplasm）経由の輸送経路（シンプラスティック経路）と，細胞壁や細胞間隙など原形質外空間によるアポプラスト（apoplast, apoplasm）経由の輸送経路（アポプラスティック経路）がある《注2》（図8-3, 4）。アポプラストは水や溶質が自由に移動できる。なお，シンプラストとアポプラストの境界には必ず細胞膜（原形質膜）がある。

成熟葉（ソース葉）の葉肉細胞どうし，葉肉細胞と維管束鞘細胞や維管束鞘細胞と師部柔細胞のあいだには原形質連絡が多数あるので，葉肉細胞から師部柔細胞への光合成産物の輸送は，シンプラスト経由であると考えられる。

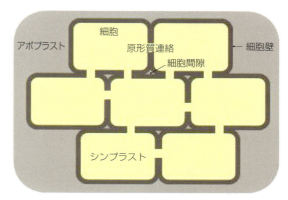

図8-3　シンプラストとアポプラスト
シンプラスト：原形質連絡で連続した細胞質の全体
アポプラスト：連続した細胞外空間

3 ローディングとアンローディング

ソース葉の葉肉細胞で合成された同化産物は，ショ糖など転流糖になって師管にはいる。この過程をローディング（loading, 積荷の意味），または師部ローディング（phloem loading）という。ローディングした転流糖は，師管を通ってシンク器官へ転流する。なお，縦につながって師管をつくっている師要素の原形質は師孔によって連続しているので，師管内の輸送はシンプラスト経由である。

ローディングとは逆に，転流されてきた同化産物が師管からシンク器官にでることをアンローディング（unloading, 降荷の意味），または師部アンローディング（phloem unloading）という。アンローディングした同化産物は，シンプラストやアポプラストを経由して貯蔵組織などに輸送される。

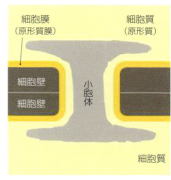

図8-4　原形質連絡の模式図
原形質連絡の内部には小胞体（endoplasmic reticulum）があり，デスモチュービュル（desmotubule）とよばれる。転流糖は原形質膜と小胞体のあいだを通って移動する

2 師部による光合成産物の輸送メカニズム

1 光合成産物の転流形態
❶転流糖の種類

師部のローディングやアンローディングのメカニズムを考えるうえで重要なのは，光合成産物がどのような形で師部にローディングされるのか，すなわち，師管を移動する炭水化物（転流糖）の形態である（図8-5, 表8-1）。

高等植物でもっとも一般的な光合成産物の転流形態はショ糖（sucrose, 二糖）で，イネ科，マメ科，ナス科を含む多くの植物では師管液（phloem sap）に含まれている糖はほぼショ糖のみである。

しかし，ウリ科など一部の植物では，ショ糖以外にラフィノース（raffinose, 三糖），スタキオース（stachyose, 四糖），ベルバスコース

《注2》
シンプラストは細胞膜の内側部分（細胞質）で，原形質連絡は細胞間の細胞質をつなぐ通路。アポプラストは細胞膜の外側の細胞壁と細胞間隙で構成されている空間。

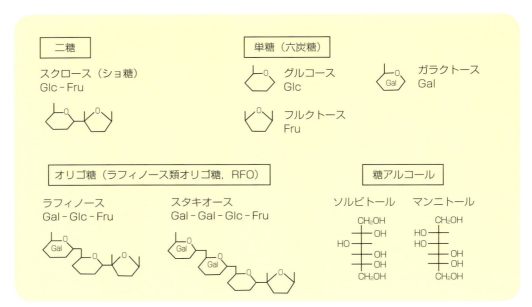

図8-5 師管液に含まれる糖（転流糖）の構造

表8-1 作物の転流糖の多様性

転流型	転流糖	作物例
ショ糖型	ショ糖	イネ，コムギ，トウモロコシ，インゲン，エンドウ，トウゴマ，ジャガイモ，タバコなど
オリゴ糖型	ショ糖 ラフィノース スタキオースなど	キュウリ，メロン，ペポカボチャなど
糖アルコール型	ショ糖 ソルビトール マンニトールなど	リンゴ，ナシ，セルリーなど
単糖型	ショ糖 グルコース フルクトースなど	—

（verbascose，五糖）などのオリゴ糖を高濃度で含んでおり，これらも転流している。またセリ科やバラ科の植物は，ショ糖に加えてマンニトール（mannitol）やソルビトール（sorbitol）などの糖アルコールを転流することが知られている。さらに，ケシ科やキンポウゲ科の植物は，グルコース（glucose, Glc, ブドウ糖）やフルクトース（fructose, Fru, 果糖）などの単糖（hexose，六炭糖）がおもな転流糖である可能性が示唆されている。

このように，光合成産物の転流形態には普遍性（ショ糖）と多様性（オリゴ糖，糖アルコール，単糖）があるが，なぜショ糖が普遍的に利用されているのか，植物によって転流糖がちがうのかについては明らかになっていない。

図8-6に，C_3植物（C_3 plant）の転流糖の合成経路の概略を示した。

❷ショ糖の合成経路（図8-6 A）

●日中の合成回路

C_3植物のソース葉でのショ糖の合成は，葉肉細胞の細胞質で行なわれる。

葉緑体のカルビン・ベンソン回路でつくられた三炭糖リン酸（triose phosphate, TP, ジヒドロキシアセトンリン酸とグリセルアルデヒド3-リン酸）は，葉緑体包膜の三炭糖リン酸／無機リン酸トランスロケーター（triose phosphate/inorganic phosphate translocator, TPT）によ

A：C₃植物の葉肉細胞でのショ糖の合成経路

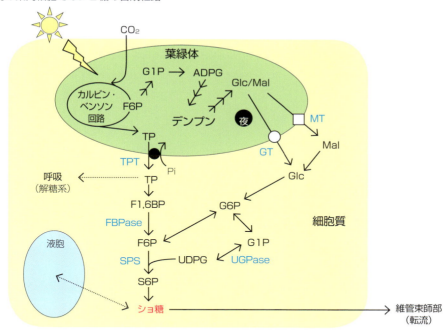

B：ラフィノース類オリゴ糖（RFO）と糖アルコールの合成経路

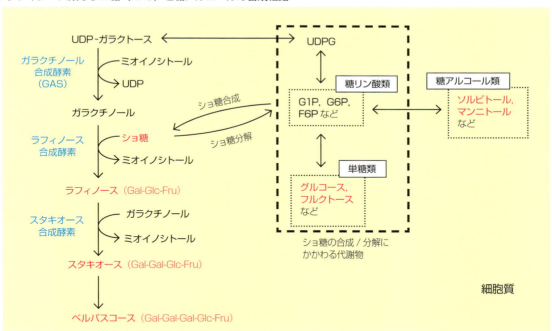

図8-6　転流糖の合成経路
赤字：転流糖，青字：酵素

ADPG：ADP-グルコース，Fru：フルクトース，F1,6BP：フルクトース1,6-ニリン酸，FBPase：フルクトース1,6-bisphosphatase，F6P：フルクトース6-リン酸，Gal：ガラクトース，Glc：グルコース，G1P：グルコース1-リン酸，G6P：グルコース6-リン酸，GT：グルコーストランスロケーター，Mal：マルトース，MT：マルトーストランスロケーター，Pi：無機リン酸，S6P：ショ糖6-リン酸，SPS：ショ糖リン酸合成酵素，TP：三炭糖リン酸，TPT：三炭糖リン酸/Piトランスロケーター，UDP：ウリジンニリン酸，UDPG：UDP-グルコース，UGPase：UDP-グルコースピロホスホリラーゼ

って細胞質へ輸送される。TPはフルクトース 1,6-二リン酸（frucrose 1,6-bisphosphate，F1,6BP）に変換されたのち，細胞質型 FBPase（fructose 1,6-bisphosphatase）によって脱リン酸化されてフルクトース 6-リン酸（fructose 6-phosphate，F6P）ができる。

F6Pの一部はグルコース 6-リン酸（glucose 6-phosphate，G6P），グルコース 1-リン酸（glucose 1-phospahte，G1P）を経て UDP-グルコース（UDP-glucose，UDPG）にかわる。そして，スクロースリン酸合成酵素（sucrose phosphate synthase，SPS）の働きで，UDPGとF6Pからショ糖 6-リン酸（sucrose 6-phoephate，S6P）ができる。

最後に S6P がスクロースリン酸ホスファターゼ（sucrose phosphate phosphatase，SPP）によって脱リン酸化され，ショ糖がつくられる〈注3〉。

●夜間の合成回路

日中，葉緑体には光合成産物の一部がデンプン（starch）として蓄積される。このデンプンが夜間に分解されてショ糖に変換される。デンプンが分解してできたマルトースとグルコースがそれぞれの膜透過装置（トランスロケーター）で細胞質に輸送され，グルコースリン酸（G6P，G1P）になって，上述経路をたどってショ糖になる。

日中とちがい，この経路では細胞質型 FBPase は関与しないので，SPSが重要な働きをする。

❸オリゴ糖や糖アルコールの合成経路 （図 8-6 B）

ラフィノースは，ガラクチノール（galactinol）のガラクトース（galactose，Gal）基がショ糖に加わって合成される。ガラクチノールは，Gal とイノシトールからできている二糖で，ガラクチノール合成酵素（galactinol synthase，GAS）の働きによって，UDP-ガラクトースとミオイノシトール（myo-inositol）からつくられる。ガラクチノールからラフィノースにもう 1 つ Gal が加わえられてスタキオースができ，さらにもう 1 つ Gal が加わるとベルバスコースができる。これらのオリゴ糖は，ラフィノース類オリゴ糖（raffinose family oligosaccharide，RFO）という総称でよばれることが多い。

ソース葉での糖アルコールの合成経路についてはまだ不明な点が多いが，マンニトールは F6P から，ソルビトールは G6P から合成されると考えられている。

❹単糖類の合成経路 （図 8-6 B）

グルコースやフルクトースは，おもにショ糖の分解によってできる。ショ糖の分解にかかわる酵素には，インベルターゼ（invertase）とショ糖合成酵素（sucrose synthase）の 2 つがある。

インベルターゼはショ糖の加水分解を不可逆的に触媒して，グルコースとフルクトースをつくる。高等植物では，細胞質に中性インベルターゼ（至適 pH ＝ 7.0 〜 7.8），液胞と細胞壁に酸性インベルターゼ（至適 pH ＝ 4.5 〜 5.0）がある。

〈注3〉
この経路では細胞質型 FBPase と SPS がキーになる酵素として重要であり，この 2 つの酵素がさまざまな発現調節や活性調節を受けることによってショ糖の合成がコントロールされる。

ショ糖合成酵素は細胞質にあり，ショ糖の合成と分解の両方を可逆的に触媒するが，一般的な細胞質内の生理条件では分解が主であると考えられており，ショ糖とウリジン二リン酸 (uridine diphosphate, UDP) からUDPGとフルクトースをつくる。

また，グルコースは，前述したショ糖の夜間合成回路のデンプン分解によってもつくられる。

2 師部の形態とローディング

❶ ローディングの過程

転流のメカニズムを考えるうえでもう1つ重要なのが，師部の形態である〈注4〉。ソース葉での光合成産物のローディングは，おもに比較的小さな維管束で行なわれる。転流糖は細い葉脈 (minor vein) の維管束師部で師管に集められ，その後，太い葉脈 (major vein)，さらには中肋 (midrib) の師管を通って茎の師管へと輸送される。

なお，葉肉細胞から師管 (師要素) へのローディングには，シンプラスト経由のみの植物とアポプラスト経由も経過する植物があり，そのちがいは，師部の形態に関係している。

〈注4〉
英語ではminor vein configurationとよばれることが多い。

❷ 判細胞の原形質連絡の2つのタイプ

師要素は，伴細胞以外の細胞とは原形質連絡をもっていない。伴細胞は周辺の細胞とも原形質連絡をもっているが，その密度は植物によって大きくちがう。

ウリ科やシソ科などでは，伴細胞と周辺の師部柔細胞とは多くの原形質連絡があり，これをタイプ1という (図8-7)。

これに対してナス科やキク科などでは，両細胞間に原形質連絡がほとんどか全くなく，これをタイプ2という。また，両者の中間的なタイプ1-2もある。

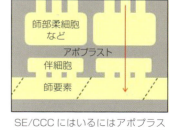

原形質連絡によるシンプラスト経由でSE/CCCまで到達する

SE/CCCにはいるにはアポプラストを経由するので，原形質膜を2回透過する

図8-7 師部形態の模式図

❸ ローディングの2つのタイプ

図8-8は，コムギとイネの葉身の師部での蛍光色素の移動を観察したものである。この蛍光色素は細胞間 (師要素間) をシンプラ

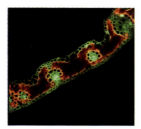

コムギの葉身 (断面)：蛍光色素のほとんどが維管束の師部にある

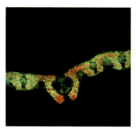

イネの葉身 (断面)：維管束外でも多くの蛍光色素がみられる

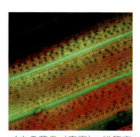

イネの葉身 (表面)：維管束に沿って蛍光色素が分布しており，維管束に沿って移動していることがわかる。維管束外にも蛍光色素がみられる

図8-8 コムギとイネの蛍光色素の移動のちがい
黄緑：蛍光色素の蛍光，赤：自家蛍光

蛍光色素によるシンプラスト経由の輸送経路の観察

CFDA（carboxyfluroresein diacetate, 非蛍光物質）を葉の先端の切り口などから付与するとアポプラスト内を拡散するが，一部は細胞の原形質膜を透過してシンプラストに移動する。細胞内では，エステラーゼ酵素の作用によってアセチル基がはずされて蛍光色素（CF）になり，蛍光を発する。また，原形質膜を透過することができなくなるので，細胞間の移動はシンプラスト経由のみになる。CF は師管（SE/CCC）では同化産物の流れに沿って葉の基部→茎へと移動するが，SE/CCC とその周辺の細胞のあいだに原形質連絡があれば，シンプラスト経由で師部の外に移動できる（図8-9）。

このような蛍光物質の移動パターンの観察によって，シンプラスト経由の輸送経路の可能性を調べることができる。

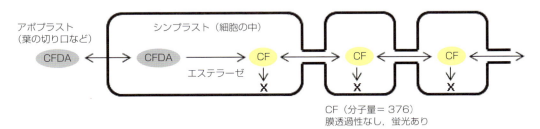

図8-9 非蛍光色素（CFDA）と蛍光色素（CF）の移動パターン

スト経由で移動できるが，原形質膜を透過して移動することはできないので，維管束に沿って葉身の基部まで拡散する（コラム参照）。

タイプ2のコムギの葉身では，SE/CCC（師管）以外の細胞には蛍光色素の拡散が観察されないので，SE/CCC とその周辺の細胞には原形質連絡によるシンプラスト経由の移動がないことがわかる。それに対してタイプ1-2のイネの葉身では，維管束外の細胞にも蛍光色素が観察され，SE/CCC とその周辺の細胞とのシンプラスト経由の移動が認められる。

このように，イネのようなタイプ1-2の師部構造をもつ葉では，蛍光色素は師管と葉肉細胞のあいだを移動できるので，光合成産物が原形質連絡によるシンプラスト経由で SE/CCC までローディング（シンプラスティック・ローディング）されることが可能だと考えられる。しかし，コムギのようなタイプ2の葉では，シンプラスト経由で SE/CCC に移動することは困難か不可能であり，最低一度はアポプラストを経て SE/CCC に移動するローディング経路（アポプラスティック・ローディング）をとると考えられる〈注5〉。

〈注5〉
タイプ2の葉では，伴細胞が複雑に陥入した細胞壁をもつ転送細胞（transfer cell）になっていることがある。転送細胞では，原形質膜の表面積が飛躍的に増えているので，アポプラストからの同化産物の取り込み，すなわちローディングが効率よく行なわれる。

❹ SE/CCC での転流糖の濃縮

転流糖の葉肉細胞の細胞質での濃度は，せいぜい数十 mM 程度である。しかし，師管内での転流糖の濃度は数百 mM とたいへん高く，とくにショ糖型の植物では1 M 以上になることもある。こうした師管での高濃度の糖の集積は，あきらかに濃度勾配にさからっておこっており，実際に，SE/CCC には転流糖の濃縮機構（＝ローディングのメカニズム）が備わっている。

3 アポプラスティック・ローディングのメカニズム

❶ アポプラスティック・ローディングの経路

タイプ2の師部形態をもつ植物は，全てショ糖型である。これらの植物のアポプラスティック・ローディングは，つぎのような経路だと考えられている（図8-10）。

まず，葉肉細胞の細胞質で合成されたショ糖は，シンプラスティック経路で師部柔細胞まで移動する。つぎに，師部柔細胞からアポプラスト（細胞外）に放出され，つづいて師管のSE/CCに取り込まれる。ショ糖の師管への取り込みは，ショ糖トランスポーター（sucrose transporter，本章ではSUTと略す）〈注6〉によって行なわれる（コラム参照）。

SUTはアポプラストのショ糖を，水素イオン（H^+）との共輸送によって師管内に取り込む。師部のSE/CCでは，H^+-ATPase（ATP分解酵素）〈注7〉の働きによって，アポプラストのH^+濃度が高く（pHが低く）維持されており，原形質膜の内と外にはH^+濃度勾配ができている。このH^+濃度勾配を駆動力にして，ショ糖は師管内に能動的に取り込まれ，高濃度で濃縮される（図8-12）〈注8〉。

❷ 師部アポプラストへのショ糖放出のメカニズム

アポプラスティック・ローディングでは，葉肉細胞の細胞質で合成されたショ糖が，師部内でアポプラストに放出される過程が必要不可欠である。このショ糖放出機構には，SWEETという輸送体タンパク質が関係していることが，モデル植物であるシロイヌナズナで明らかになった。

SWEETは，7回の膜貫通構造があると推定される分子量20〜30 kDa程度の膜タンパク質で，ショ糖または単糖を細胞内から放出する働きがあり，sugar effluxer protein（ショ糖エフラクサータンパク質，糖を排出するタンパク質）とよばれている（図8-11）。

シロイヌナズナでは，SWEETが師部柔細胞の原形質膜にあること，さらにSWEET遺伝子を破壊した株では光合成産物の転流機能に異常がみ

〈タイプ2の植物：アポプラスティック・ローディング〉

葉肉細胞 → ショ糖 → 柔細胞 → ショ糖 → 〈高H^+濃度：低pH〉アポプラスト
　　　　シンプラスト経由　　　SWEETの働き

→ ショ糖 → 〈低H^+濃度：高pH〉伴細胞・師管内（濃縮）
ショ糖トランスポーター（SUT）の働き

〈タイプ1の植物：シンプラスティック・ローディング〉

葉肉細胞 → ショ糖 → 伴細胞 → RFO（ラフィノース，スタキオースなど） → 師管内（濃縮）
　　　　シンプラスト経由　　　　　　　　　　　　シンプラスト経由

図8-10　ローディングの2つの経路

〈注6〉
SUTは分子量50〜60kDa程度の非常に疎水的なタンパク質で，図8-11のように12回の膜貫通構造があると推定されている。

〈注7〉
原形質膜にあり，ATPを加水分解する酵素。この反応にともなってH^+が細胞外に運びだされる。

〈注8〉
実際に，SUTがSE/CCの原形質膜上に発現していることは，多くの植物で示されている。また，ジャガイモ，タバコ，トウモロコシでは，SE/CCで発現しているSUT遺伝子の機能を抑制・欠失させると，光合成産物の転流が阻害され，葉内にショ糖やデンプンが過剰に蓄積し，光合成活性の低下，ひいては生育阻害がおこることが実験的に示されている。

■ ショ糖トランスポーター（SUT）遺伝子の発見

ショ糖の師管への取り込みが濃度勾配に逆らって行なわれる能動輸送（active transport）であり，師部のSE/CCの原形質膜にはショ糖に特異的な膜透過装置タンパク質（SUT）があることは古くから指摘されていたが，その遺伝子は長らく未解明のままであった。しかし，分子生物学の急速な発展で，1992年にRiesmeierらによってホウレンソウの緑葉からSUTの遺伝子が世界ではじめて同定・単離された。

この発見を契機にジャガイモ，ダイズ，イネ，コムギ，トウモロコシなどの主要作物のSUT遺伝子がつぎつぎと単離され，同化産物（ショ糖）転流の分子機構の理解は急速にすすんだ。

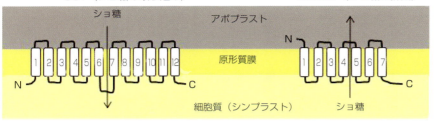

図8-11 ショ糖トランスポーター（SUT）とショ糖エフラクサー（SWEET）の構造

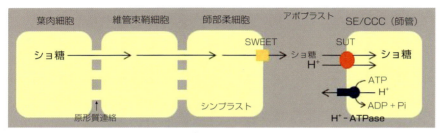

図8-12 SWEETとSUTによるアポプラスティック・ローディング
ショ糖は葉肉細胞から師部柔細胞へ移動し，SWEETの働きで師部のアポプラストに拡散されるが，これまでは濃度勾配にしたがった輸送である。師部のアポプラストからSE/CCCへはH$^+$の濃度勾配を駆動力にして，濃度勾配にさからって能動輸送される
pHは，アポプラストは5〜5.5（H$^+$-ATPaseの働きによる），SE/CCCは7付近
ショ糖とH$^+$の文字の大きさは濃度の大小をあらわす

〈注9〉
イネ科，マメ科，ナス科の植物のゲノムでもSWEET遺伝子の存在が確認されており，SWEETがショ糖のアポプラスティック・ローディング経路に関係していると考えられるが，実験的な証明は今後の課題である。

られるので，ローディングでSWEETが重要な役割をはたしていると考えられている（図8-12）〈注9〉。

❸ 糖アルコールのアポプラスティック・ローディング

なお，セルリーやナシなどの糖アルコール型植物からは，SUTと似た構造をもつ糖アルコールトランスポーターの遺伝子が同定・単離されており，SUTと同様にSE/CCCの糖アルコールの能動輸送への関与が示唆されている。しかし，糖アルコールのアポプラスティック・ローディングのメカニズムについては研究例が少なく，SWEETに相当するsugar effluxer proteinも同定されていないので不明な点が多い。

❹ 単糖のローディング

また，単糖を転流糖として利用する植物のローディングのメカニズムについては現在のところ全く不明である。しかし，ショ糖や糖アルコールと同様に，単糖トランスポーター（monosaccharide transporter，MST）がグルコースやフルクトースのSE/CCCへのアポプラスティック・ローディングにかかわっている可能性が考えられる。

4 シンプラスティック・ローディングのメカニズム

カボチャなどのウリ科の植物は，師管内に転流糖としてラフィノースなどのオリゴ糖（RFO）を含んでいる。これらオリゴ糖型植物のソース葉の師部形態は例外なくタイプ1であり，シンプラスティック経路により光合成産物が師管（SE/CCC）にローディングされる（図8-10）。

これらの植物では，ポリマートラップ（polymer trap）とよばれる機構によって同化産物が師管内にローディングされる。葉肉細胞の細胞質で合成されたショ糖は，シンプラスト経由で伴細胞に送られ，ガラクトース基が付加されて，ラフィノース（三糖）やスタキオース（四糖）などのRFOになる。

イネソース葉のローディングのメカニズム

イネのローディングを，同じイネ科であるがアポプラスティック・ローディングを行なうコムギやトウモロコシとくらべてみよう。

コムギやトウモロコシと同じように，イネの師管内の転流糖はショ糖のみであることは，20年以上前に明らかにされている。また，師部の形態が典型的なタイプ2ではなく，タイプ1-2であることが1980年代に示されている。

図8-8の蛍光色素の移動からも，イネのソース葉師部ではSE/CCCとその周辺の細胞のシンプラストに連続性があることは明らかである。そのため，イネのローディングはシンプラスティック経路であると予想されてきた。しかも，イネのソース葉のSE/CCCにもSUTがあるが，このSUT遺伝子の発現を抑制しても光合成産物の過剰蓄積や生育阻害などがおこらないので，ローディングは阻害されない。つまり，SE/CCCで発現しているSUTが，必ずしもローディングで重要な働きをしていることにはならないのである。

イネのソース葉でショ糖が師管にローディングされるメカニズムはまだ明らかではないが，RFOのシンプラスティック・ローディング（ポリマートラップ）とはちがう新しいローディング機構であると考えられる。そして，この機構には，少なくとも葉肉細胞の細胞質のショ糖濃度を高く保ち，師部までのシンプラスティック経路のショ糖濃度勾配を維持するメカニズムが必要であると考えられる。

これらのRFOは，伴細胞から師管への原形質連絡は通過できるが，伴細胞と師部柔細胞間の原形質連絡は通過できない。

結果として，葉肉細胞とSE/CCCとのショ糖の濃度勾配が保たれ，RFOは師管内にローディングされ転流される（図8-13）〈注10〉。

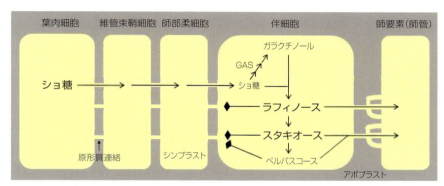

図8-13　ポリマートラップによるRFOのシンプラスティック・ローディング
伴細胞でショ糖から合成されたRFOは，分子のサイズが大きく伴細胞－師部柔細胞（CC－PP）間の原形質連絡は通れないので，SE/CCC内に濃縮される
GAS：ガラクチノール合成酵素
ショ糖などの文字の大きさは濃度の大小をあらわす

5 シンク器官でのアンローディングのメカニズム
❶ アンローディングの経路

ソース器官でのローディングの場合と同じように，アンローディングにもシンプラスト経由とアポプラスト経由の2つが考えられる。しかし現在のところ，多くのシンク器官でSE/CCCと周辺の細胞のあいだには原形質連絡が多数あり，また蛍光色素の移動パターンの解析結果などから，原形質連絡によるシンプラスティック経路が一般的であると考えられている（図8-14）。

❷ 師部後の輸送

師部からでた転流糖は，シンク器官内で実際に利用・貯蔵される組織や細胞まで移動する必要があるが，この移動過程は師部後の輸送（post-phloem transport）といい，アンローディングと区別される。

〈注10〉
この説は，1990年代初頭にTurgeonによって提唱され，その後，ウリ科植物のRFOやRFO合成に必要な酵素（ガラクチノール合成酵素など）が伴細胞に局在していることや，ガラクチノール合成酵素の働きをおさえると葉内にショ糖が過剰に蓄積し，生育阻害がおこることが明らかとなり，現在では，師管へのRFOの濃縮機構として広く受け入れられている。

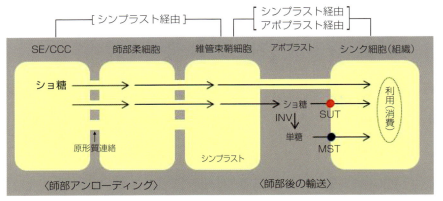

図8-14 転流糖（ショ糖）の師部アンローディングと師部後の輸送経路
師部アンローディングはシンプラスト経由であるが、師部後の輸送はシンプラスト経由とアポプラスト経由の両方がある
師部後の輸送のアポプラスト経由には、アポプラストに放出されたショ糖がそのままの形でSUTによってシンク組織に取り込まれる経路と、細胞壁型インベルターゼ（INV）で単糖に分解されて単糖トランスポーター（MST）によって取り込まれる経路がある

師部後の輸送には、シンプラスト経由とアポプラスト経由の両方があり、シンクの種類や発達段階でちがってくるが（図8-14）、アポプラスト経由の輸送も重要である。たとえば、種子の外側（親側組織）と内側（子側組織）のあいだには原形質連絡がないので、シンプラストの連続性がない。そのため、同化産物は親側組織からアポプラストに放出され、それを子側組織が取り込んでいる。なお、種子の転流糖（ショ糖）の師部後の輸送と代謝については本章3項で述べる。

❸ ショ糖以外の転流糖の師部後の輸送・代謝

なお、ショ糖以外の転流糖（RFO、糖アルコール、単糖）の師部後の輸送・代謝は、研究例が少なく不明な点が多い。

輸送経路には2通り（シンプラスト経由とアポプラスト経由）の可能性があることはショ糖と同じであるが、RFOや糖アルコールに特異的な代謝経路や輸送機構（輸送体）の存在が示唆されている。

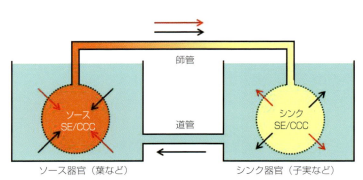

図8-15 圧流説の模式図（コラム参照）
赤矢印：同化産物の流れ、黒矢印：水の流れ、点線：原形質膜

> **圧流説**
>
> 師管を通したソースからシンクへの物質の長距離輸送のメカニズムについては、Münchが1920年代の終わりに提唱した圧流説（pressure flow theory）が支持されている。
> この説は、ソース組織では師管に糖（転流糖）が高濃度に蓄積することによって、師管の浸透ポテンシャルが低下して水ポテンシャルが低下する。その結果、まわりの組織から師管に水が集まり、師管内の圧力（膨圧）が高まる。一方、シンク組織では転流糖を活発に消費することによって、師管内の圧力が低下する。その結果、ソース・シンク間に師管内の圧力差ができ、それによる師管液の流れにのって、糖やアミノ酸などの同化産物がソースからシンクへと運ばれるとしている（図8-15）。

3 収穫器官への同化産物の輸送と蓄積

　収穫器官は人間が利用する部分であり，穀類，マメ類，イモ類はシンク器官である。これらのシンク器官では，転流糖がアンローディングされ，師部後の輸送によって子実の登熟や塊茎・塊根の肥大に利用・蓄積される。

1 子実への同化産物の取り込み（師部後の輸送）のメカニズム

❶ 取り込みの2つの経路

　種子に到達した同化産物（ショ糖）は，師管からシンプラスト経由でアンローディングされたのち，親側組織からアポプラストに放出される。

　このショ糖を子側組織へ取り込む経路は2種類ある。1つは，アポプラストにある細胞壁型インベルターゼ（INV）によって単糖（グルコースとフルクトース）に分解され，単糖トランスポーター（MST）によって取り込まれる経路である。もう1つは，ショ糖トランスポーター（SUT）によって，ショ糖の形で取り込まれる経路である（図8-16）。

　これらのトランスポーターは子側組織の原形質膜にあり，単糖やショ糖を水素イオン（H^+）との共輸送で細胞内に取り込む。また，アポプラストからの同化産物を取り込みやすいよう，子側組織の細胞は転送細胞化し

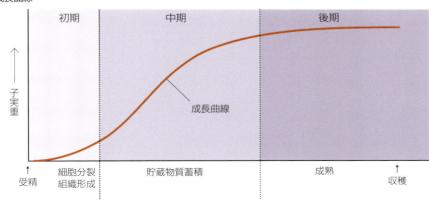

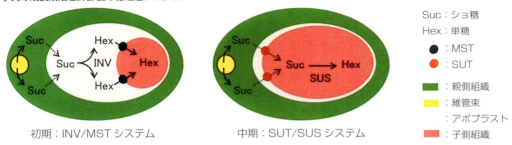

図8-16　子実の成長と師部後の糖輸送システム
初期：INV/MSTシステム
ショ糖は細胞壁型インベルターゼ（INV）の働きで単糖に分解されたのちMSTによって子側に取り込まれる
中期：SUT/SUSシステム
ショ糖は分解されずSUTによって子側に取り込まれ，その後，SUSの働きで単糖に分解される

❷ 2つの経路と働く時期

また，2つの経路は，それぞれが種子の発達段階のある時期にのみ働いていることが明らかになっている。たとえば，マメ科の種子では，種子の発達初期すなわち胚発生期には MST の経路のみが働き，デンプン蓄積期になると SUT 経路のみが働く（図 8-16）。

2つの輸送経路の切り換わりは，マメ科以外の双子葉植物やイネ，オオムギの種子でもみられるので，高等植物に普遍的な機構であると考えられている。

❸ 取り込まれたショ糖の分解

デンプン蓄積期に子側組織に取り込まれたショ糖は，おもにショ糖合成酵素（SUS）によって分解される。SUS は細胞質にあり，ショ糖と UDP（ウリジン二リン酸）から UDP-グルコースとフルクトースがつくられる。

この酵素の活性はシンク器官で高く，デンプンの合成活性と高い相関を示すことが多い。

2 塊茎・塊根の同化産物の輸送・代謝

ジャガイモの塊茎（stem tuber）（ストロンの先端）での転流糖（ショ糖）の師部後の輸送と代謝は，塊茎の発達時期によって変化する。形成初期はアポプラスト経由がおもな経路であるが，デンプンの蓄積がはじまるころにはシンプラスト経由にかわる。

前者の経路では，ショ糖はアポプラストに放出された後に細胞壁型インベルターゼによって分解され，単糖として貯蔵細胞に取り込まれ，細胞の分裂や伸長に利用されると考えられている。後者の経路では，ショ糖はシンプラスト経由で貯蔵細胞まで到達し，SUS によって分解されて貯蔵物質（おもにデンプン）の合成・蓄積に利用されると考えられている〈注11〉。

3 貯蔵物質の合成・蓄積のメカニズム
❶ 貯蔵炭水化物の種類

シンク器官に転流された同化産物は，器官の形成や維持とともに，貯蔵物質の合成・蓄積に用いられる。貯蔵物質は貯蔵炭水化物，貯蔵タンパク質，貯蔵脂質に大別される。

作物のおもな貯蔵炭水化物は，単糖，ショ糖（サトウキビ，テンサイ，多くの果実など），デンプン（穀類，イモ類など），フルクタン（キクイモ，ムギ類の茎葉部など），マンナン（コンニャクなど）である。なかでもデンプンは，人類の主食として重要である。

❷ 転流糖からデンプンの合成

デンプン〈注12〉の合成はアミロプラスト〈注13〉で行なわれる。

〈注11〉
サツマイモの塊根（root tuber）の同化産物の輸送・代謝については研究例が少なく不明な点が多いが，ジャガイモの塊茎と同様，貯蔵細胞の分裂・伸長には細胞壁型インベルターゼが，デンプンの合成・蓄積には SUS が重要な役割をはたしていると考えられている。

〈注12〉
デンプンはグルコースが多数重合してできた多糖（グルカン，glucan）で，アミロース（amylose）とアミロペクチン（amylopectin）という分子構造がちがう2種類の多糖の混合物である。デンプンの主成分はアミロペクチンで，アミロースは 15〜30％ 程度である。糯米はアミロース合成にかかわる酵素遺伝子が変異しており，アミロースを全く含んでいない。
なお，アミロースはグルコースどうしが α-1,4 結合によって直鎖状に長く重合した構造で，アミロペクチンは直鎖部分のところどころに α-1,6 結合による枝分かれがあり，多くの枝をもった構造である（第2章図2-11参照）。

〈注13〉
クロロフィルをもたずデンプンを多量に合成・蓄積するプラスチドはアミロプラストとよばれる。

シンク器官の貯蔵組織に到達した同化産物（転流糖）は，グルコース 6-リン酸（G6P）に変換され，グルコース 6-リン酸／無機リン酸トランスロケーター（glucose 6-phosphate/inorganic phosphate translocator, GPT）によってアミロプラストに運ばれ，グルコース 1-リン酸（G1P）に変換される。

さらに，ADP-グルコースピロホスホリラーゼ（ADP-glucose pyrophosphorylase, AGPase）〈注 14〉の働きによって，G1P と ATP から ADP-グルコース（ADPG）がつくられる（図 8-17）。

AGPase はプラスチド（葉緑体やアミロプラスト）に局

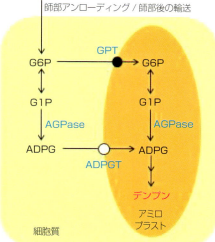

図 8-17 貯蔵組織での転流糖の輸送と代謝
ADPG：ADP-グルコース，ADPGT：ADP-グルコーストランスロケーター，AGPase：ADP-グルコースピロホスホリラーゼ，G1P：グルコース 1-リン酸，G6P：グルコース 6-リン酸，GPT：グルコース 6-リン酸／無機リン酸トランスロケーター

〈注 14〉
ADPG からデンプンが合成されるので，AGPase はデンプン合成のキーになる酵素と考えられている。

〈注 15〉
トウモロコシの胚乳では AGPase の機能が欠損すると，粒中のデンプン含量が少なくなり糖含量が多くなることが知られている。

〈注 16〉
GBSS はアミロース合成に関与し，この酵素の機能が欠失するとデンプンは糯性になる。SSS はアミロペクチンの糖鎖伸長に関与し，酵素タンパク質の構造および基質特異性（グルコース残基を付加するグルカン鎖の長さ）などが異なる 4 種類のアイソフォーム（I～Ⅳ）の存在が知られている。これら反応特性の異なる SSS アイソフォームの存在割合がアミロース（グルカン）分子の平均鎖長や短鎖と長鎖の割合を決定し，ひいては貯蔵デンプンの物理化学的特性に影響をおよぼす。たとえば，インディカ米とジャポニカ米ではデンプンの性質（アルカリ崩壊性）が異なるが，これは胚乳で働く SSS Ⅱ の活性がインディカにくらべてジャポニカで低いためであると考えられている。

在するが，穀類の胚乳では例外的に細胞質とプラスチドの両方にある。そのため，細胞質でも ADPG がつくられ，ADP-グルコーストランスロケーター（ADPGT）によってプラスチドに運ばれる経路も併存している。

❸ デンプン合成の酵素とその作用

それぞれの段階の酵素遺伝子の機能欠損変異は，貯蔵デンプンの量や質に大きく影響を与えることがイネやトウモロコシなどの穀粒で示されている〈注 15〉。

ADPG のグルコース基は，デンプン合成酵素（starch synthase，SS）によってグルカン分子の糖鎖の非還元末端に付加され，糖鎖が伸長する。SS はデンプン粒に強固に結合した granule-bound starch synthase（GBSS）と，可溶性の soluble starch synthase（SSS）に大別される〈注 16〉。

アミロペクチンでは，ブランチングエンザイム（branching enzyme，BE）による分枝の付加とデブランチングエンザイム（debranching enzyme，DBE）による枝切りが行なわれる。

BE 〈注 17〉はグルカン分枝酵素ともよばれ，アミロペクチンの枝分かれである α 1,6 グリコシド結合をつくる働きをする。これによって，アミロペクチン分子の基本構造がつくられるとともに，非還元末端の数を増やし，各グルカン鎖が同時に伸長することによってデンプン合成が促進される。

DBE 〈注 18〉はグルカン脱分枝酵素ともよばれ，BE とは逆にアミロペクチン分子の枝分かれ（α 1,6 結合）を加水分解する。

この酵素はデンプンの分解にも関与するが，デンプン合成ではアミロペ

〈注 17〉
高等植物では，BE Ⅰ と BE Ⅱ の 2 つのアイソフォームの存在が知られている。

〈注 18〉
高等植物の DBE は，基質特異性のちがいによってイソアミラーゼ型とプルラナーゼ型に分類される。トウモロコシやイネでは，イソアミラーゼ型の遺伝子が欠損すると正常な（整形された）アミロペクチンが合成されず，フィトグリコーゲン（phytoglycogen）とよばれるランダムな枝分かれをもつ可溶性グルカンが蓄積する。

クチンの分枝構造を整える働きをする。

4 ソース・シンク関係と相互作用

1 ソース・シンク関係

あるソース器官からあるシンク器官へ同化産物を受けわたす関係をソース・シンク関係（source-sink relationship）という。イネ科穀類を例にとると（図8-18），発芽するときは種子がソース器官であり，芽や根がシンク器官である。本葉が展開し栄養成長期にはいると葉身がソースになり，未展開の葉（未熟葉），新しい分げつ芽，根がシンクになる。生殖成長期にはいると穂（穎果〈注19〉）が巨大なシンクになる。また，茎葉（おもに葉鞘と稈）は，出穂前に余剰な光合成産物を非構造性炭水化物（non-structural carbohydrate, NSC）〈注20〉として一時的に蓄え，出穂後に穂に供給するので，出穂前はシンクであるが出穂後はソースとして機能する。このように，ソース・シンク関係は生育段階によって多様である。

〈注19〉
イネ科では種皮が種子に密着し，果実が種子のようにみえる。これを穎果とよぶ。なお，穎果に内穎，外穎がついているものを籾という。

〈注20〉
デンプン（イネ）やフルクタン（コムギなどの麦類）などの多糖類が主成分で，ショ糖，グルコース，フルクトースなど可溶性糖類も含まれる。

2 ソース・シンク相互作用

❶ ソース・シンク相互作用とは

ソース器官とシンク器官が同化産物を供給したり利用する能力をソース能（source ability），シンク能（sink ability）とよび，それぞれの容量と生理活性の積によってあらわされる。ソース能とシンク能は互いに影響しあう関係にあり，これをソース・シンク相互作用（source-sink interaction）という。

シンクの穂や果実を切除したり，ソースである葉の一部を被陰したり切除してシンクとソースのバランスをかえると，葉の光合成速度（ソース能）も変化する。穂や果実の除去などでシンク能を相対的に小さくすると葉の光合成速度は抑制され，逆に葉の一部除去などでシンク能を相対的に大きくすると残された葉の光合成速度は増大する。

こうした変化を転流からみると，シンクの光合成産物の消費能力の変化は転流速度に影響し，さらにソース葉の糖濃度に影響する。

これによってソース葉の光合成関連遺伝子の発現量や酵素活性が変化

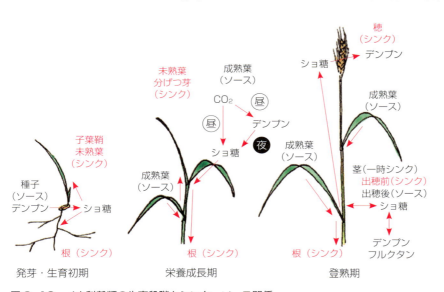

図8-18 イネ科穀類の生育段階とシンク・ソース関係
出穂前には葉鞘や稈の基部に余剰な同化産物が一時的に貯蔵され，出穂後に分解されて穂へ転流する

し，ソース能が変動すると考えられる。

❷ 器官形成も含めたソース・シンク相互作用

長期間，高 CO_2 環境におかれた植物では，光合成が抑制される例（光合成のダウン・レギュレーション）が報告されている。しかし，ジャガイモやダイコンのように大きなシンク能をもつ植物では，光合成は抑制されず，シンクがいちじるしく肥大する。

さらに，ソース葉を高 CO_2 環境にさらすと，シンクである未展開葉の気孔密度が減る例も報告されている。

このような，器官形成も含めたソース・シンク相互作用のメカニズムはまだ明らかになっていないが，ショ糖や単糖などの炭水化物やサイトカイニンなどの植物ホルモンが関与している可能性が考えられている。

5 収量形成過程と分配

1 転流と乾物分配率

1個体の作物には，ソースである成熟葉は複数あり，シンクである茎，根，子実・果実なども多数ある。ソースとシンクを結ぶ師管のネットワークはこれら全ての器官で連続しており，どのソースからどのシンクへも光合成産物が転流できる〈注21〉。そのため，シンク間で限られた光合成産物を奪い合っており，さまざまな割合で多数のシンクに分配されている。

シンクの成長は乾物重の増加としてとらえられるので，シンク間での同化産物の分配割合は乾物分配率としてとらえることができる。前項で述べた，生育ステージで各組織への乾物分配率が変化するだけでなく，高窒素条件で栽培すると茎葉への乾物分配率が高くなるなど環境要因でも変化する〈注22〉。

ここではイネ科穀類を例に，作物の成長や収量形成をソース・シンク関係と同化産物の転流・分配から考えてみる。

2 ソース能，シンク能と収量形成過程

イネ科穀類の収穫器官は穂（籾）で，これは巨大なシンクなので根など他のシンクとの競合は無視できる。穂に同化産物を供給するソースは2つあり，1つは出穂後の光合成産物を供給する成熟葉〈注23〉で，もう1つは出穂前に一時的にNSCやタンパク質を蓄えた茎葉（おもに葉鞘と稈）である。

ソース能とシンク能をサイズ（容量）と生理的活性の両面から検討すると，ソースのサイズ（ソース容量，source capacity）は出穂期の茎葉乾物重や葉面積指数であらわされるが，生理的活性（ソース活性，source activity）は個体群光合成速度，個体群の構造（葉の傾斜角度，吸光係数など），光合成にかかわる酵素の活性などに左右される。

また，転流糖（ショ糖）の合成速度や師管へのローディング効率もソース活性を左右する。

〈注21〉
局所的には，特定のソースとシンクのあいだに優先的な関係がある場合もありうる。

〈注22〉
このようにソース・シンク関係は多様かつ複雑なので，作物の生産性を同化産物の分配割合を指標にして解析・評価するには，ソース・シンク関係を明確にしながら検討する必要がある。

〈注23〉
ムギ類では内外頴や芒(のぎ(ぼう))も含む。

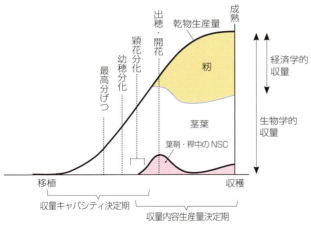

図8-19 イネの乾物生産量の増加過程と収量の決定
NSC：非構造性炭水化物

シンクのサイズ（シンク容量，sink capacity）は穂の籾数と大きさであらわされるが，生理的活性（シンク活性，sink activity）の実体はまだ明らかにされていない。現状では，転流糖のアンローディング，呼吸による消費，貯蔵物質（デンプン）の合成など，同化産物の輸送と代謝にかかわる酵素活性などから評価されることが多い。

このようにシンクとソースの生理的活性には，光合成によるCO_2固定，転流糖の転流・代謝，デンプン合成などが関係している。したがって，シンクとソースという概念によって，乾物生産や収量形成過程を代謝過程と結びつけてとらえることができる。

3 シンクとソースによる収量形成過程の考え方

シンクとソースによる収量形成過程の考え方は，次式のように示されている。

収量＝収量キャパシティ×収量内容生産量

収量キャパシティは収量の入れ物の容量で，単位面積当たりの総籾数と籾の大きさの積である。収量内容生産量は，登熟期の光合成による乾物生産量と，出穂・開花期までに稈・葉鞘に一時的に蓄えられ，出穂後に籾に転流・蓄積される乾物量の和である（図8-19）〈注24〉。収量形成過程をこの2つに分けることで，入れ物をつくる時期と内容物を充実させる時期に分けて検討することが可能になる。

収量キャパシティはシンク能（この場合はシンクの生理的活性を含まないのでシンクサイズ）とみることができ，収量内容生産量はおもに光合成産物を供給するソース能を反映しているが，一部シンクの生理的活性もかかわっていると考えられる。

4 収穫指数による収量の考え方

また，収穫部位がちがう作物を比較するための1つの指標として，作物の生育を乾物重（同化産物の蓄積量）の増加としてとらえ，収量をソース・シンク相互作用による収穫器官への乾物の分配率として考える方法がある。

この方法では，植物体全体の乾物生産量を生物学的収量，また収穫部分の乾物蓄積量を経済学的収量として，生物学的収量から経済学的収量にどれだけの比率で配分されたかを解析する。この配分比率を収穫指数（harvest index）といい次式で示される。

経済学的収量＝生物学的収量×収穫指数

〈注24〉
イネでは，収量キャパシティは出穂1週間前に決定されるが，収量内容生産量は出穂3週間前から出穂4週後までの期間で決定される。

この収量評価の方法は，光合成によってつくられた乾物重を基礎にしている点で合理的であり，また，ちがう作物間での比較が可能である（第1章1-4項参照）。しかし，収穫指数という概念は実体のない指数なので，この方法を活用するには収穫指数の決定にかかわる生理的過程を明らかにする必要がある。それには，ソースからシンクへの同化産物の移動，すなわち転流という考え方が有効である〈注25〉。

〈注25〉
たとえば図8-19で，出穂・開花期までに葉鞘・稈に蓄積したNSCは，出穂・開花期～登熟期にかけて一時的に減り，その後，再び増加（再蓄積）する。NSCの減る量は，葉鞘・稈から穂（籾）への同化産物の転流量（A）であり，同期間の籾の増加量（C）からAを差し引いた量が葉身からの光合成産物の転流量（B＝C－A）である。NSCの再蓄積は，シンク（籾）が一杯になったため葉身から葉鞘・稈へ転流した，余剰の光合成産物である。
このように，光合成産物の転流量を指標にすることで，籾の成長過程でのソース能を2つに分けて評価することができる。

6 光合成産物の転流と蓄積の遺伝的改良

1 転流糖の合成能力の遺伝的改良

近代のイネ科穀物の収量の増加は，作物の総乾物収量の増加より収穫指数の上昇によってもたらされた。したがって，大きなシンク（収穫部位）を確保し，光合成産物を効率よく分配・蓄積することが収量の増加につながると考えられる。

近年では分子生物学やゲノム学の発展によって，同化産物（転流糖）の合成・輸送・蓄積にかかわる酵素や輸送体が遺伝子レベルで明らかになってきた。これにともなって，遺伝子組換え技術によって作物のソース能，シンク能，転流機能を改良して，安定多収につなげようという試みが行なわれるようになってきた。

たとえば，トウモロコシのSPS遺伝子を導入した形質転換ジャガイモでは，葉内のSPS活性が数倍になるとともに，ショ糖の合成割合が高くなり，さらに塊茎収量（シンク能）が増える。このことは，ソース葉のショ糖の合成能を上げることで，塊茎への同化産物の転流量が増えたことを示している。

イネでは，葉身のSPS活性が高い'コシヒカリ'の染色体断片置換系統（第5章注16参照）は，'コシヒカリ'より一穂籾数が多くなることが示されている（図8-20，表8-2）。これも，ソース葉の転流糖（ショ糖）の合成能を高めることによってシンク能（この場合はシンク容量）が増え

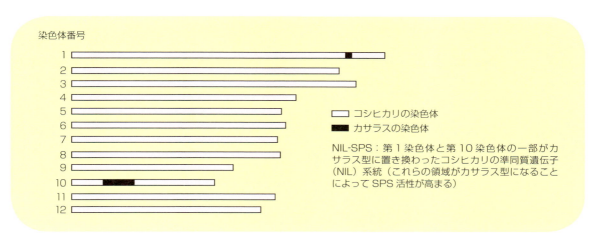

図8-20　イネの染色体断片置換系統の例（NIL-SPS）

表8-2 コシヒカリとNIL-SPSの収量と収量構成要素

	穂数 (本/㎡)	一穂籾数 (粒)	登熟歩合 (％)	籾千粒重 (g)	籾収量 (g/㎡)
コシヒカリ	379	82.1	87.2	27.9	756
NIL-SPS	365 (96)	116.7 (142)	72.3 (83)	25.8 (93)	795 (105)

注）カッコ内の数字はコシヒカリを100としたときの割合

〈注26〉
しかし，登熟歩合や籾千粒重が低下しており，収量は微増にとどまっている。つまり，本章5-3項で述べた収量内容生産量を増大させ，収量を改善する必要がある。

た一例である〈注26〉。

このように，転流糖の合成能力を遺伝的に改良し転流機能（転流効率）を改善することは，作物の生産性の向上の有効な手段の1つであると考えられる。

2 ソース能，シンク能の遺伝的改良

近年，量的形質遺伝子座（QTL）解析などの集団遺伝学的手法を用いて，ソース能とシンク能の遺伝子座の同定が試みられている。たとえば，イネでは個葉の光合成活性や茎部のNSC含量など，ソース能のQTLがいくつか報告されている。また，頴果のサイズ，一穂籾数，収穫指数のQTLも数多く報告されており，これらはシンク能の決定に関与していると考えられる。

こうしたQTLの発見によって，糖（炭素）だけでなく窒素の転流・分配・蓄積，さらには環境要因も含めた解析が可能になるので，QTL解析は安定多収をめざした作物の遺伝的改良に有効な手段である。

第9章 窒素の吸収・同化と窒素代謝

　窒素（N）は植物体の構成成分で，炭素（C），酸素（O），水素（H）についで多く含まれている。作物の収量は，窒素を根からのみ吸収するイネなどマメ科以外の作物だけでなく，根粒が固定した窒素も利用するマメ科作物も，収穫期までに吸収・同化した窒素の量と密接な関係がある（図9-1）。実際，多収をあげている世界の主要作物生産地の窒素施肥量は多い。また，肥料不足のため収量が低い地域も多い。

　このように窒素は作物の収量に大きく影響する。しかし，過剰な窒素施肥は，溶脱による地下水汚染や，河川や湖沼の富栄養化の原因になったり，温暖化ガスの亜酸化窒素（N_2O）の放出を増やすので，効率的な窒素施肥や窒素利用効率の高い品種を利用することが重要になる。

1 窒素の吸収と同化の過程

1 窒素吸収

　窒素は無機態の窒素化合物（アンモニウムイオン（NH_4^+）や硝酸イオン（NO_3^-））として土壌溶液に溶け，植物の根から吸収される。

　アンモニウムイオンや硝酸イオンの吸収には，これらのイオンに対す

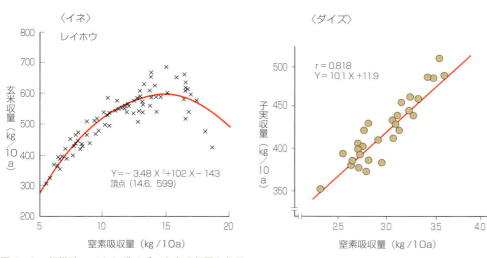

図9-1　収穫時のイネとダイズの窒素吸収量と収量
イネの場合，窒素吸収量が10a当たり15kgを過ぎると収量が減っていくが，これは窒素過多による倒伏などの影響による

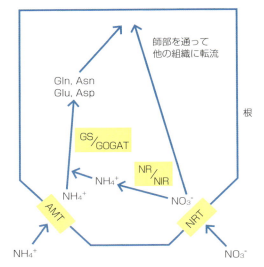

図9-2　アンモニアと硝酸の吸収・同化・移送過程
Asn：アスパラギン，Asp：アスパラギン酸，Gln：グルタミン，Glu：グルタミン酸，AMT：アンモニウムトランスポーター，NRT：硝酸トランスポーター，GS/GOGAT：GSおよびGOGATによる窒素同化系，NR/NIR：NRおよびNIRによる硝酸のアンモニアへの還元

る親和性が高く低濃度で効率的に働く輸送系（high affinity transport system，HATS）と，親和性は低いが高濃度で濃度に比例して吸収速度が高まり輸送速度の高い輸送系（low affinity transport system，LATS）がある。

　この輸送系には他のイオンの吸収と同じようにトランスポーターがかかわり，それぞれアンモニウムトランスポーター（ammonium transporter，AMT），硝酸トランスポーター（nitrate transporter，NRT）とよばれている。また，HATSとLATSはそれぞれ特異的なトランスポーターが関与している。

　トランスポーターには，窒素飢餓条件で発現するものや窒素投与によって発現するものがあり，それぞれ窒素不足への適応，潤沢な窒素条件での活発な吸収にかかわっていると考えられている〈注1〉。

2 硝酸代謝
❶硝酸はアンモニアに還元されて代謝される

　作物が土壌から吸収する窒素は，畑のような好気的条件では硝酸イオン（NO_3^-）であり，水田のような嫌気的条件ではアンモニウムイオン（NH_4^+）である〈注2〉。窒素が硝酸イオンの形で吸収されると，アンモニア（NH_3）に還元され，土壌から吸収されたアンモニアと同じ経路で同化・代謝される（図9-2）。

　硝酸からアンモニアへの還元は，まず細胞質にある硝酸還元酵素（nitrate reductase，NR）によって亜硝酸（NO_2^-）に還元されたのち，葉緑素を含まない細胞内小器官であるプラスチドにある亜硝酸還元酵素（nitrite reductase，NiR）によってアンモニアに還元される（図9-3）。亜硝酸は毒性が高いため，亜硝酸の蓄積がおこらないよう両者は協調的に制御されている。

〈注1〉
トランスポーターは生体膜を通して栄養素の輸送をになうタンパク質のことで，膜輸送体（Membrane transport protein）ともいう。トランスポーターは根の吸収だけでなく，他の器官でのアンモニウムイオンや硝酸イオンの輸送にもかかわっている。イネのAMTにはいくつかのアイソジーン（異なる遺伝子であるが同じAMTとしての機能をもつもの）があり，AMT1は根でのみ発現しているが，AMT2とAMT3は地上部でも発現している。根や茎の中心柱で発現しているNRTは吸収でなく地上部への転流にもかかわっている。

〈注2〉
畑土壌は好気的なので酸化状態になっており，アンモニウムイオンは酸化されて硝酸イオンになっている。湛水されている水田土壌は嫌気的なので還元状態になっており，アンモニウムイオンは酸化されない。

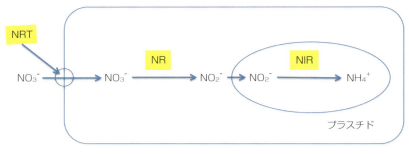

図9-3　硝酸イオン（NO_3^-）の吸収・同化過程
硝酸として吸収・転流されたものも葉などの細胞で同様の経路で還元される。その場合，亜硝酸還元酵素は葉緑体に存在する
NRT：硝酸トランスポーター，NR：硝酸還元酵素，NiR：亜硝酸還元酵素

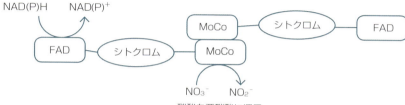

図9-4 硝酸還元酵素（NR）による硝酸還元の過程
NAD：ニコチンアミドアデニンジヌクレオチド，NADH：NADの還元型，NADP：ニコチンアミドアデニンジヌクレオチドリン酸，NADPH：NADPの還元型，FAD：フラビンアデニンジヌクレオチド，MoCo：モリブデンコファクター

❷ 硝酸から亜硝酸への還元（硝酸還元）

● 硝酸還元の過程

硝酸の亜硝酸への還元は，NAD(P)H〈注3〉を電子供与体〈注4〉とした硝酸還元酵素の働きによって行なわれる。

$$NO_3^- + NAD(P)H + H^+ + 2e^- \rightarrow NAD(P)^+ + NO_2^- + H_2O$$
e^-：電子

高等植物の硝酸還元酵素には，NADHを電子供与体とする酵素と，NADH，NADPHの両者を電子供与体とする酵素の2つがある。これらの酵素は，FAD〈注5〉，シトクロム〈注6〉，Mo〈注7〉を含み，NAD(P)Hから得た電子（還元力）は，この順に酵素内を流れ，硝酸が亜硝酸に還元される（図9-4）。

● 硝酸還元酵素活性の調節

硝酸還元酵素は，硝酸や光などの環境要因によってその活性が調節されている（図9-5）。硝酸態窒素を与えずに植物を育てると，硝酸還元酵素の活性はきわめて低いが，硝酸態窒素を与えると活性が急速に高まる。その原因は，硝酸態窒素によって硝酸還元酵素のmRNA転写が急激に促進され，タンパクの合成も増えるためである。

葉では光によっても硝酸還元酵素の活性が高まるが，これは酵素の翻訳後の活性調節によっており，硝酸還元酵素のリン酸化〈注8〉酵素，脱リ

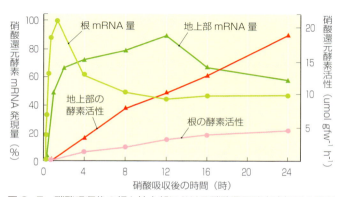

図9-5 硝酸吸収後の根と地上部における硝酸還元酵素遺伝子の発現と酵素活性の変化（Bloom, 2002を一部改変）

〈注3〉
NADHはNAD（ニコチンアミドアデニンジヌクレオチド，nicotinamide adenine dinucleotide）の還元型。NADPHはNADP（ニコチンアミドアデニンジヌクレオチドリン酸，nicotinamide adenine dinucleotide phosphate）の還元型。両方とも，酸化還元反応で電子の伝達を行なう補酵素の一種で，多くの還元的な反応に水素と電子を伝達する。

〈注4〉
酸化還元反応で電子を提供する側の化合物の総称で，電子を受け取る「酸化型」と電子を与える「還元型」がある。電子伝達体ともいう。

〈注5〉
フラビンアデニンジヌクレオチドの略。補酵素として働き，基質から電子受容体への電子伝達に関与する。

〈注6〉
電子の授受によるヘム鉄の価数（2価，3価）の可逆的変化で酸化還元反応を行なうタンパク質。含有しているヘムの種類によってa，b，c，dなど多数ある。

〈注7〉
モリブデン複合体。動植物の組織に低濃度で含まれている微量要素。モリブデンが欠乏すると硝酸還元に障害がおこり葉が白化する。

〈注8〉
有機化合物，とくにタンパク質のセリン残基などにリン酸基を付加させる化学反応である。このことにより，酵素活性が上昇したり，逆に低下したりする。

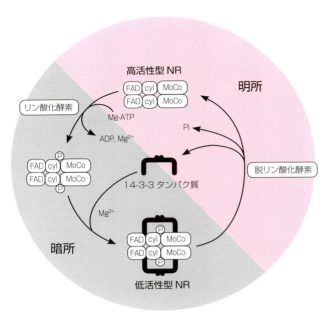

図9-6 硝酸還元酵素（NR）の明暗変化による翻訳後の活性調節機構（小俣, 2001を一部改変）
NRの活性はリン酸化によって低下するのではなく, 14-3-3タンパク質がリン酸化したNRを認識して結合することによって低下する

⟨注9⟩
リン酸化されたタンパク質のリン酸基を取り除く反応。リン酸化と逆の効果がある。

⟨注10⟩
14-3-3タンパク質は, 酵母や植物からほ乳類の細胞内に存在し, タンパク質のリン酸化, 脱リン酸化反応にかかわるさまざまなシグナル伝達を調節している。

⟨注11⟩
鉄と硫黄を含み電子伝達を行なうタンパク質。電子を受け取った状態が還元型。受けわたした状態が酸化型。

⟨注12⟩
解糖系（glycolysis, グルコースを有機酸に分解し, グルコースのエネルギーを生物が使いやすい形に変換していく代謝過程）の1経路で, NADPHや核酸の生合成に必要なデオキシリボース, リボースなどの生成に関係している（第7章1-2-②項参照）。

ン酸化⟨注9⟩酵素および「14-3-3」と呼ばれるタンパク質⟨注10⟩が関与する可逆的反応である（後述）。

硝酸による硝酸還元酵素の翻訳・合成促進と, 光による翻訳後の活性の両者が同時に作用することによって, 硝酸還元酵素活性が飛躍的に向上する。

● 硝酸還元酵素活性の日変化

光によって硝酸還元酵素の活性が影響されるので, 葉の硝酸還元速度は日変化し, 明期に高く暗期に低い。この日変化は, 硝酸還元酵素の量と活性の両方の日変化によっておこる。このうち, 量の日変化は硝酸還元酵素の合成・分解がきわめて速く, 時間単位でおこっているためである。

活性の日変化をみると, 暗くなると, 活性は20～30%まで低下するが, これは酵素のセリン残基がリン酸化され, つづいて14-3-3タンパク質が結合して活性を低下させるためである。光が当たると, 脱リン酸化酵素によって脱リン酸化され, 14-3-3タンパク質も外れて高活性型にかわる。すなわち, 硝酸還元酵素活性の変化はリン酸化, 脱リン酸化および14-3-3タンパク質の結合と分離で調節されている（図9-6）。

❸ 亜硝酸からアンモニアへの還元（亜硝酸還元）

● 亜硝酸還元の過程

硝酸還元によってできた亜硝酸は, 亜硝酸還元酵素によってアンモニアに還元される（図9-3）。

$$NO_2^- + 6 Fd_{red} + 6e^- + 8 H^+ \rightarrow NH_4^+ + 6 Fd_{ox} + 2 H_2O$$

Fd_{red}：フェレドキシン還元型, Fd_{ox}：フェレドキシン酸化型, e^-：電子

亜硝酸は植物にとって有害なので, できた亜硝酸はただちにアンモニアに還元され, 植物体内の亜硝酸濃度はきわめて低く維持されている。

亜硝酸還元酵素は, 光合成を行なう緑色細胞では葉緑体に, 光合成を行なわない非緑色細胞では葉緑素を含まない細胞内小器官であるプラスチドにある。したがって, 細胞質にある硝酸還元酵素によって硝酸から還元された亜硝酸は, すみやかに葉緑体やプラスチドに輸送されてアンモニアに還元される。

● 亜硝酸還元の電子供与体

電子供与体は, 葉では昼間は光合成の光化学系Ⅰから電子を受け取ったフェレドキシンの還元型⟨注11⟩が利用される。根など光合成を行なわない非緑色組織や夜間の葉では, ペントースリン酸経路（PP経路）⟨注12⟩

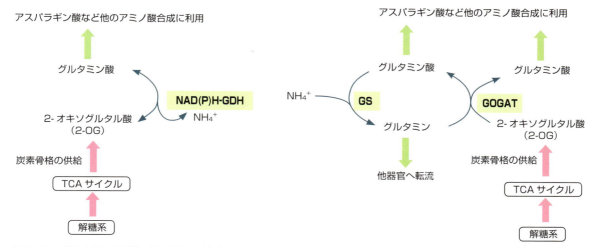

図9-7 グルタミン酸デヒドロゲナーゼ（GDH）による窒素同化過程

図9-8 グルタミン合成酵素（GS）およびグルタミン酸合成酵素（GOGAT）による窒素同化過程

で合成された NADPH からつくられるフェレドキシンの還元型が利用される。

3 アンモニアの同化と代謝

アンモニアも毒性が高いので，根で直接吸収されたり硝酸イオンから還元されたアンモニア，後述する窒素固定や光呼吸でつくられたアンモニアは，ただちにアミノ酸やアミドに同化され，その後転流されたりタンパク質に合成される。そのため，植物体内のアンモニア濃度も低く保たれている（図9-2）。

❶アンモニア同化
●アンモニア同化の2つの経路

アンモニアの同化は，グルタミン酸脱水素酵素（glutamate dehydrogenase, GDH）による経路と，グルタミン合成酵素（glutamine synthetase, GS）とグルタミン酸合成酵素（glutamate synthase, GOGAT）による2段階の経路の2つある。

〈GDH による経路〉（図9-7）

2-オキソグルタル酸＋NH_3＋NAD(P)H → グルタミン酸＋H_2O＋NAD(P)$^+$ ……（1）

〈GS と GOGAT による経路〉（図9-8）

グルタミン酸＋NH_3＋ATP → グルタミン＋ADP＋Pi ……（2）

グルタミン＋2-オキングルタル酸＋2 Fd_{red}（または NAD(P)H$^+$）
→ 2グルタミン酸＋2 Fd_{ox}（または NAD(P)）……（3）

ATP：アデノシン三リン酸，ADP：アデノシン二リン酸，Pi：無機リン酸

従来は，GDH の経路のみと考えられていた。しかし，植物根に NH_4^+ を与えると，まずグルタミンのアミド基にNがはいることと，GS は GDH よりアンモニアに対する親和性が高いことなどから，GS によるアンモニアのグルタミンへの取り込み（（2）式）と，それにつづく GOGAT によるグルタミン酸の合成（（3）式）の，2段階の反応によってアンモニアが同化されることが明らかになり，現在ではこの2段階の経路（GS/GOGAT 系）が植物における窒素同化の主経路と考えられている。

このようにして，根から吸収された硝酸やアンモニアはグルタミン酸にまで同化され，その後アミノ基転移酵素（aminotransferase）によってさまざまなアミノ酸が合成される。

● グルタミン合成酵素（GS）の働き

葉の GS には細胞質に含まれている GS1 と，葉緑体に含まれている GS2 がある。GS2 を人為的に欠損させた変異体は，光呼吸がおさえられる低 O_2 条件でしか生育できないので，GS2 の重要な機能は後述する光呼吸でできたアンモニアの葉緑体内での再同化であると考えられている。また，葉の成長と老化にともなう GS2 の量的変化は，光合成の重要な炭酸固定酵素であるルビスコ（Rubisco）の量的変化とほぼ対応しており，このことからも光合成と光呼吸で生じたアンモニアの再同化が密接に関連していると考えられている。

細胞質に含まれている GS1 は，緑色細胞に加えて維管束での活性も高く，GS2 より遅れて活性が低下していく。そのため，葉が老化するとタンパク質が分解されてアミノ酸ができるが（後述3-3項参照），それを転流形態であるグルタミン酸やグルタミンに合成していると考えられている。

根にも細胞質型の GS1 が含まれているが，葉でおもに発現する GS1 と性質が異なっている。イネの根の GS1 は外皮細胞と表皮細胞の表層2層に多く含まれ，GOGAT とともにアンモニア吸収にかかわっていると考えられている。

● グルタミン酸合成酵素（GOGAT）の働き

GOGAT は葉緑体やプラスチドに局在し，葉では光合成の光化学系Ⅰから電子を受け取った還元型フェレドキシン，根では NADPH によってつくられる還元型フェレドキシン様物質を電子供与体としている。

GOGAT は若い展開中の葉身にも多く含まれているが，このおもな機能は，転流されてくるグルタミンからグルタミン酸を合成することである。

❷ 光呼吸によるアンモニアの生成と同化

C_3 植物では，光合成と同時に光呼吸が行なわれている（第6章1-4-③項参照）。光呼吸でグリシンからセリンがつくられる過程では，二酸化炭素の放出だけでなくアンモニアもつくられる。つくられる量は，光合成に対する光呼吸や暗呼吸の割合，植物体の CN 比（炭素量と窒素量の比率，炭素率ともいう）などから考えると，根から吸収された硝酸やアンモニアの量の10倍以上にもなる。

つくられたアンモニアは，葉緑体の GS2 による GS/GOGAT 系によっ

てグルタミン酸に同化され，有毒なアンモニア濃度は低く維持される。

2 共生窒素固定

1 共生菌と生物的窒素固定

　高等植物は大気中に 80 % 近く含まれる窒素ガス（N_2）を直接利用することができない。しかし，原核生物である一部の細菌やラン藻は，酵素反応によって大気中の窒素ガスをアンモニア（NH_3）に還元することができる。これを生物的窒素固定（以下，窒素固定（nitrogen fixation）と略す）という。

　窒素固定を行なう細菌（窒素固定細菌）やラン藻には，独立して生育するものと高等植物と共生関係をもちながら生育するものがある。マメ科植物には根粒菌〈注13〉，ハンノキには放線菌，シダ植物の一種であるアゾラ（アカウキクサ）にはラン藻などが共生し，高等植物から光合成産物の提供を受けながら窒素固定を行ない，高等植物にアンモニアを提供している。このような共生関係による窒素固定を共生窒素固定という。

　マメ科の植物では根にできる根粒が共生の場所であるが，湿性のマメ科植物であるセスバニアでは茎にできる茎粒が共生の場所になっている。

　また，サトウキビ，トウモロコシ，コムギなどイネ科植物の組織内や根圏〈注14〉にも窒素固定細菌が生息しており，植物から光合成産物の供給を受けながら窒素固

〈注13〉
根粒菌には *Rhizobium* 属，*Bradyrhizobium* 属など多くの属があり，宿主によって共生する根粒菌の種類がちがう（表9-1）。

〈注14〉
根の影響を受ける土壌領域のことで，一般には根から数ミリから1cm程度の範囲である。根の影響がない非根圏より栄養源が多いので微生物が多く生息している。

表9-1　宿主と根粒菌の特異的関係

グループ	窒素固定細菌	宿主植物
根粒菌とマメ科植物	*Rhizobium*	アルファルファ，エンドウ，ベッチ，インゲン，クローバーなど
	Bradyrhizobium	ダイズ，カウピーなど
	Mesorhizobium	ミヤコグサなど
	Azorhizobium	セスバニア（茎粒）
根粒菌と非マメ科植物	*Bradyrhizobium*	Parasponia

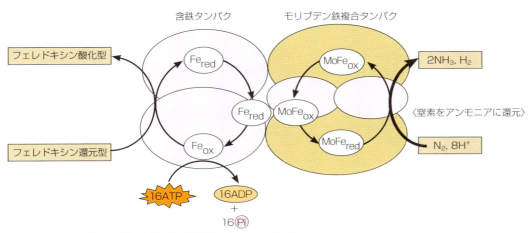

図9-9　ニトロゲナーゼによる窒素固定反応（Bloom, 2002）
ATPのエネルギーによってフェレドキシン還元型が酸化型の含鉄タンパクを還元する。還元された含鉄タンパクは，モリブデン鉄複合タンパクを還元する。還元されたモリブデン鉄複合タンパクが，窒素をアンモニアに還元する

Fe_{red}：還元鉄，Fe_{ox}：酸化鉄，$MoFe_{red}$：還元型モリブデン鉄複合タンパク，$MoFe_{ox}$：酸化型モリブデン鉄複合タンパク，ATP：アデノシン三リン酸，ADP：アデノシン二リン酸，Pi：無機リン酸

定を行ない，固定された窒素化合物は植物側に移行する。

2 生物的窒素固定反応

窒素固定は，窒素固定生物がもっているニトロゲナーゼ（nitrogenase）によって行なわれるが，ニトロゲナーゼは以下のような反応で空気中窒素をアンモニアに変換する（図9-9）。

$$N_2 + 16ATP + 8e^- + 8H^+ \rightarrow 2NH_3 + H_2 + 16ADP + 16Pi$$

ニトロゲナーゼは基質特異性がゆるく多くの二重結合，三重結合をもつ化合物を還元する。このため，アセチレン（C_2H_2）を窒素固定生物に与えてニトロゲナーゼによるエチレン（C_2H_4）生成を測定する方法（アセチレン還元法）は，窒素固定活性の測定に利用されている。

3 根粒の形成

❶ 根粒の形成過程

根粒（root nodule）の形成は，宿主であるマメ科植物の根と根粒菌から分泌されるシグナル物質による相互の情報交換によって行なわれ，それにかかわる遺伝子も同定されている。シグナル物質は根粒菌やマメ科植物の種類によってちがい，マメ科植物の種類によって共生する根粒菌の種類もちがう。

根粒の形成過程を図9-10に示した。根に根粒菌が接近すると，根からフラボノイドの一種が合成・放出され，それに刺激された根粒菌からNodファクター（Nod factor）とよばれる物質が合成・放出される。Nodファクタの刺激で根毛のカーリング（curling），感染糸の形成，根粒原基の形成などがおこる。

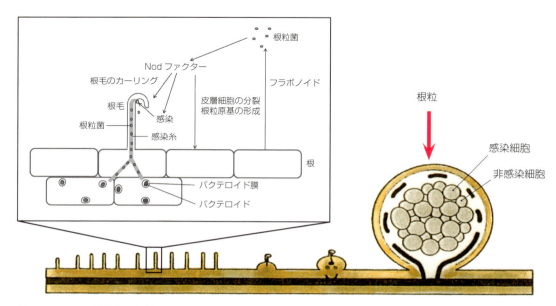

図9-10 マメ科植物の根粒形成過程 （川口，2007を一部改変）

根に接近した根粒菌が根毛に接着すると，根毛の先端が根粒菌をとりかこんで丸くなり（カーリングという）閉じ込める。根粒菌はそこから根毛内へ侵入し〈注15〉，増殖しながら感染糸〈注16〉を通って根の皮層細胞でつくられた根粒原基細胞に到達し，細胞内に放出される。

根粒原基細胞は分裂をくり返して根粒菌感染細胞になる。そのなかの根粒菌は増殖を停止してバクテロイドとよばれる共生に特徴的な形に変化し根粒がつくられる。バクテロイドは大型の特殊な形をしており，宿主細胞の細胞質由来のバクテロイド膜で包まれて，根粒感染細胞のなかの細胞内小器官のように存在して窒素固定をはじめる。根粒はこのような根粒菌を含む感染細胞と，含まない非感染細胞からなる。

❷ レグヘモグロビンの働き

根粒内部は，根粒菌感染細胞で大量に生産されるレグヘモグロビンによって赤くなっている。レグヘモグロビンは酸素を吸着して根粒内部の酸素濃度を低く保ち，酸素があると活性が失われるニトロゲナーゼを保護している。それとともに，ニトロゲナーゼの窒素固定に大量に使われるエネルギーをつくるための酸素を輸送する。

根粒内には維管束もつくられ，根の維管束と連絡し，根粒への光合成産物，根粒からの窒素化合物の輸送をになっている。

❸ 有限型根粒と無限型根粒

根粒は根粒先端に明瞭な分裂組織をもつかどうかで，細長い円筒形の無限型と球形の有限型に分類される。ダイズ，インゲンなど熱帯型マメ科植物では有限型根粒を，エンドウ，クローバーなどの温帯型マメ科植物では無限型根粒をもつ（表9-2）。

無限型根粒では先端に分裂域をもち，基部に向かって共生の発達段階のちがう細胞ができるため細長い形になるが，有限型では細胞分裂は根粒形成初期にかぎられていて，分裂域をもたないため球形の根粒になる。両者は，窒素固定によってできたアンモニアの代謝過程もちがう（次項参照）。

4 固定窒素の代謝

根粒のバクテロイドでニトロゲナーゼによって窒素固定されたアンモニアは感染細胞内の細胞質に放出され，GS/GOGAT系でグルタミンに合成される。

温帯型マメ科植物では，グルタミンからグルタミン酸などを経てアミド（アスパラギン）に合成され，道（導）管を通って植物側へ転流される。アスパラギン合成が感染細胞と非感染細胞のどちらで行なわれるかは，まだはっきりしていない。熱帯型マメ科植物では，感染細胞内でグルタ

〈注15〉
これを感染という。

〈注16〉
感染糸は，根毛細胞のゴルジ体から生じる小胞でつくられ伸長する。

表9-2　マメ科作物と根粒などとの関係

	おもな作物	根粒の形	転流物質
熱帯型マメ科作物（ウレイド型）	ダイズ，カウピー，インゲン，ラッカセイ	有限型根粒で球形に近い	ウレイド（アラントイン，アラントイン酸）
温帯型マメ科作物（アミド型）	アルファルファ，クローバー，エンドウ	無限型根粒で細長い円筒形	アミド（おもにアスパラギン）

例外：ミヤコグサ（有限型根粒だがアミド型）

ミンから尿酸へ代謝されたのち，非感染細胞に移行してウリカーゼによってウレイド（アラントイン，アラントイン酸）に合成され，道管を通って植物体側に転流される。前者は，アミド型植物，後者はウレイド型植物とよばれる。（図9-11，表9-2）。

アスパラギンは1分子中にNを2分子，アラントイン，アラントイン酸は4分子含んでいるので（図9-12），固定された窒素はウレイドの形のほうが効率的に転流される。

5 窒素固定速度に影響する要因
❶土壌水分，CO_2濃度，光強度の影響

根粒の窒素固定速度は，環境要因や植物の状態によって影響を受ける。

窒素固定にはエネルギーが必要なので，酸素は不可欠である。そのため，冠水した土壌や極端に気相率の小さい土壌では，利用できる酸素量が不足して窒素固定が抑制されるだけでなく，根粒の着生・生存も悪くなる。

また，土壌水分が不足した場合は，根粒の窒素固定活性への直接的な影響と光合成の低下によって植物の成長が遅れる。さらに，エネルギー源や炭素源になる光合成産物の不足による間接的な影響もある。

CO_2濃度や光強度を高めるなどによって光合成速度を高めると，窒素固定速度も高まる。しかし，増えた光合成産物が直接的に根粒の窒素固定を促進するというより，植物や根粒の成長が促進されることによる。また，窒素固定速度は日変化もするが，光合成の日変化の影響というより，温度の日変化の影響と考えられている。

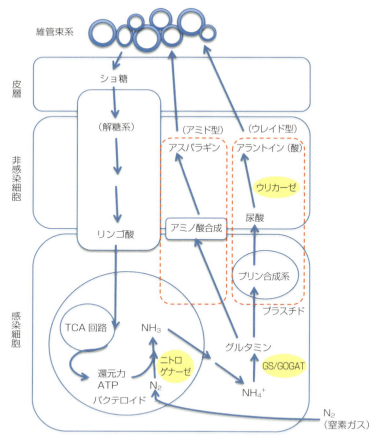

図9-11 根粒での窒素固定，代謝の概略図 (河内，2001を一部改変)

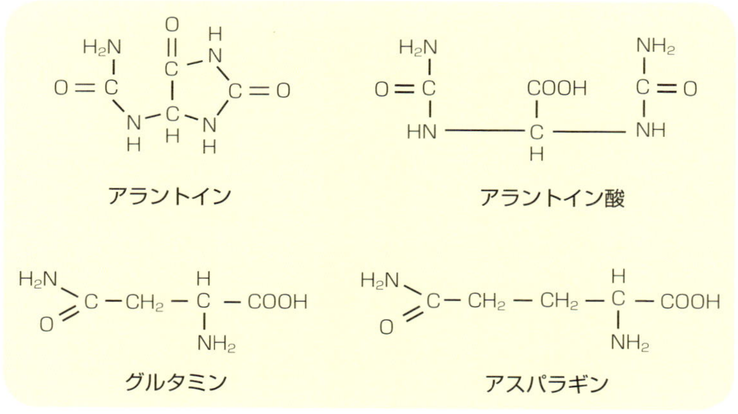

図9-12 アラントイン，アラントイン酸，グルタミン，アスパラギンの構造式

❷ 硝酸態窒素の影響

土壌中に硝酸態窒素が大量に含まれていたり、施肥によって硝酸態窒素濃度が高くなると、窒素固定が阻害されることはよく知られている（表9-3）。硝酸イオンの代謝にエネルギーが使われて、根粒の形成・窒素固定に必要なエネルギーが十分供給されないためにおこると考えられている。

阻害は、根毛への根粒菌の感染、根粒の発達、ニトロゲナーゼの遺伝子発現および活性、バクテロイドの機能維持などさまざまな場面でおこる。

また、根粒がついている根に硝酸を与えると一時的に根粒の成長が抑制されるが、硝酸を除くとすぐに回復する。しかし、長期に硝酸を与えつづけると根粒が崩壊してしまう。

表9-3 ラッカセイの根粒着生、窒素固定と水耕液の硝酸（NO_3）濃度の関係
（大門・堀、1996より抜粋）

NO_3 (ppm)	根粒数 (個体当たり)	根粒重 (mg/根粒)	アセチレン還元能 (μM/時/個体)	アセチレン還元能 (μM/時/根粒重 g FW)	植物体窒素量 (mg/個体)
10	167	3.6	3.8	6.3	80
50	273	2.4	6.5	10.2	214
100	245	1.5	3.3	9.1	248
200	126	1.5	0.8	4.4	229

注）アセチレン還元能は窒素固定速度を示す指標

6 窒素固定の積極的利用

❶ 生育過程での窒素固定量の変化

植物の生育にともなって窒素固定量は変化する。生育初期は根粒が少ないだけでなく、根粒重当たりの窒素固定速度も低いため、植物体当たりの固定量は少ない。その後、根粒重も根粒重当たりの窒素固定速度も高まるので、植物体当たりの固定量が多くなる。

しかし、莢の肥大がはじまるころから根粒重当たりの窒素固定速度が低下しはじめ、植物体当たりの固定量も低下する（図9-13）。低下の原因は、根粒と種子の光合成産物の競合と、根粒が老化するためである。

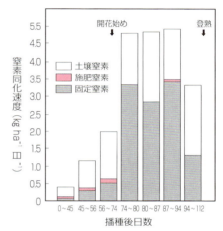

図9-13 ダイズの生育と土壌窒素、施肥窒素、固定窒素の同化量の推移
（Zapata, 1978）

❷ 効果的な窒素施肥

マメ科作物への窒素施肥には、前述したように硝酸体窒素による窒素固定の阻害という問題がある。しかし、生育初期の窒素施肥は、窒素固定能力を獲得する前の植物体の初期生育を促進することによって、植物個体当たりの根粒を増やすというプラスの効果がある（スターター施肥）。

また、莢の肥大が開始する生育後期には、根粒の活性が低下するため、この時期の窒素追肥も収量を高める効果がある。

❸ 窒素固定の積極的利用

窒素固定の利用は環境負荷の小さい農業への貢献が期待されるが、根粒の着生数はオートレギュレーション〈注17〉というメカニズムによって制御されている。

硝酸態窒素があっても根粒をつけるというダイズの変異体が知られてい

〈注17〉
マメ科植物と根粒菌の共生のバランスを維持するためにもっている、根粒形成の制御システムのこと。根粒から根を通して地上部に送られる「感染シグナル」と、地上部から根に送られ、過剰な根粒の形成をおさえる「オートレギュレーションシグナル」の相互作用によって制御されている。

る。この変異体はオートレギュレーションが消失したためと考えられているが,根粒の窒素固定量は必ずしも多くない。窒素固定の積極的利用には,植物の成長とのバランスも考慮していく必要がある。

3 個体での窒素代謝過程

1 窒素の吸収と根の成長

❶植物の窒素吸収能力

窒素は,他の養分と同じように,無機窒素化合物（NH_4^+, NO_3^-）として土壌溶液に溶け,根圏を移動して吸収されることは前述した。したがって根の窒素吸収量は,根圏の土壌溶液の無機窒素の濃度と根の吸収能力,さらに根域の拡大に左右される。

作物栽培で施肥を行なわなければ,土壌中の無機窒素はきわめて低濃度になる。そのため,このときの植物の窒素吸収量を決める要因は,単位土壌当たりの有機窒素化合物の無機化量と根域の大きさである。

しかし,個体や品種などの窒素吸収量のちがいを,根の窒素吸収能力のちがいか,吸収した窒素をもとに根域を拡大する能力のちがいかに分けて判断することは,両者が密接に関連しているためむずかしい。

ただし,複数の個体や品種の根が混在しているときは,それぞれの根域はすでに確保されていると考えられるため,根域拡大能力より吸収能力の高いほうが有利だと考えられる。

❷窒素栄養と根の成長

植物への窒素供給量が少ないと,地下部への光合成産物や窒素の分配率は高まり,根の成長を促し根域の拡大につながる。これは,根で吸収された窒素がまず地下部で優先的に利用され,残りが地上部へ回されるためと

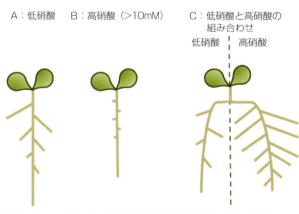

図9-14 シロイヌナズナの根系発達と硝酸イオン濃度
(Bouguyon et al., 2012)
硝酸態窒素が不足していると側根が発達し（A）,十分だとあまり発達しない（B）。しかし,根を2つに分け,硝酸態窒素を一方には十分,もう一方には不足,全体としてはやや不足ぎみに与えると,十分与えられた根のほうが側根がよく発達する（C）

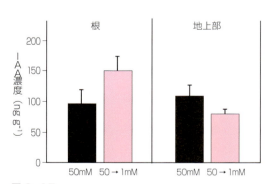

図9-15
硝酸トランスポーターによるオーキシン（IAA,インドール酢酸）の制御 (Walch et al., 2006)
シロイヌナズナの幼植物を50mMの亜硝酸カリウム（KNO_3）溶液で生育させた場合と,その後1mMKNO₃溶液に移し24時間後の,根と地上部のIAA濃度
1mMにすることによって根の硝酸トランスポーターが活性化して,オーキシン濃度が高まったと考えられる

されてきた。しかしこれでは，図9-14のCで示されている，側根が窒素の不足する根ではなく十分に与えられた根で発達するということは説明できない。

近年，窒素栄養状態と根の成長の関係について，硝酸トランスポーターやアンモニウムトランスポーターの制御に植物ホルモンがかかわっていることが示唆されている（図9-15）。

土壌中で硝酸体窒素の濃度にムラがあると，積極的に窒素を吸収するために，より高濃度の部分から根系が発達する。これは，高濃度部分にある根のオーキシン濃度が高まり，根系の発達をうながしていると考えられている。このような制御が，土壌中の養分のムラへの根系の反応や，窒素吸収量の多い品種の根域の拡大能力につながっている可能性も考えられる。

2 窒素の転流・分配

❶ 転流

吸収された窒素がアンモニア態の場合は，アンモニアは根のGS/GOGAT系でただちにグルタミンやグルタミン酸に同化され，アンモニアのままで含まれているものは少ない。硝酸態窒素の形で吸収された場合は，一部は硝酸還元酵素，亜硝酸還元酵素によってアンモニアに還元され，その後はアンモニア態での吸収と同じ経路をたどる。残りは硝酸のままで転流される。

吸収されたアンモニアや硝酸の同化によってつくられたグルタミンやアミノ酸の一部は地下部でタンパク合成に利用され，残りの大部分はアミド（グルタミン，アスパラギン）およびグルタミン酸，アスパラギン酸などのアミノ酸として地上部に転流される。

根から地上部への物質の転流は道管によって行なわれるが，その流れの力はおもに葉からの蒸散によってできる，根から葉に向かう水流である。しかし，成長点や子実，イネ科植物の抽出していない葉などは蒸散速度はきわめて低いため，道管による転流は期待できない。このような器官では種子，老化葉などに貯蔵されているタンパク質の分解産物であるアミノ酸やアミドが師（篩）管を通して転流される（図9-16）。

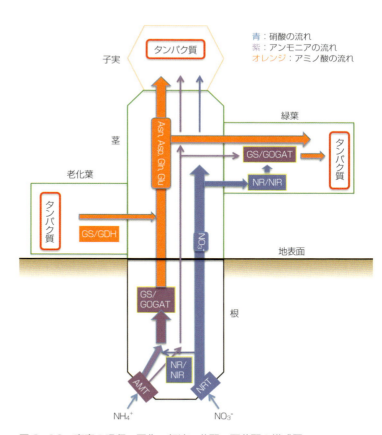

図9-16 窒素の吸収，同化，転流，分配，再分配の模式図
(Xu et al., 2012を一部改変)
略称については図9-2, 7を参照

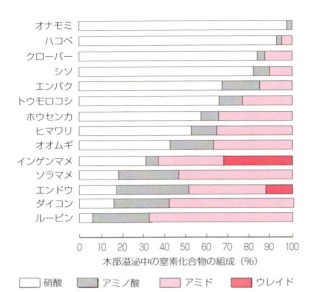

図9-17
硝酸態窒素を吸収している各種草本植物の木部溢泌液中の窒素化合物の組成割合 (Pate, 1973)

❷ 転流される窒素化合物の種類

根から地上部に転流される窒素化合物は植物の種類によってちがい，木部道管の溢泌液（いっぴつえき）を調べるとある程度知ることができる（図9-17）。オナモミ，ハコベでは，ほとんどが硝酸態窒素であり，エンドウ，ダイコン，ルーピンでは硝酸態窒素は少なく，有機窒素化合物であるアミノ酸，アミド，ウレイドがほとんどである。前者では硝酸態窒素はほとんど地上部で還元されるが，後者では根で還元される割合が高いためである。

なお，土壌中の硝酸態窒素濃度が高いと，植物の種類に関係なく木部溢泌液の硝酸態窒素の割合は高くなる。

❸ 転流された窒素の分配

吸収・同化された窒素は，栄養成長期には光合成をになうソース葉に多く分配される。葉に分配された窒素は，おもに光合成にかかわる酵素の生産に利用される。

イネ（C_3植物）では，葉に分配された窒素の27％が炭酸固定酵素であるルビスコ（Rubisco）に分配される。それに対して，トウモロコシ（C_4植物）では，効率の高い炭酸固定酵素であるPEPC〈注18〉に2.8％が分配され，ルビスコには8.5％の分配にとどまっている。そして，より多くの窒素を光化学反応系のタンパク質に分配し，高い光合成を実現している（図9-18）。

〈注18〉
ホスホエノールピルビン酸（PEP）カルボキシラーゼ。二酸化炭素を固定してオキザロ酢酸の合成を触媒する酵素。C_3植物の炭酸固定酵素であるルビスコより二酸化炭素への親和性が高く，高い光合成速度を実現できる。また，乾燥で気孔があまり開かないような状態でも，CO_2を効率的に取り込むことができるため，C_4植物は乾燥地域に適応している（第6章参照）。

❹ 地上部から地下部への転流

根から吸収された窒素は地上部へ送られるが，逆に地上部から根へ窒素が転流されることもある。根で硝酸還元をほとんど行なわない植物は，根で利用できるアミノ酸などが不足するため，地上部で還元してできた窒素化合物を根に転流する。根で硝酸還元を行なう植物でも，利用できる土壌中の窒素が不足するときは，地上部から根へ窒素化合物が転流されることがあり，この場合は師管を通して転流される。

また，伸長中の若い根では，吸収量以上の窒素が他の組織から転流されてくるというように，成長段階によって転流のパ

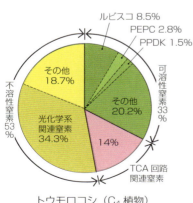
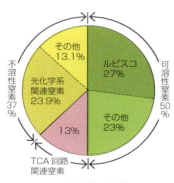

図9-18 若い葉での窒素の分配（Makino, 2003を一部改変）
PEPC：PEPカルボキシラーゼ，PPDK：ピルビン酸リン酸ジキナーゼ

ターンは変化する。

❺窒素過剰と硝酸の蓄積

　アンモニアに還元されなかった硝酸態窒素は，そのまま根にとどまったり，地上部に転流されて細胞の液胞に貯蔵される。このようなことは，窒素追肥後や土壌窒素の無機化量が多くなったり，低温で生育が抑制されたときなど，成長に使われる窒素以上に吸収したときにおこり，植物体の硝酸濃度が高くなる。ホウレンソウ，キャベツなどの葉菜類では葉柄に，ソルガム，トウモロコシなどでは茎に高濃度に蓄積する。

　貯蔵された硝酸は，土壌からの窒素供給が成長に必要な量以下になったときに利用される。しかし，生食される野菜や飼料作物では，蓄積した高濃度の硝酸によって引き起こされる人体や家畜の健康への影響が懸念され，牛が死亡するケースもある。

　なお，硝酸態窒素の蓄積が窒素吸収量と作物の成長とのバランスで決まるように，そのほかの窒素代謝も作物の成長や光合成と密接な関係で行なわれている。

3 再分配

　植物が成長するとき，新たにつくられる器官（新しい葉，子実など）は，新しく根から吸収された窒素だけでなく，古い葉の老化によるタンパク質の分解によってつくられた窒素化合物も再分配されて利用される。たとえば，イネ，ダイズなどC_3植物では，ルビスコとして葉に大量に蓄積された窒素がアミノ酸，アミドに分解され，子実などに転流して再分配される（第3章図3-19参照）。

　また，タンパク質のターンオーバー（第7章注7参照）が行なわれているので，葉では窒素の蓄積が最大になる前から，タンパク質の分解による窒素化合物の移出と，新しく吸収された窒素の移入の両方が同時に行なわれている。

　新しい葉がつくられたときの再分配窒素の割合はそのときの土壌の窒素条件でかわり，土壌窒素が少ないと再分配量は増え，イネで30〜50％，ダイズで70〜80％になる。子実ではさらに再分配の割合が高くなり，登熟期の施肥量がおさえられているイネでは80％程度である。

4 窒素の吸収・同化，窒素代謝の遺伝的改良

1 多窒素利用から利用効率向上へ

　これまでの作物の収量向上は，優れた品種育成と栽培技術の向上でもたらされた。より新しく育成された品種では，葉，とくに上位葉の窒素含量が増えることによるソース機能の向上が認められ，作物栽培ではそのために窒素が多用されている。穀物の大増産を達成した1960年代の緑の革命でも，収量の高い品種の利用や灌漑の整備と同時に，窒素肥料の多施用が大きな要因になっている。

> **GM作物の栽培面積**
>
> 2015年現在，遺伝子組み換え作物は世界で1億7,970万ha栽培されている（日本の耕地面積約450万haの約40倍）。28カ国で栽培され，先進国が46%，発展途上国が54%。おもな栽培国は，米国（7,090万ha），ブラジル（4,420万ha），アルゼンチン（2,450万ha），インド（1,160万ha，カナダ（1,100万ha）である。ほとんどが除草剤耐性や害虫抵抗性品種であるが，最近は両者の特徴をあわせもつ品種（スタック品種）の増加がいちじるしい。
>
> おもなGM作物はダイズ（83%），トウモロコシ（29%），ナタネ（カノーラ）（24%），ワタ（75%）である（括弧内の数字は各作物の全栽培面積にしめるGM作物の割合）。日本で商業栽培されているGM作物はバラ（花弁が青い。品種名：'アプローズ'）のみである。

しかし，本章の冒頭で述べたように，こうした窒素施肥の増加は環境への負荷を大きくしている。そのため，作物の窒素吸収・同化，窒素代謝の改善による施肥窒素量の削減が求められ，品種育成の重要な目標になっている。とくに，1996年以降急速に栽培面積が増えている遺伝子組み換え（GM）作物では（コラム参照），これまでの除草剤耐性，害虫抵抗性に加えて，乾燥耐性や窒素利用効率向上をめざした育種が積極的にすすめられている。

ここでは，これまでに関連遺伝子を導入して窒素の吸収・同化などの改善に効果が認められた研究を紹介する。

2 アンモニアトランスポーター発現量の増大

窒素は硝酸やアンモニアとして，それぞれのトランスポーターによって作物の根から吸収される。イネのアンモニアトランスポーター（OsAMT1;1）を遺伝子組換え技術で過剰に発現させると，アンモニアの吸収とグルタミンへの同化が促進される。それによって，アンモニアが通常濃度や低濃度の場合は成長量，収量とも増えるが，高濃度ではアンモニアの解毒がうまくいかず減ってしまう。

そのため，アンモニアトランスポーターの発現を高めてアンモニアの吸収量を増やすだけでなく，アンモニアの同化・代謝とのバランスをとることが重要である。

3 GS, GOGAT, GDH 発現量の増大

吸収されたアンモニアは，GS/GOGATサイクルでグルタミンに合成されるが，根の細胞質にあるGS1を過剰に発現させると，コムギ，タバコでは根やシュートの乾物重が増えるが，イネでは逆に収量が低下するとの報告もある。また，GOGAT遺伝子が過剰に発現すると窒素含量が増え，タバコの成長が促進されたり，イネの登熟歩合が高まる。

前出の1-3-①項で述べたように，かつてはアンモニアの同化はGDHによると考えられていたが，現在ではGS/GOGAT系がおもであることがわかっている。GDHの窒素同化での役割は明確にされていないが，GDHの反応は可逆的であるため，グルタミン酸の脱アミノ化に役立っているとも考えられている。

しかし，大腸菌や麹菌のGDH遺伝子を過剰に発現させると，イネ，ト

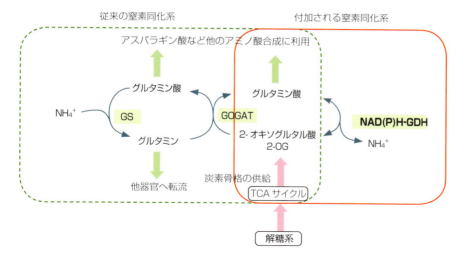

図9-19 麹菌などのNADPH-GDHを付加した窒素同化系強化の可能性
従来の窒素同化系は図9-8，付加される窒素同化系は図9-7参照
左側の従来の窒素同化系に，麹菌などのGDH遺伝子を導入することで右側の窒素同化系が付加され，全体のアンモニア同化量が増える可能性がある

ウモロコシ，ジャガイモなどで成長量，収量などが増加する。このため，GDHは窒素同化に補助的な役割があると考える研究者も多い（図9-19）。

4 転写因子による改善

転写因子（Dof1）〈注19〉は，PEPC（注18参照），ICDH〈注20〉遺伝子などの発現を高めてTCA回路（第7章1-2-③項参照）を活性化し，窒素同化の炭素源である2-オキソグルタル酸（2-OG）〈注21〉量を増やして窒素同化を促進すると考えられている。

実際にDof1遺伝子を過剰発現させると，シロイヌナズナやイネでは幼植物の根やシュートの成長が促進され，ジャガイモでは光合成速度が高まるなどの効果が認められている。このように，窒素の同化・代謝の改善には炭素源の増加も効果的であることが示されている。

5 吸収から代謝までの全体バランスの改善が課題

このほかにも，硝化作用，アミノ酸代謝などにかかわる遺伝子を導入することで窒素吸収・同化などの改善が認められている。

このように，遺伝子組換え技術で関連遺伝子を過剰発現させると窒素吸収，同化，代謝が改善し，収量などが増えることが報告されているが，逆に，効果がなかった，負の影響があるという報告もある。窒素の吸収形態であるアンモニアが毒性をもつため，植物体内で一定量以上に蓄積すると負の影響がでることは予想される。そのため，個々の過程の改善だけでなく吸収から代謝までの全体のバランスを考慮する必要がある。

また，Dof1遺伝子を導入したジャガイモでは光合成速度が上昇したように，窒素代謝と炭素代謝は密接に関連しているので光合成やデンプン合成などの炭素代謝との関連も含めた改善を検討することが重要である。

〈注19〉
DNAの転写を制御するプロモーター領域に結合して，DNAからRNAへの遺伝情報の転写を促進したり抑制する遺伝子。Dof1はPEPC遺伝子やICDH遺伝子などに特異的に結合することが知られている。

〈注20〉
イソクエン酸脱水素酵素。TCA回路の中間代謝物であるイソクエン酸の合成を触媒する酵素。

〈注21〉
2-オキソグルタル酸（2-OG）はTCA酸回路の中間代謝物質で，アミノ酸合成経路で直接利用される。根で吸収された窒素がアミノ酸に合成されるとき，炭素源として利用される。

第10章 水の吸収と輸送, 水ストレス

⟨注1⟩
植物体内の水分欠乏のことで, 欠乏するとすぐに細胞の成長が低下するなどの影響があらわれる (表10-1)。

⟨注2⟩
土壌水分が多く, 根のまわりに吸水可能な水が多くある条件でも, 晴天で蒸散速度の大きい日中には, 水稲やダイズなど多くの作物で水ストレスによって気孔が閉じ, 光合成速度が低下することはよく知られている例である。

⟨注3⟩
植物の含水量は, 生体重当たり含水量, 乾物重当たり含水量, 相対含水量 (relative water content, RWC) などであらわす。RWCは次式によって定義される。

$$\text{RWC}(\%) = \frac{(\text{FW}-\text{DW})}{(\text{TW}-\text{DW})} \times 100$$

FW: 現在の生体重
TW: 十分に水を含んでいる (水ストレスのない) ときの生体重
DW: 乾物重

1 植物の生育と水

水は我々の住む地球表面ではもっともありふれた物質で, 植物の生育にとってはもっとも重要な物質の1つである。

陸上植物の進化では, 乾燥する陸地の条件とどのようにうまくつき合っていくかが重要な鍵となってきたし, これは現在の植物にもあてはまる。作物の栽培でも, 半乾燥地やその周辺では, 生育や収量は作物が利用できる水の量や時期によって大きく左右される。植物の水ストレス (water stress) ⟨注1⟩ は, 乾燥する地域にとどまらず湿潤な地域でも問題になる⟨注2⟩。植物の体内水分状態は, 水ポテンシャル (water potential) (次ページのコラム参照) あるいは含水量 (water content) ⟨注3⟩ などであらわす。

2 体内水分の減少と植物の生理

1 細胞の生理作用と光合成速度の低下

体内水分が減少すると植物の生理はいろいろな影響を受ける (表10-

表10-1 植物の生理作用の水ストレスに対する感受性 (Hsiao, 1973)

影響を受ける過程 影響を受ける生理作用	ストレスに対する感受性 非常に敏感 ← → 比較的敏感ではない 各過程に影響する組織の水ポテンシャル 0 MPa ← → −1 MPa −2 MPa	備考
細胞の成長 (−)		急速に成長している組織
細胞壁の合成 (−)		急速に成長している組織
タンパク質の合成 (−)		黄化葉
プロトクロロフィルの形成 (−)		
硝酸還元酵素のレベル (−)		
アブシシン酸 (ABA) の蓄積 (+)		
サイトカイニンのレベル (−)		
気孔開度 (−)		種によってちがう
CO_2 同化 (−)		種によってちがう
呼吸 (−)		
プロリンの蓄積 (+)		
糖の蓄積 (+)		

注) 実線は影響を受け始める水ポテンシャルの範囲を示し, 点線は少ないデータから推定した範囲を示す。(−) は減少, (+) は増加を示す

水ポテンシャル

水ポテンシャル（Ψ_w）は，対象とする系と純水からなる系（水分子以外の物質を含んでいない系）の水の化学ポテンシャル（それぞれ，μ_w，μ_0，エネルギーの単位）の差を水の部分モル体積（V_w）〈注〉で割ったもので，次式のように示され，圧力の単位（Pa，パスカル）であらわされる。

$\Psi_w = (\mu_w - \mu_0)/V_w$

水は水ポテンシャルの高いところから低いところへ移動する。植物が土壌から吸水するためには，根の水ポテンシャルは土壌の水ポテンシャルよりも低くなければならない。したがって，水ポテンシャルは植物の細胞，組織，器官の吸水力を示してもいる。水ポテンシャルは，植物の水ストレスを示す指標として用いられる。

植物や土壌の水ポテンシャルは，次式に示すように4つの要素からなる。

$\Psi_w = \Psi_s + \Psi_p + \Psi_m + \Psi_g$

　Ψ_s：浸透ポテンシャル（osmotic potential），
　Ψ_p：圧ポテンシャル（植物細胞では膨圧（turgor pressure）），Ψ_m：マトリックポテンシャル，
　Ψ_g：重力ポテンシャル

Ψ_mは，植物細胞では細胞壁表面などの水の吸着力，土壌では毛管や土壌粒子表面の水の吸着力によって生じる。水を多く含む植物細胞ではΨ_mは無視でき，草高の低い植物ではΨ_gも無視できる（地表から1mの高さの植物組織のΨ_gは約－0.01 MPa）（図10-1）。

土壌のΨ_wの低下は，通常はΨ_mの低下によるが，塩類集積土壌などではΨ_sの低下も原因になっている。Ψ_pは水田などのような湛水状態で認められ，地表面には水深に相当するΨ_pが生じる。

測定しようとするサンプルを密閉容器のなかに閉じ込め，容器内の空気とサンプルの温度と水ポテンシャルが等しくなったときに，空気の水蒸気圧eと同温度の飽和水蒸気圧e_0との比，e/e_0（密閉容器内の空気の相対湿度に相当する）を求めれば，サンプルのΨ_wは次式によって計算できる。

$\Psi_w = RT \ln (e/e_0) / V_w$

R：気体常数，T：絶対温度，

〈注〉液体の水が他の物質と混在しているとき，水1モル加えたときに増える体積のことで，ここでは18 cm³ mol⁻¹と考えてよい。

1）。水ストレスにもっとも敏感なのは細胞の成長である。水ポテンシャルが低下すると，細胞の成長速度と細胞壁やタンパク質の合成など，細胞の成長にかかわる生理作用がすぐに低下する（図10-2）。

体内水分がさらに低下すると，アブシシン酸（アブシジン酸，ABA）蓄積が増え，気孔が閉じ，光合成速度が低下する。水ストレスによる初期段階の光合成速度の低下は，多くの場合，気孔閉鎖によっておこる。さらに体内水分が低下すると，光合成の光化学系，光リン酸化，炭酸固定系の活性がいちじるしく低下し，光合成速度低下の主要因になる。

また，灌水後体内水分が十分に回復しても，光合成速度はしばらく回復しない。この理由の1つに，体内窒素が減少し，リブロース-1,5-二リン酸カルボキシラーゼ／オキシゲナーゼ（Rubisco，ルビ

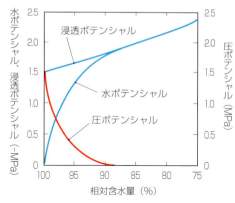

図10-1　イネ葉身の相対含水量と水ポテンシャル，浸透ポテンシャル，圧ポテンシャル（膨圧）の関係（Cutler et al., 1979）

イネの草高は高くても約1mなので，重力ポテンシャルの水ポテンシャルへの影響は無視できる。また，この図で示されている相対含水量の範囲では，マトリックポテンシャルの水ポテンシャルへの影響も無視できる。したがって，植物の水ポテンシャルは，この図に示されるように，浸透ポテンシャルと圧ポテンシャルの和となる

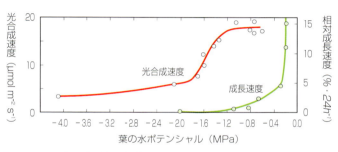

図10-2　ダイズの葉の水ポテンシャルと葉の成長速度，光合成速度の関係（Boyer, 1970）

図 10-3
灌漑した畑に生育するトウモロコシ（右）と無灌漑の畑に生育するトウモロコシ（左）（カリフォルニア大学デービス校の農場）
旱ばつにあうと登熟期に葉の老化がすすむ

スコ）やホスホエノールピルビン酸（PEP）カルボキシラーゼなどの光合成関連酵素の減少がある。

2 無機養分の吸収の低下

土壌水分が低下すると，植物の無機養分の吸収も低下する（表 10-1）。

窒素は植物体内でタンパク質をはじめ重要な細胞構成成分になり，多くの生理作用にかかわる。土壌水分の低下によって窒素の吸収・同化が大きく抑制される。

湿潤な土壌である程度成長したのち，長期間干ばつ条件におかれると，大きな地上部をささえるのに必要な窒素の吸収・同化が抑制される。これに加えて，根から地上部に送られるサイトカイニンの量が減少し，葉への窒素の分配が少なくなり，葉の窒素含量が低下する。そのため，光合成速度が低下し，葉の枯れ上がりがすすむ（図 10-3）。

しかし，初期から低水分土壌で生育している場合は，窒素の吸収・同化の抑制より茎葉の成長が大きく抑制されるので（図 10-4），結果として体内の無機養分濃度（乾物重当たり）が大きく低下することはあまりない。

3 適合溶質による浸透調整

多くの植物は水ストレスを経験すると細胞に溶質が蓄積し，細胞の浸透ポテンシャルが低下する。これによって，つぎに水ストレスを経験したときは，水ポテンシャルが低下しても水ストレスを経験する前より膨圧や細胞の含水量を高く維持できる。このような溶質の蓄積を浸透調整（osmotic adjustment）という〈注4〉。

蓄積する溶質には，グリシンベタイン，ソルビトール，プロリンなどがあり，これらは濃度が高くなっても酵素活性など代謝活性に大きな影響を与えないので適合溶質（compatible solute）（図 10-5）とよばれる。これによって，水ポテンシャルが低下しても，細胞の含水量が高く維持されるので，酵素活性に悪影響を与える無機イオンの濃度を低くおさえることができる。

一時的な土壌乾燥であれば，浸透調整は植物の生理活性の維持に有効であるが，土壌水分が長期間大きく減りつづけるような条件では，水ストレスを時間的にわずかに遅らせるだけである。しかし，これだけにとどまらず，適合溶質はたんに浸透ポテンシャルを低くするだけでな

図 10-4
生育初期から灌水を制限したダイズの生育
灌水を停止したダイズ（右）の葉は緑色を維持しているが，成長がいちじるしく抑制されている
右は播種約1カ月後から灌水を停止した畑に約2カ月間生育したダイズ。左は十分に灌水したダイズ。両ダイズとも播種約3カ月後に撮影

〈注4〉
このとき，細胞内にはK⁺（カリウムイオン）などの無機イオンも蓄積するが，高濃度で蓄積しても酵素の活性など，代謝に悪影響をおよぼさない溶質（適合溶質）が重要である。適合溶質には，ソルビトールなどの糖アルコール類，プロリンなどのアミノ酸，グリシンベタインに代表される第四級アンモニウム化合物がある。

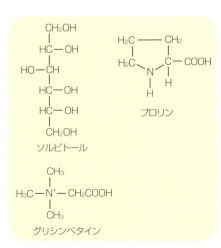

図 10-5 適合溶質の一例

く，細胞の体積が減少したときにおこる細胞内の膜の傷害を防ぐなど重要な働きもする。

4 種子の乾燥耐性

種子は成熟してくると，水分含量がいちじるしく低下し，成熟時の水ポテンシャルは－5～－8 MPaにもなり，ほかの器官の致死体内水分量よりはるかに低い。この体内水分状態でも耐えることができる1つの理由は，細胞の膜構造や酵素活性を維持することができるためである。

水分含量の低下がはじまると合成されるLEA（late embryogenesis abundant）タンパク質が重要な働きをする（第2章3-1-③項参照）。LEAタンパク質は，種子以外の器官でも干ばつ耐性（乾燥耐性，drought tolerance）にかかわっている（本章7-3項参照）。

3 水の吸収と輸送

1 受動的吸水－蒸散している植物

❶ 土壌－植物－大気連続体

水は液体で土壌から根に吸収（吸水，water absorption）されて，根の木部に達する。吸収された水の大部分は，根から茎の木部を通って葉へ運ばれ，気体になって大気中にでていく（蒸散，transpiration）〈注5〉。

図10-6に示すように，蒸散によって葉内の水分が失われると，葉の水

〈注5〉
根で吸収された水の大部分は蒸散によって大気中にでていく。一部は光合成や根，茎，葉の成長，果実の肥大などに使われるが，この量は吸水量にくらべ非常に少ない。

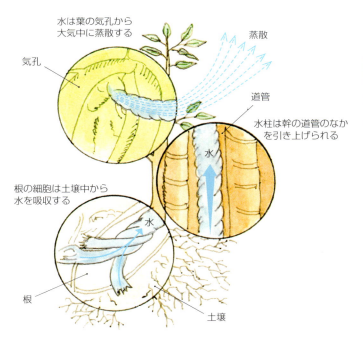

溶液の水ポテンシャルと平衡状態になっているときの大気の相対湿度（温度20℃）

相対湿度 (%)	水ポテンシャル (MPa)
100	0
99.5	－0.67
99.0	－1.35
98.5	－2.03
98.0	－2.72
95.0	－6.91
90.0	－14.1
80.0	－30.1
70.0	－48.1
60.0	－68.7
50.0	－93.3

多くの植物は葉の水ポテンシャルが－1.5 MPa付近（空気湿度では98.5～99%に相当）に低下するまでに明らかな萎れがおこるので，私たちの生活している空気が植物にとっていかに乾燥しているかがわかる

図10-6 蒸散によって根からの吸水がおこる（ボナー・ゴールストン，小宮・高倉訳，1970を改変）
葉から気孔を通じて水が蒸発する（蒸散）と，葉の柔細胞の水ポテンシャル，そして葉の木部の水ポテンシャルが低下する。その結果，茎の木部，根の木部の水ポテンシャルが低下し，土壌と接している根の細胞の水ポテンシャルが低下して吸水がおこる

〈注6〉
通水抵抗の逆数を水伝導度（hydraulic conductance）という。

〈注7〉
水蒸気はおもに気孔から蒸散されるが，気孔の開閉による抵抗を受け，これを気孔抵抗（stomatal resistance）という（第3章注11参照）。また，クチクラ層は水蒸気を通しにくいが，ここからもわずかに蒸散される。クチクラ層の水蒸気の通りにくさをクチクラ抵抗（cuticular resistance）という。クチクラ抵抗は，クチクラのワックス含量などによって影響を受ける。
葉の拡散抵抗の逆数が拡散伝導度（diffusion conductance）で，気孔伝導度（stomatal conductance，気孔抵抗の逆数）とクチクラ伝導度（cuticular conductance，クチクラ抵抗の逆数）の和が葉の拡散伝導度になる。
盛んに蒸散している葉では，水蒸気の8～9割かそれ以上が気孔を通っている。

〈注8〉
トウモロコシやイネの幼植物では0.1～0.5MPaの根圧が測定されている。

ポテンシャルが低下して，葉への水の移動がおこる。その結果，茎，さらに根の水ポテンシャルが低下し，根から水が吸収される。これを受動的吸水（passive absorption of water）という。

土壌，植物，大気のあいだで，水は水ポテンシャルの高いところから低いところへ移動するので，この水の流れを土壌－植物－大気連続体（soil-plant-atmosphere continuum，SPAC）としてとらえることができる。

❷受動的吸水の推進力

土壌－植物－大気連続体での水の流れが一定している場合（定常状態），水の流量（flux, F）はこの連続体のどの部分をとっても等しい。土壌から葉までの水の流れは水ポテンシャルの差が推進力（driving force）になっており，次式のように示すことができる。

$$F = (\Psi_{soil} - \Psi_{leaf}) / R$$
$$= (\Psi_{soil} - \Psi_{root\ surface}) / R_{soil}$$
$$= (\Psi_{root\ surface} - \Psi_{leaf}) / R_{plant}$$

Ψ_{soil}：土壌の水ポテンシャル，Ψ_{leaf}：葉の水ポテンシャル，R：土壌から葉までの水の移動に対する抵抗（通水抵抗〈注6〉，resistance to water flow），$\Psi_{root\ surface}$：根の表面の土壌の水ポテンシャル，R_{soil}：土壌の水移動に対する抵抗，R_{plant}：根から葉までの通水抵抗，R_{soil}とR_{plant}の和がR

気体になった水が大気中に出ていく過程では，次式のように，葉と大気のあいだの水蒸気濃度（水蒸気圧）差が推進力となる。

$$F = (C_{leaf} - C_{air}) / (r_{leaf} + r_{air})$$

あるいは，

$$= (e_{leaf} - e_{air}) / (r_{leaf} + r_{air})$$

C_{leaf}（e_{leaf}）：葉内の水蒸気濃度（水蒸気圧），C_{air}（e_{air}）：大気の水蒸気濃度（水蒸気圧），r_{leaf}：葉の拡散抵抗（diffusion resistance）〈注7〉，r_{air}：葉面境界層抵抗（boundary layer resistance）（第6章2-2項参照）

2 浸透的吸水－排水，根圧の発生機構

根は濃度勾配にさからって培地から養分を吸収して，根の木部液中に蓄積する仕組みをもっており，これによって木部液の浸透ポテンシャルは土壌の水ポテンシャルよりも低下する。その結果，木部の水ポテンシャルが培地の水ポテンシャルより低くなり，吸水がおこる。これを浸透的（あるいは能動的）吸水（osmotic absorption of water）という。

夜間や早朝の蒸散の少ないときに葉先などにみられる排水（guttation）（図10-7）や，茎の切り口などから木部液が出てくる出液（bleeding, exudation）は，浸透的吸水によっておこる。

図10-7　浸透的吸水によっておこるイネ葉先からの排水（早朝に撮影）

有効水分，圃場容水量，永久萎凋点

植物が利用できる土壌水分は，圃場容水量 (field capacity) と永久萎凋点 (permanent wilting point) のあいだで，これを有効水分 (available water) という。有効水分量は土性によってちがい，砂土は壌土や埴土より少なく，有機物を多く含む土壌は多い。

圃場容水量は，十分に灌漑したか相当量の降雨があったのち，重力によって過剰な水が排水されたあとに残る土壌の含水量をいう。このときの土壌の水ポテンシャルは，日本では多くの場合－3〜－6kPaである。

永久萎凋点は，低水分土壌に生育して萎凋している植物が，土壌に水が加えられなければ，夜間や高湿度条件に移しても萎凋したままになっているときの土壌水分含量をいう。このときの土壌の水ポテンシャルは－1.5MPaとされている。

こうした浸透的吸水によって根圧（root pressure）が発生する。根圧は根の基部を切断して切り口に圧力計を取り付けると測定できる〈注8〉。

蒸散がいちじるしく少ない条件での浸透的吸水速度は，日中の蒸散が盛んなときの吸水速度の1割程度ある。しかし，蒸散がおこっているときは，木部液は受動的に吸収された水によってうすめられるため，吸収される水のほとんどは受動的吸水である。

4 吸水にかかわる要因

1 土壌から根の表面までの水移動の要因

土壌水分が低下（コラム参照）しても根の吸水速度を高く維持するためには，土壌の水ポテンシャルの低下に見合うように根の水ポテンシャルも低下し，土壌と根の水ポテンシャル差を維持する必要がある。

根の水ポテンシャルが低下すると，葉の水ポテンシャルも低下し，葉の水ストレスの程度は大きくなる。その結果，表10-1に示したようにいろいろな生理作用が影響を受ける。

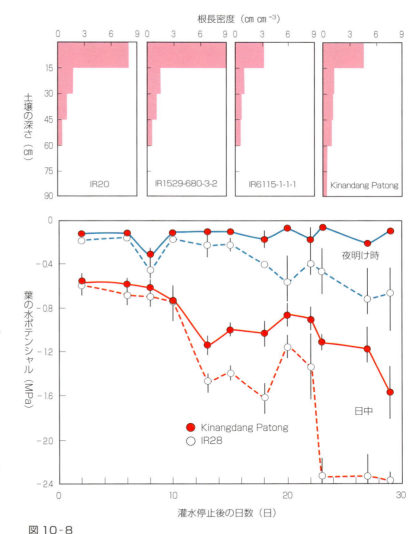

図10-8
陸稲品種'Kinangdang Patong'と水稲（IR系統）の根系の深さと葉のポテンシャルの比較 (Chang, T.T. et al., 1982　Steponkus et al., 1980)
'Kinangdang Patong'はIR系統より根系が土壌深くまで分布し，干ばつになっても日中の葉の水ポテンシャルを高く維持している。蒸散が少なく，土壌と植物の水ポテンシャルがもっとも平衡状態に近くなる夜明け前に測定した葉の水ポテンシャルは，根の到達している土壌の水ポテンシャルをあらわす
上の図の左3つは下の図のIR28と同様の改良水稲品種，右端は干ばつ条件でも水ストレスを受けにくい在来陸稲品種

❶ 根系の深さと根の分布密度

　土壌水分は，根の分布が多い土壌の表層から減っていくので，深い根系をもつことが土壌水分を多く吸収するために重要である。土壌の透水性（水の移動の難易性）は，土壌水分が多いときは大きいが，土壌水分が少なくなると急激に小さくなり，水が移動しにくくなる。このようなときでも吸水速度を高く維持するには，根の分布密度が重要になる。

　根系の深さや根の分布密度は作物の種類や品種によって大きくちがう。土壌水分が少なくなると，ササゲはイネより土壌下層の根長密度（root length density）〈注9〉が高くなり，キビはダイズより根域全ての土壌層で根長密度が高くなる。また，イネやダイズの土壌下層の根長密度は品種による差が大きいことも知られている。

　土壌の下層まで根長密度を高くできる作物や品種は，土壌水分が低くても水を多く吸収し，葉の水ポテンシャルを高く維持できる（図10-8）。

❷ その他の要因

　土壌水分が低下すると根の直径が縮むが，これによってできる土壌と根のあいだのすきまは，根の水分吸収をいちじるしく低下させる。根端などの根の表面には根からムシゲルとよばれる粘液物質が分泌され，これと根毛によって土壌粒子が根のまわりに鞘状につく。これによってすきまができにくくなり，根の水分吸収の低下がおさえられる。

　また，深い根系をもつ植物の根から吸い上げられた水が表層の土壌に供給され，これを根系の浅い植物が吸収する現象も知られている〈注10〉。

2 根表面から木部までの水移動の要因
❶ 放射方向の水移動

　水は根の表皮から皮層を通って放射方向に移動し，内皮（endodermis）を通過して中心柱の木部に達する。この放射方向の水移動では，水は細胞の膜を必ず通ることになるので，木部内の水輸送より通水抵抗はたいへん大きく，生育条件などによって変化する〈注11〉。

❷ シンプラスト経路とアポプラスト経路

　放射方向の水移動には，細胞壁中や細胞間隙を通るアポプラスト（apoplast）経路と，細胞質や原形質連絡を通るシンプラスト（symplast）経路（第8章1-2項参照）がある（図10-9）。受動的吸水では，水は大部分の組織ではアポプラストを通るが，皮層のもっとも内側にある内皮ではシンプラストを通る。一方，浸透的吸水ではシンプラストが主要経路

〈注9〉
単位土壌体積当たりの根の長さ。

〈注10〉
hydraulic liftとよばれている。サトウカエデの周囲に生育するイネ科草本は，サトウカエデによって吸収された地下水を利用していることが知られている。

〈注11〉
通気不足になった土壌に生育する畑作物の根，還元のすすんだ土壌に生育する水稲の根，老化のすすんだ根では，通水抵抗が大きくなる。

〈注12〉
植物のコルク組織をつくる物質。コルク組織が水や空気を通しにくいのはスベリンの性質によるところが大きい。

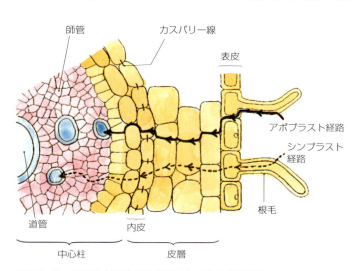

図10-9　根の吸水部位での放射方向の水の移動経路
アポプラスト経路：受動的吸水のおもな経路と考えられている
シンプラスト経路：浸透的吸水の主要経路と考えられている

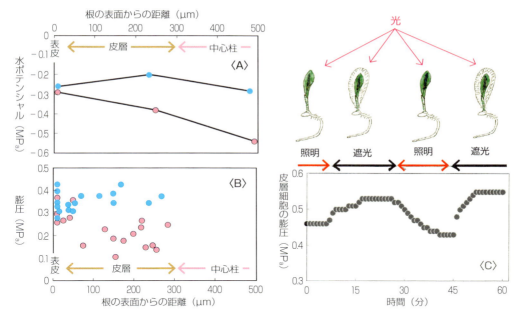

図10-10 トウモロコシ幼植物の根の吸水部位（根端から約10cmの部位）での細胞の膨圧と水ポテンシャル
(Hirasawa and Tomos, 未発表)
A, B：光を受け吸水速度の大きいトウモロコシ（吸水速度は 13.1×10^{-8} m^3 m^{-2}（根表面積）s^{-1}）（赤丸）と，遮光され吸水速度の小さいトウモロコシ（吸水速度は 1.1×10^{-8} m^3 m^{-2}（根表面積）s^{-1}）（青丸）の根の組織細胞の水ポテンシャルと膨圧。吸水速度の大きい根では，細胞の水ポテンシャルは表皮，皮層，中心柱の順で低く，この結果は表皮と皮層，皮層と中心柱のあいだに水移動に対する大きな抵抗があることを示している（A）。吸水速度の大きい根では，膨圧は根の表皮と表皮から3層目の皮層細胞のあいだで大きく低下しているが，吸水速度の小さいトウモロコシでは，このような水ポテンシャルと膨圧の低下は認められなかった。この結果は，内皮に加えて，皮層の表層（外皮）にも水移動に対する大きな抵抗があることを示している（B）。
C：蒸散条件の変化による根の皮層細胞の膨圧の変化。蒸散速度の増加によって皮層細胞の水ポテンシャルが低下し，吸水速度が増加することを示している

であると推察されている。

水が内皮ではシンプラストを通ると考えられている理由は，内皮細胞には上下左右の細胞壁に帯状にスベリン〈注12〉などの疎水性物質が沈積したカスパリー線（Casparian strip）〈注13〉があるためである。そのため，内皮細胞では水や溶質はアポプラストを通過できず，シンプラストを通る。

皮層の最外層にある下皮（hypodermis）にも，内皮と同じようなカスパリー線が認められることがあり，これを外皮（exodermis）として区別することがある〈注14〉。このように，外皮でもアポプラストでの水と溶質の移動が制限されているようである（図10-10）。

❸アクアポリン（水チャネル）

細胞の膜には，アクアポリン（aquaporin）という膜を貫通しているタンパク質があり，水チャネル（water channel）として細胞の膜の水透過性に大きな役割をはたしている（図10-11）〈注15〉。

多くの植物細胞では，アクアポリンによって水透過性が約10倍高まることが知られており，細胞の膜の水透過性はアクアポリンの発現量とリン酸化による活性化程度によって影響を受ける。

〈注13〉
カスパリー線は内皮の上下・左右を帯状にとりまいて内皮細胞を密着させているので，アポプラストを通ってきた水や溶質の流れはここで制限される。内皮細胞では，水や溶質は細胞膜を通ってシンプラストにはいる。なお，カスパリー線では細胞膜と細胞壁が密着しているので，原形質分離がおこっても細胞膜は細胞壁から離れない。

〈注14〉
外皮はイネ，トウモロコシ，タマネギ，エンドウ，ヒマなどで認められている。

〈注15〉
アクアポリンは，水だけでなくCO_2（二酸化炭素）やSi（ケイ素）などの低分子の物質も通すことが最近知られている。

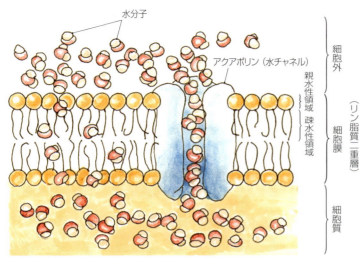

図 10-11　細胞の膜での水輸送
（テイツ・ガイザー編，西谷・島崎監訳，2004 を改変）
細胞の膜（生体膜）の基本構造はリン脂質二重層である。水は水チャネルを通ることによって脂質二重層での拡散よりもはるかに速い速度で輸送される

アクアポリンは，細胞膜で機能する PIP (plasma-membrane intrinsic protein)，液胞膜で機能する TIP (tonoplast intrinsic protein) がよく知られている。ほかに NIP (Nod26-like intrinsic protein)，SIP (small basic intrinsic protein) の2つのサブグループがある。

イネは，ゲノム配列から 33 のアクアポリン遺伝子をもつことが報告されている（PIP が 11，TIP が 10，NIP が 10，SIP が 2）。各アクアポリンが水吸収にどの程度寄与しているのかについては，これからの研究課題である。

根の通水抵抗は，呼吸阻害剤処理や酸素不足，根の老化によって大きくなるが，これはアクアポリンの発現量や活性化程度の変化によっておこると考えられている。

5　木部内の水移動と通水抵抗

1　木部内の水移動

木部に達した水は，木部内を通って蒸散している葉に運ばれる（軸方向の水移動）（コラム参照）。木部内の水輸送は，細胞の膜は通らないので，根の放射方向の水輸送より通水抵抗は非常に小さい。

成熟した木部内の水移動の抵抗は，道管の直径や数が関係しているが，ハーゲン・ポアズイユ (Hagen-Poiseuille) の式〈注16〉によれば管の径の影響がいちじるしく大きい。しかし，キャビテーションやチロシスなどによって道管が閉塞し，通水抵抗が大きく高まり，茎葉部に十分な水が供給されない場合もある。

道管が形成過程にある根端部は，それより基部側より軸方向の通水抵抗が大きい。たとえば，トウモロコシでは根端から約 2 cm，そしてイネでは約 4 cm の部位から根端側では，軸方向の通水抵抗がいちじるしく大きくな

〈注16〉
1本の管を単位時間当たりに流れる水の量（$Q：m^3\ s^{-1}$）を示す式で，以下のようにあらわす。
$Q = (\pi r^4/8\eta) \cdot (\Delta P/\Delta x)$
r：管の半径，η：水の粘性，ΔP：管の入口と出口の圧力差，Δx：管の長さ

凝集力説

葉の蒸散によって木部内の水柱に吸引力が発生する。この吸引力によって，水は木部内を通って何十メートルもの高い木の上まで移動する。水は水素結合による水分子同士の引力が大きくて切れにくいことによって，木部内に 1 MPa を優にこえる吸引力が働いても水柱は切れないと，1 世紀以上も前から考えられてきた。これを水の凝集力説 (cohesion theory) という。これまで，この説にいろいろな疑問が投げかけられてきたが，近年，木部内の水柱は 1〜1.5 MPa の吸引力がかかっても切れないことが，証明されている。

る。

2 | キャビテーション
❶キャビテーションとは
　キャビテーション（cavitation）は，気泡が発生して道管内の水柱が切れて空洞が発生することによる，道管閉塞（xylem embolism）である。茎だけでなく葉や根でも発生する。木本植物だけでなく，草本植物にも認められる。

　発生しやすい植物としにくい植物があり，このちがいは植物の耐乾性や分布にも影響していると考えられている。

❷発生しやすい条件
　キャビテーションは，土壌水分が低下すると発生する。土壌水分が低下すると下位葉ほど大きく水ポテンシャルが低下するが，その要因の1つとして，下位葉ほどキャビテーションが多く発生して通水抵抗が大きくなることがトウモロコシで確認されている。

　また，キャビテーションは土壌水分が低下したときだけでなく，土壌水分が十分あるときでも，蒸散の盛んな日中に発生することがトウモロコシとヒマワリで確認されている。

　湛水状態で生育していても，出穂・開花期のイネではフェーン現象などの乾燥条件で，穂首内に発生するキャビテーションによって穂の脱水・枯死がおこる（図10-12）。

❸キャビテーションの補修
　道管に気泡が発生しても条件によっては消失し，キャビテーションが補修され，再び通水機能をもつようになる。降雨などによって植物が干ばつから解放されて根圧が復活したときや，樹木では春先に高まる根圧によって気泡が取り除かれる。

　このように，これまでは水ストレスが解除されなければキャビテーションは補修されることはなく，常に気泡が増える方向に向かうと考えられてきた。しかし，近年，水ストレス状態にある植物や，蒸散している植物でもキャビテーションの補修がおこることが明らかになっている〈注17〉。

3 | チロシス
　道管の閉塞はチロシスなどによってもおこり，通水抵抗を大きくすることがある（図10-13）。

　チロシスは，道管や仮道管の内部に，隣接する木部柔組織などの細胞の一部が，境界の壁孔を貫いてはいりこむことによっておこる。木本植物に多いが，ウリ科やそのほかの草本植物にも認められる。

〈注17〉
ヒマワリ，トウモロコシなどの草本植物，マングローブなどの木本植物で認められている。

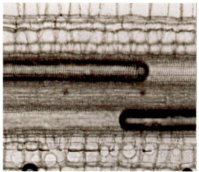

図10-12　イネの穂首の後生木部道管に発生したキャビテーション

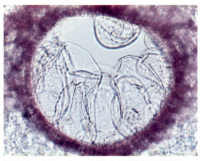

図10-13　キュウリの茎基部の道管に発生したチロシス

6 水ストレスの発生

1 吸水と蒸散の関係

吸水速度，蒸散速度，葉の水ポテンシャル，気孔の開閉の関係を図10-14に示した。

水耕液で生育する植物を暗所にしばらく置いたのち，照明を当てると，葉温の上昇と気孔が開くことによって蒸散速度は高まり，やがて一定の速度になる。蒸散速度が高まると葉の水ポテンシャルが低下し，その結果，茎，根の水ポテンシャルが低下して吸水がおこる。葉の水ポテンシャルは吸水速度が蒸散速度と等しくなるまで低下しつづけ，吸水速度と蒸散速度が等しくなると一定になる。

ここで（t_1 の時点），根を冷やして根の吸水速度を低下させると，葉の水ポテンシャルは再び低下する。水耕液と葉の水ポテンシャル差が $\varDelta\Psi_2$ になると，吸水は低下する前の速度に回復し再び一定になる。t_2 で根の温度をさらに下げると，吸水速度は再び低下し，元の吸水速度を維持するために，葉の水ポテンシャルはより低下する。

気孔が閉じるところまで葉の水ポテンシャルが低下すると，気孔は閉じはじめ，蒸散速度が低下する。蒸散速度と吸水速度が等しくなるまで葉の水ポテンシャルは低下をつづけ，気孔は閉じつづける。蒸散速度と吸水速度が等しくなると，葉の水ポテンシャルと気孔開度は一定になる。

このような，蒸散速度，吸水速度，葉の水ポテンシャル，気孔開閉の相互の関係は，土壌水分の減少などで吸水が抑制されるときにもあてはまる。

2 水ストレスの発生要因
❶ 葉の水ポテンシャル低下と通水抵抗

葉の水ポテンシャルは，土壌の水ポテンシャルが低下したときだけでなく，蒸散速度が大きくなったり，根の吸水能力の低下などによって作物の通水抵抗が大きくなったときにも低下する（本章3-1-②項の式参照）。土壌水分が十分あっても，蒸散の盛んな晴天の日中に葉の水ポテンシャルの低下によって光合成速度が低下したり，多量の降雨によって畑から数日間水が引かないなどで，根が障害を受けたときにおこる葉の

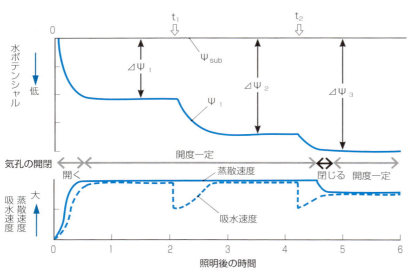

図10-14 水耕液で生育する植物の蒸散速度，吸水速度，葉の水ポテンシャル，気孔の開閉の関係（Slatyer, 1967を一部改変）

Ψ_{sub}：水耕液の水ポテンシャル，Ψ_1：葉の水ポテンシャル，$\varDelta\Psi$：葉と水耕液の水ポテンシャル差
植物は時間0で暗黒条件から照明条件に移され，t_1，t_2で水耕液の温度を急激に下げた

> **水ストレスに対する気孔の反応**
>
> 　水ストレスにあった植物は，気孔を閉じることによって葉内水分の低下を防ぐ。しかし，水ストレスにあった植物の葉の気孔は，葉の水ポテンシャルの低下だけで閉鎖するのではないことが近年明らかにされている。
>
> 　1つは，水分の低下した土壌に伸びている根から，気孔を閉じさせる働きのあるABA（アブシシン酸）が葉に運ばれ，葉の水ポテンシャルが大きく低下する前に気孔が閉じることである。もう1つは，根の通水抵抗が大きくなると，地上部の木部の圧ポテンシャルが低下し，これが引き金となって葉でABAが生成されて，葉の水ポテンシャルが大きく低下する前に気孔が閉じることである。前者がchemical signalといわれるのに対して後者はhydraulic signalといわれている。

萎れが，よく知られている例である。

　通水抵抗と日中の気孔の閉鎖程度が密接な関係のあることは，湛水状態の土壌に生育する水稲で知られている（コラム参照）。

❷ 各器官の通水抵抗と水輸送

　通水抵抗は，根が葉や茎より相対的に大きいことが，ヒマワリ，インゲンマメ，ダイズで報告されている。しかし，葉の木部の通水抵抗は，茎との連絡部も含めて大きいという測定結果もある。たとえば，イネの若い葉では，茎葉の通水抵抗はこれに水を送る根の通水抵抗よりかなり大きい（表10-2）。しかし，葉が老化してくると，これに水を供給する根の通水抵抗が大きく増加し，その結果，根の通水抵抗が相対的に大きくなる。このように，作物のどの器官が水輸送を制限しているかは，作物の種類や条件によってちがう。

　しかし，細胞の膜を通る水輸送経路をもつ根は，茎や葉よりも生育条件によって通水抵抗が大きく変化する。こうした通水抵抗の変化には，根の量，アクアポリンの発現量や活性化の程度がかかわっていると考えられる。

　また，根の通水抵抗の差が，品種間の通水抵抗の差の原因にもなっている（図10-15）。

表10-2　根，茎，葉の通水抵抗の割合

植物名	根	茎	葉	全体
ヒマワリ[1]	51.4	24.3	24.3	100
インゲンマメ[1]	43.3	23.2	33.5	100
ダイズ[1]	76.3	5.6	18.1	100
イネ[2]（若い葉）	18.2	81.8		100
（老化した葉）	45.2	54.8		100

[1]: Boyer, J.S. 1971. Crop Sci. 11:403-407
[2]: Hirasawa et al., 1991. Jpn.J. Crop Sci. 61:174-183

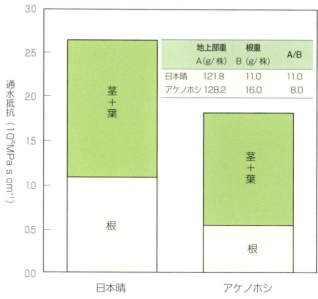

図10-15
水稲品種'日本晴'と'アケノホシ'の通水抵抗の比較（登熟期）
多収性の'アケノホシ'は根がよく発達し，根の通水抵抗が小さい

7　干ばつ逃避性，干ばつ回避性，干ばつ耐性

　干ばつによる作物への影響と，干ばつ抵抗性については以下のように整理できる。

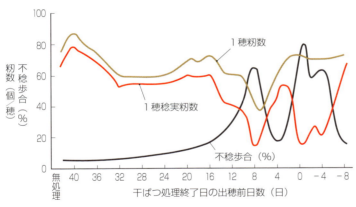

図10-16 生育時期別の干ばつ処理とイネの1穂籾数，不稔歩合
(戸苅，1984)
各時期とも約5日間の干ばつ処理を行なった。出穂前日数の0は出穂日，正数は出穂前，－（マイナス）は出穂後の日数を示す

1 干ばつ逃避性（乾燥逃避性，drought escape）

子実を収穫する作物では，花や穂の形成期（とくに減数分裂期ころ）や開花期がもっとも干ばつの影響を受けやすい（図10-16）。きびしい干ばつがくる前に，こうした時期や生育のほとんどが終わっていれば影響を小さくできる。これを干ばつ逃避性といい，作付け時期や早晩生がかかわっている。

2 干ばつ回避性（乾燥回避性，drought avoidance）

干ばつ条件におかれても，体内水分を高く維持することで影響を回避する性質で，2つに大別できる。

蒸散を抑制する性質：気孔を早く閉じることと，クチクラ抵抗が大きいことが重要である。そのほか，葉の表面構造や葉の形，葉の運動（調位運動），落葉などによっても，蒸散量を減らすことができる〈注18〉。

干ばつ条件でも吸水を減らさない性質：深い根系をもったり，根長密度が高かったり，通水抵抗の小さい作物は，干ばつでも吸水を維持して水ストレスを受けにくい（図10-17）。

3 干ばつ耐性（乾燥耐性，drought tolerance）

体内の水ポテンシャルが低下しても，生理的活性を維持できる性質で，以下の2つに大別できる。

❶ 膨圧の維持

干ばつ耐性でまず重要になるのは，水ストレスを受けても細胞の膨圧を高く維持できることができるかどうかである。

細胞の体積減少（単位体積当たり）に対する膨圧の低下の割合は，細胞

〈注18〉
白い毛じをもつ葉は，太陽光を反射し，葉温の上昇を防いで蒸散を抑制する。イネは水ストレスを受けると，葉身が筒状に巻くことによって直射光を受ける葉の面積を小さくするので蒸散が大きく減る。マメ科植物は，葉の調位運動（第4章3-1項参照）によって日中は葉身が直立する。直立した葉は水平の葉より受ける光の強さが小さくなるので，日中の蒸散速度の増加が抑制される。キャッサバのように，ひどい干ばつにあうと葉は枯れ落ちて蒸散量を大きく減らすが，降雨などによって湿潤になると再び新しい葉が出てくるものもある。

図10-17 灌水を停止した圃場での作物の生育
播種約1カ月後から灌水を停止した畑に2カ月間生育させた状態。根張りの浅いイネは，ヒエ，ダイズより早く枯死した

の体積弾性率（ε）であらわされ，細胞の乾燥耐性にかかわっている〈注19〉。εが小さければ細胞の体積（水分量）が減少しても膨圧を高く維持でき，εが大きい細胞より水ストレスの影響があらわれるのを遅くできる。εは植物の種類や，同じ種類でも葉がつくられるときの水ストレスの強さなどによってちがうことが知られている。

なお，植物は水ストレスを受けると細胞に溶質を蓄積し，細胞の浸透ポテンシャルが低下して浸透調整（本章2-3項参照）がおこる。これによって，細胞の水ポテンシャルが低下しても，膨圧や細胞の含水量を高く維持できるので，気孔伝導度と光合成速度も維持される。多くの作物で浸透調整がおこることが知られている。また，浸透調整には品種間差がある。

❷ 膨圧を失ったあとの乾燥への耐性

水ポテンシャルが低下しても，浸透調整物質を高濃度に蓄積している細胞は体積を大きく維持できる。たとえば，図10-18に示すように，葉の水ポテンシャルが同じように低下しても，浸透ポテンシャルの低いアワはキビより膨圧を高く維持できるし，膨圧がゼロに低下したあとでも相対含水量の低下をおさえることができる。

また，適合溶質やLEAタンパク質（第2章3-1-③項，本章2-4項参照）は，強い水ストレスを受けても，生体膜を保護する作用がある。

〈注19〉
細胞の体積弾性率εは，細胞の体積（V）の変化に対する膨圧（P）の変化として，次式のようにあらわせる。
$$\varepsilon = V\,dP/dV = dP/(dV/V)$$
体積をシンプラストの水分量（W）に置き換えて，次の式のようにεを水分量の変化（dW/W）と膨圧変化の関係としてとらえることができる。
$$\varepsilon = dP/(dW/W)$$
εが大きいと，水分量の減少が小さくても膨圧の低下が大きい。逆にεが小さいと，水分量の減少に対して膨圧の低下は小さい。

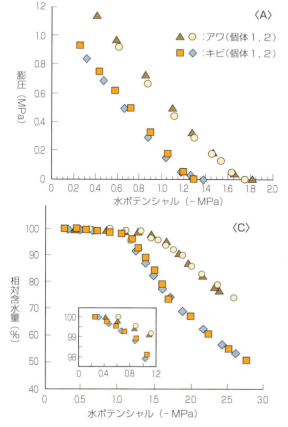

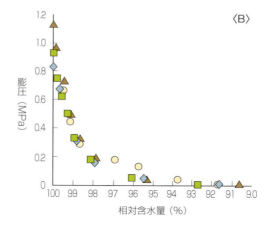

図10-18
水分が低下した土壌に生育するアワとキビの葉の水ポテンシャル，相対含水量，膨圧の関係（田部井・平沢，未発表）
土壌水分が低下しても気孔伝導度，光合成速度を高く維持できるアワは，キビと葉の水分特性がちがう
A：アワは，浸透ポテンシャルが低いので，土壌水分が低下し，葉の水ポテンシャルが低下しても，膨圧を高く維持できる
B：両種の細胞壁の体積弾性率は同じとみなせる。したがって，アワが膨圧を維持できるのは，細胞壁の体積弾性率のちがいではなく，浸透ポテンシャルのちがいによる
C：浸透ポテンシャルの低いアワは，水ポテンシャルがいちじるしく低下しても，葉の相対含水量を高く維持できる

8 水ストレスを受けにくい作物の育成

1 梅雨が畑作物の夏の干ばつ害を助長

干ばつの影響を受けにくい作物の栽培や育種を検討するには，これまで述べたことに加え，栽培する地域の気候や土壌などの条件を十分考慮して，具体的な改良目標を立てることが重要になる。

日本の年平均降水量は1,700〜1,800mmと多く，降水量が蒸発量を大きく上回っており湿潤であるが，盛夏の干ばつ害が問題になる。夏の畑作物では，栄養成長期が梅雨（6月中旬から7月中旬）にあたり，湿度が高い条件で生育することによって水ストレスが助長されて干ばつ害が大きくなる（図10-19）。

梅雨の湿度が高くて蒸散量の少ない条件では，茎葉は大きく繁茂するが地下部の成長は劣る。梅雨直後の夏の乾燥にあうと，地上部が繁茂しているので水の消費量が多くなる。しかし，土壌表層の水分は容易に吸収できるが，根系の発達が劣っているため土壌下層の水分の吸収は少ない。その結果，表層の土壌水分が減少すると，下層に水分が多く残っていても水ストレスがおこる。

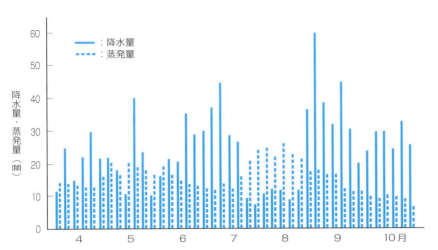

図10-19　東京での4〜10月の半旬別の降水量と蒸発量（Hirasawa et al., 1994）
1967年から1976年の10年間の平均値（気象庁観測表より作成）

こうした条件に対応するには，梅雨期の排水を改善して根系を発達させたり，湿潤条件でも根系がよく発達する作物や品種を育成することが必要である（図10-20）。

2 遺伝的改良による水ストレスに強い作物の育成
❶吸水を維持できる根系が目標

干ばつ耐性の研究は多く行なわれ，形質転換作物もつくられているが，干ばつになっても吸水を維持できる品種の育成が重要である。日本では陸稲の品種に深根性のインド在来品種を交配して根系の発達に優れている陸稲の奨励品種が1996年に育成されている。また，2012年に大干ばつのあったアメリカのコーンベルトでは，根系を改良した品種の効果が期待されている。

近年，DNAマーカーを用いて遺伝解析が行なわれ，吸水能力にかかわる遺伝子座や遺伝子が同定されている。DNAマーカーを用いることによって，育種の効率が格段に向上すると期待されている。以下その例を簡単

❷ 同定された遺伝子座や遺伝子

● 根の水伝導度
（hydraulic conductance）〈注20〉

家畜の飼料用などの目的で育成された多収の水稲品種'ハバタキ'，'タカナリ'，'アケノホシ'は，いずれも食用品種の'コシヒカリ'より根の量が多く，水伝導度が高い。

遺伝解析の結果，第4染色体にあるハバタキ対立遺伝子（allele）〈注21〉，第10染色体にあるタカナリ対立遺伝子，第2染色体にあるアケノホシ対立遺伝子が，それぞれ'コシヒカリ'を遺伝的背景（genetic background）とする準同質遺伝子系統（第5章注18参照）イネの根量を増やし，根の水伝導度を高めることが明らかにされている。

● 根の表面積当たりの水伝導度
（hydraulic conductivity）

イネでは，まだ根の表面積当たりの水伝導度の品種間差は認められていない。しかし，第8染色体にあるハバタキ対立遺伝子は，コシヒカリ遺伝背景のイネの根量は増やさないが，根の表面積当たり水伝導度を高めることが最近明らかにされている。

● 深根性

フィリピンの陸稲品種'Kinandang Patong'は深い根系をもつため，高い干ばつ回避性がある（図10-8参照）。この品種の冠根がより垂直方向に伸びることに着目した遺伝解析によって，最近，冠根を垂直方向に伸ばす遺伝子 DEEPER ROOTING 1（DRO1）が第9染色体上に発見された。DRO1のKinandang Patong対立遺伝子を導入した'IR64'を遺伝背景とする準同質遺伝子系統は，'IR64'より深い根系をもち，高い干ばつ回避性を示し，干ばつ条件でも高い子実収量を上げる。

このように，最近，遺伝解析によって明らかにされた吸水能力や干ばつ回避性にかかわる遺伝子（座）を導入した準同質遺伝子系統が，高い吸水能力や干ばつ回避性を発揮する事例が報告され，さらに，遺伝子（座）の集積効果も認められている〈注22〉。

各作物について問題になる吸水能力や干ばつ回避性にかかわる形質を明らかにし，その形質の遺伝子（座）を発見・集積していくことによって，水ストレス条件でも生産性を高く維持できる作物の効率的な育成が可能になるものと期待される。

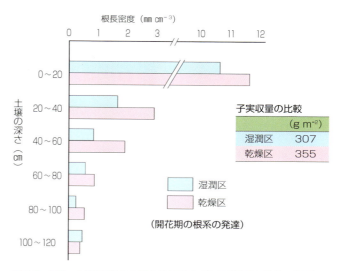

図10-20　生育前半の土壌水分条件とダイズ根系の発達，収量
（Hirasawa et al., 1994, 1998）

湿潤区：播種後から開花期までの約1カ月間を平年の梅雨期の降水量に準じて灌水，乾燥区：播種後約1カ月間を低土壌水分条件で生育

乾燥区のダイズのほうが，土壌の深い層まで根が発達する。その結果，湿潤区，乾燥区とも開花期～収穫期を干ばつ条件で生育させると，乾燥区のダイズは下層の土壌からの水分吸収量が多く，葉の水ポテンシャルや光合成速度を高く維持して，子実収量が高くなる。また，開花期～収穫期を湿潤条件で生育させても，乾燥区のダイズのほうが葉の老化が遅く，子実収量も多くなる

〈注20〉
通水抵抗の逆数を水伝導度という。根の水伝導度は次式であらわせるので，根の水伝導度を大きくするには，根の表面積を大きくするか，根の表面積当たりの水伝導度を高めなければならない。

　　根の水伝導度＝根の表面積×
　　　　　　　　　根表面積当たりの水伝導度

〈注21〉
同一の遺伝子座に存在して異なる特徴（たとえば花色の赤と白）をもたらす遺伝子を対立遺伝子という（第12章注5参照）。

〈注22〉
たとえば，第4染色体にある根量を増やして水伝導度を高めるハバタキ対立遺伝子と，第8染色体にある根の単位表面積当たり水伝導度を高めるハバタキ対立遺伝子をあわせもつコシヒカリ遺伝背景のイネは，根量が増加し，根の単位表面積当たり水伝導度が高くなることによって水伝導度が一層高くなる。

第11章 植物ホルモンとシグナル伝達

ホルモンとは生体内で合成され，ごく微量で大きな影響を与える生理活性物質の総称である。植物には動物とはちがう独自のホルモン群があり，これらは植物ホルモン（phytohormone, plant hormone）とよばれる。植物ホルモンの作用は幅広く，植物のあらゆる生命現象にかかわっているといっても過言ではなく，作物の生産生理と密接に関係している。

1 植物ホルモンの種類と作用

1 オーキシン

❶ オーキシンの発見

オーキシン（auxin）は，もっとも初期にみつかった植物ホルモンである。研究の歴史は，ダーウィン親子による植物の屈光性の研究にまでさかのぼることができる。オーキシンとはいくつかの物質の総称であり，天然体のオーキシンはインドール-3-酢酸（IAA）である（図11-1）。IAAが最初に同定されたのは1931年であるが，植物ホルモンとしての存在が確かめられたのは，トウモロコシからの単離に成功した1946年である。

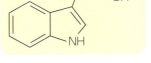

図11-1
インドール-3-酢酸（IAA）

❷ オーキシンの生理作用

オーキシンの生理作用はさまざまであるが，代表的なものとして細胞の伸長の促進や器官原基の形成と分化があげられる。花器官の発生や発根促進，胚発生，維管束の分化・形成，不定胚形成など，植物の成長・発育にとって重要な生理作用を示す。

オーキシンの植物体内での作用機構は，とくに頂端分裂組織でよく調べられている。オーキシンの作用は濃度に依存しており，濃淡によって分化した細胞のその後の運命が決められる。オーキシンの濃度差は，合成・分解や輸送によってつくられていると考えられており，詳細は成書（巻末の参考文献）を参照されたい。

❸ オーキシンの利用

オーキシンの多彩な生理作用は，農業分野でもさまざまに応用されている。天然オーキシンのIAAは不安定なので，実際には合成オーキシンであるα-ナフタレン酢酸（NAA）や2,4-ジクロロフェノキシ酢酸（2,4-D）などが用いられている。

たとえば、2,4-D はかつて除草剤として利用された。これは、高濃度のオーキシンが植物の成長阻害を引き起こすことを利用したものである。ベトナム戦争で用いられた枯葉剤は、2,4-D をはじめとする合成オーキシンである。ほかにも、植物の組織培養でオーキシンは必須であり、ウイルスフリー植物〈注1〉の作成やクローン植物〈注2〉の作成などさまざまな方面で利用されている。

〈注1〉
ウイルスに感染していない茎頂組織を培養して得られる、ウイルスに感染していない植物のこと。イチゴ、ジャガイモ、ラン類などをウイルスフリーにすることによって、収量増や品質改善が認められる。

2 サイトカイニン
❶ サイトカイニンの発見
サイトカイニン（cytokinin）は、オーキシンについで研究の歴史が古く、植物の細胞分裂を誘導する因子として発見された。最初にこのような作用をもつ物質として発見されたのは、カイネチンである。これは、植物の細胞分裂を誘導する物質をさがす過程で、加熱した DNA 溶液から発見された。その後 1964 年に、天然サイトカイニンの1つであるゼアチンがトウモロコシの未熟種子から単離され、植物ホルモンとして認知された。

〈注2〉
同一の起源や遺伝情報をもつ異なる植物個体のこと。挿し木や栄養繁殖もクローン技術に含まれるが、ここでは体細胞を培養し、再分化させたクローン植物のことをさしている。

❷ サイトカイニンの種類
植物に含まれているサイトカイニンは、6 位のアミノ基の窒素に側鎖が結合したアデニンの誘導体である。サイトカイニンは、この側鎖の種類によって分類でき、イソペンテニル型とゼアチン型がある。また、アデニンの 9 位にリボースが結合したものはリボシド型、リボースリン酸が結合したものはリボチド型、なにもついていないものが遊離塩基型である。

活性型の天然サイトカイニンは、遊離塩基型のイソペンテニルアデニンあるいは trans-ゼアチン（図 11-2）である。

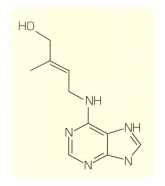

図 11-2 ゼアチン

❸ サイトカイニンの生理作用
サイトカイニンの作用は、上述のように細胞分裂の促進がよく知られている。そのほか、シュートの形成、側芽の活性化や老化抑制などがある。

オーキシンとしばしば拮抗的や協調的に働く。とくに、植物の組織培養ではサイトカイニンとオーキシンがもっとも重要な成長調節物質として使われており、クローン植物やウイルスフリー植物の作成に重要である。

ほかに、頂芽優勢（apical dominance）〈注3〉を解除して枝数を増やしたり、着果率を向上させたり、老化を調節する目的などに用いられている。

こうした用途には、合成サイトカイニンであるベンジルアデニンやチジアズロンなどが利用されている。

〈注3〉
植物の成長で、茎の先端にある頂芽の成長が側芽より優先される現象。

3 ジベレリン
❶ ジベレリンの発見と種類
ジベレリン（gibberelin）は、イネ馬鹿苗病〈注4〉の研究を契機として発見された。19 世紀末から 20 世紀初頭にかけて、イネ馬鹿苗病の原因がイネ馬鹿苗病菌（*Gibberella fujikuroi*）とよばれるカビの一種であることや、カビからでる毒素が病気を引き起こすことなどが明らかにされ、1935

〈注4〉
イネの苗が徒長して淡黄緑色になり、倒伏する病気で、イネ馬鹿苗病菌がジベレリンを分泌することで発病する。

年にジベレリンと命名され，1959年に化学構造が決定された。

ジベレリンは複数のジテルペン化合物の総称であり，高等植物からは110種以上のジベレリンが同定されている。多数の同族体があるため番号がつけられており，GA_1，GA_2，GA_3，……と表記される。活性型の天然ジベレリンとして，GA_1，GA_3，GA_4が知られている。

❷ジベレリンの生理作用と利用

ジベレリンの生理作用は，イネ馬鹿苗病の徒長症状のように，顕著な細胞伸長の促進である。ほかに，種子の休眠打破，発芽促進，開花促進などがある。

活性型ジベレリンのなかで，GA_3（図11-3）は大量生産が可能なため農業の現場で利用されている。種なしブドウ（デラウェア種）〈注5〉はよく知られている例であるが，果実の肥大，着果の促進などにも利用されている。

4 アブシシン酸（アブシジン酸）
❶アブシシン酸の発見

アブシシン酸（abscisic acid）は，植物の落葉促進物質や成長阻害物質の研究から発見された植物ホルモンである。

落葉促進物質の研究から発見された物質は，器官脱離（abscission，アブシシン）を促す物質という意味からアブシシン酸と名づけられた。一方，成長阻害物質の研究では，インヒビターβと呼ばれる物質が発見された。のちにアブシシンとインヒビターβが同じ物質であることが確かめられ，1967年にアブシシン酸という名称に統一された。略称はABAである。

❷アブシシン酸の生合成

アブシシン酸は，炭素数15のセスキテルペン〈注6〉に分類される物質である。（+）-ABAと（−）-ABAの2種類の光学異性体〈注7〉があるが，天然のアブシシン酸は（+）-ABAのみである（図11-4）。

生合成の前半は葉緑体で行なわれ，炭素数40のカロテノイド類からつくられる。葉緑体での複数の反応を経て，カロテノイドからアブシシン酸の前駆体になる炭素数15の分子骨格が切りだされ，それが葉緑体の外に移動し，2段階の反応を経てアブシシン酸が生合成される。

カロテノイドからの切出しは9-*cis*-エポキシカロテノイドジオキシゲナーゼの働きで行なわれ，この反応がアブシシン酸合成の律速段階〈注8〉であるとされている。

❸アブシシン酸の生理作用

アブシシン酸の生理作用で，もっともよく研究されているのは，種子の成熟や休眠過程と，植物の環境応答機構への関与の2つである。

アブシシン酸の生理作用は，生体内でのアブシシン酸濃度の上昇をともなうことが特徴である。たとえば，植物が乾燥ストレスを受けたときには，

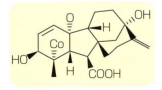

図11-3　ジベレリン（GA_3）

〈注5〉
ブドウ（デラウェア種）の開花期前後に，ジベレリン処理を2回行なうことで種なしブドウができる。1回目は胚珠の受粉能力と花粉の受精能力をなくす，2回目は果実の肥大などを目的に行なわれる。

〈注6〉
イソプレンを構成単位とする炭化水素で，植物や昆虫などでみられる生体物質の一種である。

〈注7〉
同じ化学式だが立体的にちがう構造をもつ物質のことである。生体物質では，光学異性体になると生理活性もちがうことが多い。

〈注8〉
もっとも反応速度が小さく，全体の速さを決めている段階の反応のこと。

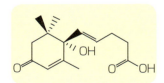

図11-4　（+）-アブシシン酸

植物体内のアブシシン酸濃度が数百倍から数千倍に高まり，気孔の閉鎖をうながしたり多くの遺伝子発現を制御して，細胞内の環境をストレスに対応できるように変化させる（本章3項参照）。

アブシシン酸の作用は，穂発芽や乾燥耐性など，農業生産に直結する現象にかかわっているので，作用機構の解明や安価な合成アブシシン酸の開発など，今後の研究成果がまたれる。

5 エチレン

❶ エチレンの発見

エチレン（ethylene）は，ガス状の植物ホルモンである。19世紀の欧米ではガス灯が一般的に用いられていたが，ガス灯のまわりの街路樹が早く落葉したり，暖房していた温室で植物の老化や落葉が促進されるなどの被害が頻発していた。このような被害をもたらす原因物質が，石炭ガスに含まれるエチレンであることが，1901年に明らかにされた。

しかし，エチレンが植物ホルモンであることが確定したのは，それから約30年後の1934年のことである。

❷ エチレンの生合成

エチレンは，C_2H_4 であらわされる単純な構造の物質である（図11-5）。植物体では，S-アデノシルメチオニン（SAM）から合成される1-アミノシクロプロパン-1-カルボン酸（ACC）から，エチレンが生合成される。

SAMからACCの合成を触媒するACC合成酵素が鍵酵素であり，ACCからエチレンを合成する段階はあまり制御を受けない。そのため，植物にACCを与えればほぼ自動的にエチレンができるため，基礎研究ではエチレン処理のかわりに利用されている。

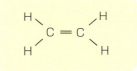

図11-5　エチレン

❸ エチレンの生理作用と利用

エチレンの生理作用でよく知られているのは，果実の成熟促進，器官脱離（落葉・落果）の促進，傷害や機械的なストレスへの反応などである。また，エチレンは芽生えへの影響が顕著で，とくに黄化エンドウ芽生え〈注9〉では三重反応〈注10〉とよばれる特徴的な形態変化がみられる（第2章6-2項参照）。

エチレンの生理作用の特徴から，収穫期やポストハーベスト管理に利用されている。たとえば，果実の成熟促進，開花促進，球根の休眠打破，モヤシの肥大化などである。これらの処理にはエチレンガスをそのまま用いるか，エチレン発生剤であるエテホンを塗布する方法がとられている。

❹ エチレンの阻害と阻害剤

また，エチレン合成や作用を阻害すると，切り花や青果物の鮮度を保持することができる。エチレン作用阻害剤としてチオ硫酸銀錯塩（STS）や1-メチルシクロプロペン（MCP），エチレン合成阻害剤として α-アミノオキシ酢酸（AOA）などが用いられている。

〈注9〉
暗所で発芽させたエンドウで，光がないため緑にならず黄色いままなので，こうよばれている。植物の成長生理の実験材料としてよく利用されている。

〈注10〉
上胚軸の伸長阻害，肥大成長の促進，屈曲成長の3つをさす用語である。

6 ブラシノステロイド

❶ブラシノステロイドの発見

ブラシノステロイド（brassinosteroid）は，1979年に発見された比較的新しい植物ホルモンで，セイヨウアブラナの花粉に含まれる成長促進物質を単離するプロジェクトで同定された。その後，ブラシノライド（brassinolido）（図11-6）と類縁化合物が植物に広く含まれていることが明らかになり，植物ホルモンとして認知された。

ブラシノステロイドはその名の通り，ステロイドの分子骨格をもつ植物ホルモンで，同様の構造をもつ物質群の総称である。ブラシノライドやカスタステロンが，代表的なブラシノステロイドである。

合成経路は多くの分岐があり複雑なので，詳細は成書（巻末の参考文献）を参照されたい。

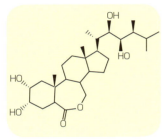

図11-6　ブラシノライド

❷ブラシノステロイドの生理作用と利用

ブラシノステロイドの生理作用は，細胞伸長，細胞分裂，木部分化の促進，老化促進，ストレスへの反応，など多岐にわたる。ブラシノステロイドが合成できない変異体は極端に成長が阻害されるので，他のホルモンと同様に植物が正常に生育していくためになくてはならないものである。

ブラシノステロイドの直接的な農業利用はあまりすすんでいないが，一部の国でタバコやナタネ，ジャガイモなどの増収剤や生育促進剤として使われている。

7 ジャスモン酸

❶ジャスモン酸の発見

ジャスモン酸（jasmonic acid）の研究のはじまりは，ジャスミンの香り成分としてジャスモン酸メチルが同定された，1962年までさかのぼることができる。その後，1970年代から80年代にかけて，植物の成長阻害物質としてジャスモン酸（図11-7）が同定され，植物ホルモンの1つとされた。

さらに，近年の受容体タンパク質〈注11〉の研究によって，細胞内の受容体に作用するのはジャスモン酸そのものではなく，その誘導体である7-iso-ジャスモノイル-L-イソロイシンであることが明らかになっている。

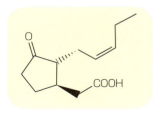

図11-7　ジャスモン酸

〈注11〉
化学物質が細胞と相互に作用するとき，細胞側に化学物質と特異的に結合する物質があることが多い。その多くはタンパク質で，受容体タンパク質と総称されている。

❷ジャスモン酸の生合成

ジャスモン酸は，2つの光学異性体（シス型，トランス型）をもつ物質である。植物細胞内で，リノレン酸からリポキシゲナーゼ経路によって生合成される。

さらに，ジャスモン酸はJAR1（jasmonate resistant 1）タンパク質〈注12〉によってイソロイシンが付加され，(+)-7-iso-ジャスモノイル-L-イソロイシンになる。

ジャスモン酸の生合成は非常に早く，植物の葉に傷害を与えたりするとすみやかに合成される。

〈注12〉
ジャスモン酸アミド合成酵素である。ジャスモン酸とイソロイシンを結合して，7-iso-ジャスモノイル-L-イソロイシンを生成する反応を触媒する。

❸ジャスモン酸の生理作用

ジャスモン酸の生理作用は，傷害，病害，老化などのストレスへの反応や，葯の形成，花粉発芽，塊茎形成などの形態形成にかかわるものがあげられる。そのため，ジャスモン酸が生合成できない変異体では，病害抵抗性や虫害抵抗性が弱まったり，不稔になったりする。

8 サリチル酸

サリチル酸（salicylic acid）（図 11-8）を植物ホルモンに含めるかどうかは，議論が分かれるところである。サリチル酸の植物体中の濃度が比較的高いために，ホルモンの定義にあてはまらないことがおもな理由である。しかし，植物の重要な情報伝達物質として機能していることは明らかである。サリチル酸の生理作用は，病害抵抗性の誘導がもっともよく研究されている。病原菌の感染によって葉に病斑があらわれると，植物体中のサリチル酸濃度が高まり，感染していない場所の抵抗性が誘導される。この現象を全身獲得抵抗性といい，サリチル酸はその主要な情報伝達物質であると認識されている。

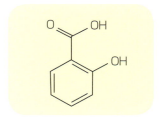

図 11-8　サリチル酸

〈注 13〉
ハマウツボ科の寄生植物で，イネ科作物やマメ科作物に寄生し，アフリカなどで莫大な被害をもたらしている。種子が小さく土中で長期間休眠するなど，駆除がむずしい。

9 ストリゴラクトン

低分子化合物の植物ホルモンとしては，もっとも新しいタイプである。もともとは寄生植物ストライガ属〈注13〉の発芽促進物質として 1995 年に発見・命名されていたが，2007 年に植物の枝分かれを制御する植物ホルモンであることが明らかとなった。ストリゴラクトン（strigolactone(s)）はさまざまな物質の総称であり，ストリゴール（図 11-9）やオロバンコールなどが含まれる。

ストリゴラクトンの生理作用は多様であり，発芽促進や分枝の調節のほか，アーバスキュラー菌根菌〈注14〉との共生を促進することなどが報告されている。農業的には，作物の分げつ数の制御，菌根菌との共生，寄生植物ストライガの防除などに応用できる可能性がある。

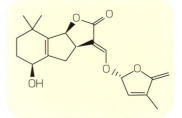

図 11-9　(+)-ストリゴール

〈注 14〉
植物の根に共生し，植物のリン栄養の吸収，水分吸収，耐病性などを促進させる菌類の総称である。

10 ペプチドホルモン

❶ペプチドホルモンとは

低分子化合物のホルモンで，動物では多様なペプチドホルモン（peptide hormone）が知られているが，植物では低分子化合物のホルモン研究が主流で，植物ホルモンの特徴にもなっていた。しかし，近年の研究によって植物にも多様なペプチドホルモンがあることが明らかになってきた。

❷発見されているペプチドホルモン

たとえば，長年研究がつづけられてきた開花ホルモン（フロリゲン，florigen）〈注15〉の正体が 2007 年に同定され，ペプチドホルモンであることが明らかになっている。また，植物細胞の培養液から同定されたファイトスルフォカインは，ペプチド性の細胞増殖因子である。

ほかにも，植物の茎頂分裂組織で重要な役割をもつ CLV3（CLAVATA3）

〈注 15〉
植物の花芽形成を促進させる因子として，1930 年代からその存在が提唱されてきた。近年，シロイヌナズナで発見された FT（Flowering Locus T）タンパク質が，フロリゲンの実体であるとする説が有力となり，2007 年にイネの FT タンパク質にあたる Hd1 タンパク質（ペプチド）が，植物体内を移動することが確認された。

〈注16〉
生育に異常を示すシロイヌナズナ変異体（clavata3）の原因遺伝子として単離された。タンパク質に翻訳されたのち，12個のアミノ酸が結合したポリペプチドになる。

〈注17〉
CLV3に類似したアミノ酸配列をもつ遺伝子群の総称。

〈注18〉
45個のアミノ酸が結合したポリペプチドで，気孔の形成を促進する働きをもつ（第6章5-2項参照）。

〈注19〉
ストマジェンと同じグループであるが，気孔の形成を抑制する。

〈注20〉
植物の根端で作用するペプチドホルモンで，根の形態形成にかかわる。

〈注21〉
ホルモンは基本的に低分子化合物なので，糖などの構造体が付加されると全体の構造が大きくかわるため，ホルモンとして認識されなくなる。

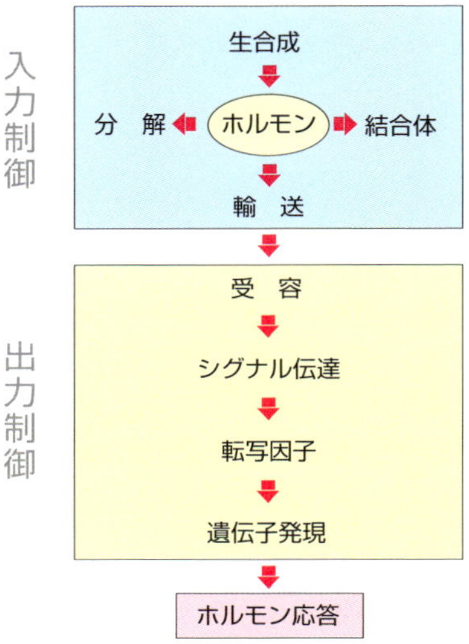

〈注16〉ペプチドと，その近縁であるCLE（CLV3 - Like）〈注17〉ペプチド群，孔辺細胞の形態形成にかかわるストマジェン〈注18〉やEPF1（epidermal patterning factor 1）〈注19〉，根端分裂組織で機能するRGF（root meristem growth factor）〈注20〉など，多くのペプチドホルモンがみつかっており，今後も数は増えていくと思われる。

2 植物ホルモンの作用機構

1 シグナル伝達因子とシグナル伝達系

植物ホルモンが作用するとき，植物のなかではどのようなことがおきているのだろうか。実際におこっていることは非常に複雑であるが，植物ホルモンを入力信号とする回路のようなものを想像するとわかりやすい。

植物の細胞1つひとつにこのような回路がたくさん備わっており，回路を構成するのはさまざまなタンパク質である。そのタンパク質をシグナル伝達因子といい，回路全体のことをシグナル伝達系（signal transduction）とよぶ。

植物ホルモンに対する応答はじつに多様であるが，その全てはこれらのシグナル伝達系によっておこると考えてよい。したがって，植物ホルモンの作用を理解するには，シグナル伝達系の構成要素や，情報の入出力の制御など，回路全体のことを把握する必要がある（図11-10）。

2 ホルモン量の制御

前述のように，植物ホルモンの応答機構を1つの回路としてみると，まず重要になるのは入力信号の制御である（図11-10）。入力信号とは植物ホルモンのことであり，ホルモンの量によってシグナル伝達系の大部分が規定される。したがって，植物の体内では植物ホルモンの量が厳密にコントロールされている。

❶合成と分解による制御

植物ホルモンは植物が生合成している物質なので，その量は合成と分解のバランスによって決まる。多くの植物ホルモンは生合成経路と分解経路が明らかになっており，それをになう酵素が同定されるとともに，活性調節機構についても研究がすすめられている。

また，ホルモンに糖などの構造体〈注21〉を付加して結合体とし，不活性化する仕組みもある。

❷輸送による制御

合成・分解のほかに植物ホルモンの輸送も重要な要因である。

植物ホルモンの輸送は，細胞の中から外への放出と，外から中への取り込みの2種類ある。それぞれ，特定の膜タンパク質が植物ホルモンの輸送体として機能する。この輸送の働きによって，植物細胞中の最終的なホルモン濃度が決まる。

図11-10 植物ホルモン応答の概念図

このようにして，植物ホルモンの量は時間空間的に制御されている。

3 ホルモンの受容—細胞内シグナル伝達系
❶受容体によるホルモンの受容
　植物ホルモンが細胞に到達すると，ある特定のタンパク質がホルモンを受容(reception)する(図11-10)。これらのタンパク質は受容体(receptor)とよばれ，ホルモンという化学物質の情報を，細胞内シグナル伝達系で使える形に変換する役割をもつ。

　受容体は，大きく細胞膜型と可溶型の2つのタイプに分けられる。細胞膜型は細胞外のホルモンを認識し，可溶型は細胞内のホルモンを認識する。可溶型は働く場所によって，細胞質型や核内受容体などに分類される。

　細胞膜型の受容体はブラシノステロイド，エチレン，サイトカイニンなどを，可溶性型の受容体はオーキシン，ジベレリン，アブシシン酸，ジャスモン酸などを認識する。

❷タンパク質の分解で情報を伝達
●ユビキチン-プロテアソーム経路
　ホルモンが受容体に認識されると，受容体タンパク質の立体構造に変化がおこり，その変化がシグナル伝達系に伝えられる仕組みになっている。

　シグナル伝達系では，異なるタンパク質同士の情報のやりとりが連続して行なわれている。情報をやりとりする方法はいくつかあるが，植物ホルモンではタンパク質の分解がよく使われている。この場合，タンパク質の分解は選択的に行なわれる必要があり，ユビキチン-プロテアソーム経路とよばれるシステムが使われる（図11-11)。

●このシステムの中心はユビキチンリガーゼ酵素
　このシステムでは，分解の標的になるユビキチンとよばれるタンパク質が付加され，ポリユビキチン化されたタンパク質はプロテアソームによって分解される。

　したがって，ユビキチンを特定のタンパク質に付加するユビキチンリガーゼという酵素がこのシステムの鍵であり，たくさんの種類がある。特定のユビキチンリガーゼを含むユビキチンリガーゼ複合体が，特定のタンパク質の分解に関与すると考えられている。

　植物ホルモンのシグナル伝達では，このユビキチンリガーゼがホルモン受容体（あるいはその一部）になっていることが特徴的である。たとえば，オーキシンおよびジャスモン酸の受容体は，それぞれTIR1およびCOI1とよばれるユビキチンリガーゼに直接結合することがわかっている。

　ジベレリンの受容体は，ユビキチンリガーゼそのものではないが，ユビキチンリガーゼと一緒に働く，GID1というタンパク質である（図11-11 C)。

●タンパク質分解によるシグナル伝達のメカニズム
　タンパク質分解がかかわる植物ホルモンのシグナル伝達には，多くの共通点がある。たとえば，いずれの場合にもシグナル伝達系が比較的単純な

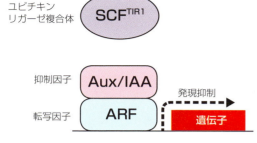

ⓐホルモン無の場合（オーキシンの例）

抑制因子である Aux/IAA が，転写因子である ARF の働きをおさえ，遺伝子発現を抑制している

ⓑホルモン有の場合（オーキシンの例）
（ユビキチン-プロテアソーム経路）

抑制因子（Aux/IAA）が，オーキシン受容体（TIR1）を含むユビキチンリガーゼ複合体（SCF^{TIR1}）によってポリユビキチン化され，プロテアソームによって分解される．その結果，転写因子（ARF）による遺伝子発現が誘導され，オーキシン応答がおこされる

ⓒオーキシン，ジベレリン，ジャスモン酸におけるシグナル伝達因子

	オーキシン	ジベレリン	ジャスモン酸
受容体	TIR1	GID1	COI1
ユビキチンリガーゼ		GID2	
抑制因子	Aux/IAA	DELLA	JAZ
転写因子	ARF	PIF3, PIF4	MYC2

オーキシン，ジベレリン，ジャスモン酸はタンパク質分解を介したシグナル伝達という点で共通しており，抑制因子をユビキチン化して分解する過程も類似している

図 11-11 タンパク質分解を介した植物ホルモンのシグナル伝達
TIR1：transport inhibitor response1, Aux/IAA：auxin/indole-3-acetic acid protein, ARF：auxin response factor, GID1, GID2：それぞれ gibberellin insensitive dwarf 1 と 2, DELLA：DELLA protein, PIF3, PIF4：それぞれ phytochrome interacting factor 3 と 4, COI1：coronatine insensitive 1, JAZ：jasmonate ZIM-domain

点が特徴であり，そのメカニズムは図 11-11 のとおりである．オーキシンを例に説明しよう．

すでに述べたように，オーキシンの受容体 TIR1 はユビキチンリガーゼである．TIR1 の標的は，Aux/IAA というタンパク質群で，TIR1 がオーキシンと結合すると，Aux/IAA をユビキチン化して分解する．

Aux/IAA は，ARF という転写因子（transcription factor）を抑制する働きをもっている．転写因子とは，遺伝子発現を制御するタンパク質のことで，ARF はオーキシンに応答する遺伝子群の発現を調節する転写因子である．したがって，Aux/IAA が分解されることは，ARF による遺伝子発現 ≒ シグナル ON と理解してよい．

つまり，Aux/IAA は，ARF の働きを抑えることでオーキシンのシグナルを負に制御しているが，TIR1 はオーキシンと結合することによって Aux/IAA を分解して，シグナルを ON にするという仕組みである．

このように，オーキシンのシグナル伝達は受容体から遺伝子発現まで，わずか3つのタンパク質で説明できる。このようなシンプルな構成は，ジベレリンやジャスモン酸でも同じで，シグナル伝達の抑制因子を分解するという点も同じである。

❸ 翻訳後修飾による情報伝達

タンパク質分解のほかにもタンパク質同士で情報をやりとりする方法はいろいろあるが，代表例としては翻訳後修飾（post-translational modification）があげられる。翻訳後修飾とは，その名の通り，タンパク質が翻訳されたあとにおこる修飾のことである。翻訳後修飾にはたくさんの種類があるため，ここでは例を1つあげて説明する。

ある特定のアミノ酸残基〈注22〉にリン酸基が付加される修飾を「リン酸化」（phosphorylation）とよび，多くのシグナル伝達系で使われている。リン酸基は負の電荷を帯びているため，リン酸化によってタンパク質の立体構造が影響を受け，タンパク質としての機能が変化する。

ここで重要なことは，リン酸化は可逆的な修飾であるということである。タンパク質はリン酸化されるだけでなく，脱リン酸化（dephosphorylation）もされる。

それぞれ特定の酵素が関係しており，リン酸化はプロテインキナーゼが，脱リン酸化はプロテインホスファターゼが担当する。このように可逆的な翻訳後修飾は，タンパク質の機能を調節するのに都合がよく，スイッチのON/OFFに相当する役割をもっている。

タンパク質のリン酸化は，アブシシン酸やエチレン，ブラシノステロイドなどの植物ホルモンのシグナル伝達系で重要な役割をはたしている。これらのホルモンのシグナル伝達系は比較的複雑なため，ここでその全てを紹介することはできないので，詳細は成書（巻末の参考文献）を参照されたい。

なお，ここでは1つの例としてアブシシン酸のシグナル伝達の仕組みについて，次の項で詳述する。

〈注22〉
タンパク質を構成しているアミノ酸の1単位にあたる部分。

3 シグナルとしての植物ホルモン
―環境条件の感受，伝達，遺伝子発現，反応

植物は移動の自由がないので，さまざまな環境の影響を受けながら生育しなければならない。そのため，植物は環境の変化に対応するための独自のシステムを進化させてきた。そして，環境対応には植物ホルモンがたいへん重要な役割をはたしている。ここではアブシシン酸の例を中心に，植物の環境対応への植物ホルモンの作用について概説する。

1 ストレスホルモンとしてのアブシシン酸

アブシシン酸（以下ABA）は，植物の環境対応に広くかかわっており，別名ストレスホルモンともよばれる。なかでも，乾燥ストレスへの作用は，

もっともよく研究されている1つである。本章1-4項でも述べたように，ABAの研究は植物の成長阻害物質の解析からはじまった。

乾燥ストレスでのABAの役割が注目されるようになったのは，乾燥ストレスを受けた植物体内でABAの濃度が変化したことがきっかけである。植物によってちがうが，乾燥ストレスを受けると体内のABAの濃度が数十から数百倍以上に高まる。しかも，乾燥ストレスが解除（再吸水）されると，ABAは急速に元のレベルに低下するので，植物の乾燥への対応との関連が強く示唆された。

このようなABAの濃度変化は，合成経路や分解経路の酵素群の働きによるものである。ABAの合成経路で，合成にかかわる酵素のない欠損変異体がいくつか発見されており，こうした変異体では体内のABA濃度の低下とともに，乾燥耐性がいちじるしく低下する。したがって，ABAと植物の乾燥耐性の関係は明らかである。

2 ABAシグナル伝達の中枢経路
❶ ABAシグナル伝達の基本因子

ABAの細胞内シグナル伝達系では，タンパク質のリン酸化がきわめて重要で，特定のプロテインキナーゼとプロテインホスファターゼがシグナル伝達因子として機能している。

植物にはプロテインキナーゼが1,000個以上あるが，ABAシグナル伝達で重要な役割をもっているのは，SnRK2（SNF1-related protein kinase 2）とよばれる一群のプロテインキナーゼである。

プロテインホスファターゼにも多くの種類があり，そのなかの1つである2C型プロテインホスファターゼ（PP2C；protein phosphatase 2C）のAグループが，ABAシグナル伝達の中枢で働いている。

一方，ABAの受容体は，PYR/PYL（pyrabactin-resistant 1，別名RCAR（regulatory component of ABA receptors））〈注23〉とよばれている一群のタンパク質である。この受容体と，上記のPP2C, SnRK2の3つは，ABAシグナル伝達の基本因子（コアコンポーネント）とよばれている（図11-12）。

〈注23〉
ABAの受容体として，2009年に同定された。シロイヌナズナには14個あることがわかっている。

❷ ABAシグナル伝達のメカニズム
● SnRK2中心に考えるとわかりやすい

それでは，ABAシグナル伝達の基本因子が，植物細胞内でどのようにシグナルを伝達するのか，そのメカニズムを概説する（図11-12）。

ここでは，プロテインキナーゼであるSnRK2を中心に考えるとわかりやすい。なぜなら，ABAのシグナルのON/OFFは，SnRK2の活性化/不活性化と連動しているからである。

● SnRK2の活性化とリン酸化

SnRK2は他のタンパク質をリン酸化する酵素であるが，自身もリン酸化によって活性化が制御されている。通常状態ではPP2CがSnRK2を脱リン酸化して，SnRK2を不活性化状態に保っている。

しかし，植物が乾燥などのストレスにあうと，ABA 濃度が上昇し，PYR/PYL 受容体にリガンド（ligand）〈注24〉として認識される。ABA が結合すると，PYR/PYL 受容体の立体構造が変化し，ABA にふたをするような形でゲート＆ラッチ構造〈注25〉がつくられる。

構造が変化した PYR/PYL 受容体は PP2C と結合し，PP2C のホスファターゼ活性を阻害する。すると，SnRK2 は PP2C による負の制御から解放されて活性化するとともにリン酸化され，ABA シグナルが ON になる。

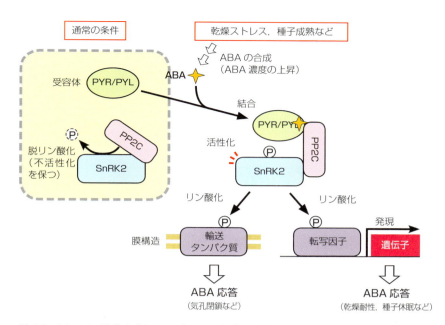

図 11-12　リン酸化を介したアブシシン酸（ABA）のシグナル伝達
PYR/PYL：pyrabactin-resistance/PYR-like，PP2C：protein phosphatase 2C，
SnRK2：SNF1-related protein kinase2

ABA のシグナル伝達では，SnRK2 の活性を制御するために二重の負の制御（PP2C による SnRK2 の制御と，PYR/PYL による PP2C の制御）がかかっている。このような二重に制御をかける仕組みは，オーキシン，ジベレリン，ジャスモン酸などでも使われている。

3 ABA シグナルによる多面的反応の仕組み
❶ 植物の ABA への反応

植物の ABA への反応はさまざまであるが，ここでは単純化のために以下のように考えたい。

成長した植物に ABA を処理すると，おもに 2 つの反応がおこる。

1 つは，気孔の閉鎖である。孔辺細胞の運動は細胞内部のイオン濃度に左右されている。イオン濃度は，イオンを細胞内から放出したり細胞外から取り込むための膜タンパク質の働きで変化する。ABA は膜タンパク質，たとえばイオンチャネルやトランスポーターの活性調節にかかわって，気孔を閉鎖させる。

もう 1 つは，数百という遺伝子の発現を誘導することである。これらは ABA 応答性遺伝子とよばれ，代謝に影響を与える酵素や細胞内環境を保護するタンパク質などが含まれており，植物細胞内をストレスに適応した状態に変化させる。

❷ ABA の反応と ABA シグナル伝達機構

それでは，これらの ABA の反応は，前項で述べた ABA シグナル伝達

〈注24〉
受容体が特異的に認識する物質のことをいう。リガンドは受容体の種類によってちがい，低分子化合物やペプチドなどさまざまである。

〈注25〉
ABA が受容体に認識されるとき，受容体のポケットにはまり込み，その上から2本のペプチド鎖がおおう形になる。この2本のペプチド鎖を扉に見立てて「ゲート＆ラッチ構造」とよぶ。

〈注26〉
転写因子の1つであり，塩基性ロイシンジッパータンパク質ファミリーに属する．ABAに応答した遺伝子発現を制御する主要な転写因子である．

〈注27〉
気孔の開閉は，孔辺細胞内外のイオン輸送によって行なわれており，孔辺細胞には陽イオンや陰イオンを輸送するための輸送体やイオンチャネルがある．SLAC1は，陰イオンの輸送を行なう重要なイオンチャネルである．

機構とどのようにつながるのだろうか．ここでも，SnRK2を中心に考えるとわかりやすい（図11-12）．

SnRK2はABAシグナルの出力装置として機能しており，下流の複数のタンパク質（基質）をリン酸化してシグナルを伝達する．

たとえば，ABA応答性遺伝子の発現を制御する転写因子AREB/ABF（ABA-responsive element-binding protein）〈注26〉は，SnRK2によるリン酸化を受けて転写活性が調節されている．したがって，ABA応答性遺伝子の発現の少なくとも一部は，ABAシグナル伝達によって説明できる．

また，孔辺細胞では，陰イオンチャネルSLAC1（slow anion channel 1）〈注27〉がSnRK2によって制御されることがわかっている．つまり，同じABAに対する反応でも，気孔閉鎖と遺伝子発現ではSnRK2から下の経路がちがうのである．

これ以外にも，SnRK2にリン酸化されるタンパク質はほかにも多数存在すると考えられている．

❸ ストレス耐性や種子成熟，穂発芽などの解明への期待

これまで述べてきたように，ABAは植物の環境対応のかなめになる植物ホルモンである．したがって，ABAの作用機構が明らかになるにつれ，植物の環境ストレス耐性の研究もすすむことが期待される．

そのほか，ABAは種子成熟や穂発芽などにも深くかかわっており，作用機構の研究はこれらの問題に対応するための手段として有効である．

4 作物生産と植物ホルモン研究

冒頭述べたように，植物ホルモンと作物の生産生理は切っても切れない関係にある．たとえば，半世紀前に作物収量を大幅に増加させた「緑の革命」は，作物に半矮性の形質をもたせることで実現したが，この形質はジベレリンの生合成や情報伝達にかかわる遺伝子の変異に由来する（第5章5-1項参照）．

また，サイトカイニンの分解酵素の遺伝子は，イネの収量性（籾数）に直接かかわっていることが近年明らかにされ，育種への利用がまたれている．現在の分子生物学や分子遺伝学の技術を駆使すれば，これまでより効率よく迅速に作物の品種開発をすすめることが可能である．

これまで述べてきたとおり，植物ホルモンは植物の生育や形態形成に大きな影響を与える．したがって，植物ホルモンの研究は作物生産への大きな可能性を秘めているといえる．各種の植物ホルモンの作用機構の研究がすすむことで，作物の諸性質をより深く理解できるようになるとともに，作物の特性を改良するための道筋をつけることが期待される．

第12章 生産生理からみた生産科学の課題

　前章まで，植物の成長，発育，生理現象のうち，作物生産にかかわる重要な形態形成，生理過程について述べてきたが，その内容には植物一般に共通な側面と作物生産に特有な側面が含まれている。

　イネ，コムギ，ジャガイモなどの作物も，代謝生理は植物と基本的部分は同じであることはいうまでもない。しかし，人類が野生植物を作物化してきた過程で，収穫部分の巨大化，密集化，脱粒性の喪失化などによって生産性は大きく向上した。イネについてみれば，生産性の向上は，穂数や籾数の増加といったキャパシティの改善とともに，光合成能力などのソース機能，デンプン代謝を中心としたシンク機能や，これらをささえるいろいろな生理機能の改善によって達成されている。

　このような，作物の生産にかかわる生理機能の特徴を個別作物について明らかにし，その情報を収量，生産性の向上に結びつけることが作物生産生理学の重要な目的である。その成果の反映方向の1つは栽培技術の改善であり，もう1つは品種改良である。

　本書の多くの章に「生理機能の遺伝的改良（の可能性）」という項目を設けたのは，生産生理に関する最近の研究が，とくに作物の遺伝的改良にどう結びついているのか，あるいは，結びつけようとしているかを示すことが，現在の生産生理の位置づけと今後の方向性を考えるうえで重要であるとの認識があったためである。

1 これまでの生産生理研究と利用

　これまで，生理機能の改善による収量向上の研究は，おもに各作物の生理機能そのものや，環境反応への品種間差や作物間差を明らかにし，栽培技術の改善と品種改良に役立たせる方向ですすめられてきた。

1 栽培技術改善への利用

　栽培技術についてみると，施肥，水管理などは生理機能と収量関連形質のかかわりへの理解が基礎になって成り立っている。

　たとえば，穂揃い期の窒素追肥（いわゆる実肥）は，葉の窒素濃度を高めて光合成能力を向上させ，光合成産物の蓄積量を増やすことで登熟歩合を高め，収量増大につなげる。また，穎花（イネ科植物の花）分化終期から出穂期までの追肥は，イネの茎内の非構造性炭水化物（non-structural

〈注1〉
細胞壁の構成成分として利用される構造性炭水化物以外の炭水化物。単糖，ショ糖，デンプンなどがおもな構成成分である。

carbohydrate）〈注1〉を増やし，収量増大に貢献する。

間断灌水技術は，根を活性化させて葉への養水分供給を増やすことで光合成速度を高め，成長や収量向上に貢献する。

2 品種改良への利用

生産生理研究のもう1つの成果の反映方向である品種改良についてはどうだろうか。

これまでの多収品種は短稈，直立葉などの特徴をもつが（第4, 5章参照），これらは稈長や葉の角度などから選抜したもので，光合成速度，デンプン合成能力，吸水能力などの生理機能そのものを育種目標にして育成されたものではない。

しかし，これらの品種は耐肥性や受光態勢が優れており，個体群内への光透過量を増やし，追肥された窒素を茎葉の成長ではなく，葉の窒素含量を増やすことに向けることによって光合成速度を高め，結果としてソース機能が改善されて多収に結びついている。

3 国際稲研究所の育成例―本格的な多収品種育成の試み

生理機能の研究成果をいかして多収品種をデザインし，品種育成を行なった例として，国際稲研究所（IRRI）の new plant type（NPT）の育成があげられる。これは，以下の特徴をもつイネが多収になるという理論をもとに育成された。

- 栄養成長初期の分げつを押さえつつ，葉の成長を促進する（太い分げつを3～4本確保する）（ソース量の確保）。
- 栄養成長後期と生殖成長期では葉の成長を抑制し，かつ葉内窒素濃度を上げる（ソース活性を高める）。
- 上位葉の窒素含量を増やし，体内の窒素濃度勾配を大きくする（受光量の多い上位葉のソース活性を高める）。
- 稈，葉鞘の出穂前炭水化物蓄積を増やす（一時的シンク量の増大）。
- 1穂粒数を多くして登熟期間を長くする（1穂粒数200～250）（シンク容量の増大）。

しかし，育成されたNPT品種は，シンク容量の増大にくらべソース能力の向上がまだ不十分であったため，1穂籾数は増えたが登熟歩合が低く多収にはならなかった。ソース能力の評価と向上に向けた研究が課題として残されたのである。

4 これまでの研究の問題点

このように，生理研究の成果が選抜形質の基礎情報として育種に用いられることは多かったが，光合成速度や酵素活性などの生理機能が直接の選抜形質として採用されることはなかった。

原因は，測定が複雑であったり時間がかかるなどで，多くの系統について信頼性のある測定値を選抜形質として得ることがむずかしかったためである。

2 生産生理研究の発展に向けて

1 多様な研究素材と迅速・正確な測定技術の開発

　近年の分子生物学，ゲノム科学の進展で，植物の生理過程や環境への応答の仕組みが分子レベルで解明されつつある。また，生理機能の遺伝的解析を可能にする研究材料の育成もすすめられている。

　最近は，これらの材料や分子レベルの手法を用いて，生産生理にかかわる遺伝子や，それと連鎖するDNA配列の同定が盛んになっている。そして，収量や環境ストレス耐性の向上に関係する，いろいろな遺伝子座や遺伝子についても最近多く同定されてきた。これらを用いることで，複雑な形質を測定することなく，遺伝子組換え技術やDNAマーカー選抜技術を用いて，新しい多収品種の効率的な育成が期待されている。

　このような生産生理の分子レベルでの研究を可能にした要因の1つは，上述したように新たな研究素材による。そのなかには，特定の遺伝子が破壊された変異系統，特定の遺伝子発現を強化した遺伝子組換え系統，特定の遺伝子領域が置換された同質遺伝子系統，量的遺伝子座（QTL）解析を可能にする交配集団などが含まれる。

　また，複雑な生理機能を迅速かつ正確に測定する技術の確立が，分子レベルでの研究実現に大きく貢献している。

2 変異体を利用した解析
❶増加する変異体利用による解析

　遺伝子の役割や生理機構の解明に，変異体を利用した解析が大きく貢献している。こうした研究の素材は，モデル植物であるシロイヌナズナで最初に開発され，植物生理の分子レベルでの研究に利用されてきた。しかし，共通する代謝生理は多いとはいえ，野生モデル植物であるシロイヌナズナでは生産にかかわる代謝生理を解析することはむずかしい。

　そこで，作物研究のモデルとしてイネの全ゲノム解読がすすめられた。同時に，（独）農業生物資源研究所を中心にさまざまな変異体がつくられ，近年，遺伝子情報と結びつけながらイネの生産生理の分子研究が盛んになってきている。

　第2章から第10章まで，各生産生理分野での遺伝的改良に向けた研究例が示されている。これらの研究成果は上述したさまざまな変異体などの解析にもとづくものが多い。

❷変異体を利用した研究例

　ソース機能ついて変異体を利用した研究例をもう1つ述べる。

　イネの葉では光合成産物の一部はデンプンとして葉緑体内に蓄積され，夜間に分解されて他の組織に転流する。廣瀬らは，葉に過剰にデンプンを蓄積する変異体を単離し，その原因遺伝子を特定して光合成速度などとの関係を調べている。

　レトロトランスポゾンTos17〈注2〉の挿入によってつくられた約6,000

〈注2〉
通常はイネゲノム中で眠っているが，細胞培養による刺激によって自分自身のコピーをゲノム内に増殖させることができる，Tos17配列をもつレトロトランスポゾン。Tos17配列は転移先の遺伝子を破壊する作用があり，これを利用して突然変異体をつくったり，破壊された遺伝子の構造や機能を調べることができる。これによって，イネの遺伝子研究は格段に飛躍した。
レトロトランスポゾンは，トランスポゾン（転移因子）の一種で，自分自身をRNAに複写したのち，逆転写酵素によってDNAに複写し返されて転移する（ゲノム上の位置をかえる）。

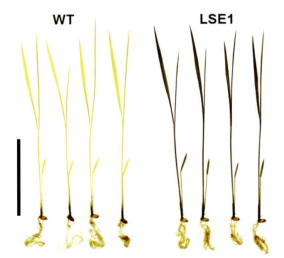

図12-1 LSE1変異体と野生型（WT）のデンプン蓄積のちがい（ヨード染色）(Hirose et al., 2013)
LSE1はデンプン蓄積が多く葉もヨードで染色される

の突然変異系統について，早朝のデンプン蓄積をヨードデンプン反応でスクリーニングして，葉に多量のデンプンが蓄積している3系統の変異体を得た（図12-1）。このうちの1系統（LSE1）の原因遺伝子を，野生型との交配後代の解析から特定したところ，デンプン分解にかかわるαグルカンウォータージキナーゼ（GWD1）〈注3〉に変異が生じて活性が低下し，それが原因で葉にデンプンが高濃度で蓄積することがわかった。

また，この変異体では，光合成速度と栄養成長期の成長量は野生型とかわらなかったが，穂数，登熟歩合，千粒重が減少したため収量は30%程度低下した。このことは，GWD1遺伝子の欠損によるデンプン蓄積は，光合成速度自体には大きく影響しないが，収量にかかわる他の過程を阻害することを示している。

〈注3〉
グルカンとはブドウ糖（グルコース）を含む多糖類の総称であり，デンプン構造の単位になっている。α型とβ型があり，それぞれαグルカン，βグルカンとよばれている。αグルカンウォータージキナーゼはαグルカンにリン酸基を付加する酵素であり，デンプンの分解を促進する役割をもつ。

❷多様な変異体の開発・利用が成否を左右

生産にかかわる生理現象を遺伝子レベルで解析し，収量向上に結びつける研究は今後ますます増えていくと考えられるが，このような突然変異系統などの適切な研究材料の開発・利用が成否を左右する。

また，これまでは，生産性にかかわる生理機能としては，光合成がもっとも注目され研究蓄積も多いが，最近ではショ糖代謝，転流，デンプン蓄積といった炭水化物代謝についても研究が盛んになってきている。

今後は，第7章で積極的意義が強調された呼吸機能などについて，変異体などの解析によって，生産性向上のための新たなターゲットの特定につながることが期待される。

3 生理機能の迅速かつ正確な測定と解析
❶迅速で正確な計測がますます重要に

生産性にかかわる重要な生理形質（光合成能力，デンプン合成能力，倒伏抵抗性など）の原因遺伝子を単離する技術として，形質が大きくちがう栽培品種や野生類縁種を用いた遺伝的解析，とくに量的形質遺伝子座（QTL）の解析が有効である。その場合，対象とする生理形質を的確に把握し，これを迅速，かつ正確に計測することが重要になる。

たとえば，イネの倒伏抵抗性，光合成機能にかかわる遺伝子の単離は，多数の準同質遺伝子系統（near-isogenic line, NIL）（第5章注18参照）の倒伏関連形質や光合成速度を測定することによって達成された。しかし，倒伏をどのように評価するのかはむずかしく，また，屋外の自然条件のもとで生育する作物の光合成速度は短時間に変化するので，これまでは品種改良の1形質として正確に多数の計測を行なうことは困難であった。

しかし，作物生理研究によって開発された倒伏を評価する正確な指標，

また，簡便かつ正確に光合成速度を測定できる装置を用いることで，多数の再現性のある正確なデータを得ることができるようになり，それを準同質遺伝子系統の評価に適用することによって，遺伝子の単離まで結びつけることができている。

❷ **正確な評価で不都合な形質も把握**

水稲では，倒伏抵抗性にかかわる QTL をもつ NIL を利用して，倒伏抵抗性品種が育成されている。しかし，光合成速度を高める遺伝子を導入した NIL はつくられているが，それによって収量が高くなった事例はこれまでになかった。これは，遺伝子の多面発現などによって，乾物生産や収量の向上にとって不都合な形質もあわせて発現することが原因である。しかし，最近になって葉の光合成速度は高まったが，出穂期（生育期間），葉面積指数，個体群構造など，他の乾物生産にかかわる性質はかわらない，乾物生産と収量の高い NIL が育成されてきた。

このように，鍵になる生産生理の形質（光合成速度，酵素活性，代謝物量など）をみきわめて，迅速・正確に計測し，遺伝子座や遺伝子を発見していく研究が今後も必要とされる。

あわせて，発見された遺伝子座，遺伝子を導入した NIL などの乾物生産や収量の評価は，それと関連する他の形質にも着目しながら，発現する形質を生産生理の視点で正確に行なうことが重要である。そして，不都合な形質があれば，それを取り除いたり，他の遺伝子を導入することによって打ち消すような対策をとることが必要になる。

このような過程を経ることによって，はじめて近年進歩のいちじるしい科学と技術を作物生産の場に生かせることになる。

3 新たな品種改良技術，生産予測システムの登場と課題

1 品種改良の早期化

次世代塩基配列解読技術（next-generation sequencing）〈注4〉の登場によって，個々の品種の DNA 配列をより安価で迅速に解読することが可能になっている。そのため，遺伝子レベルの品種間差を明らかにし，品種の特徴（収量性，地域適応性など）を対立遺伝子（allele）〈注5〉のちがいとして理解できるようになった。そして，対立遺伝子の情報をマーカー多型として利用することでゲノミックセレクション（genomic selection, GS）〈注6〉に結びつけ，多収品種を早期開発しようという研究が行なわれている。

こうした研究の促進には，これまで生産生理研究で蓄積してきたさまざまな品種の特徴についての情報が有効であろう。これらの情報と品種ごとの対立遺伝子情報を結びつけることで，各品種の生理的特徴が対立遺伝子のちがいとして理解できるようになり，あわせて不都合な形質を除外したり，打ち消すような操作がより簡単にできるようになる。それによって，

〈注4〉
同時並行して DNA の遺伝子配列を超高速で，大量に読みとれる装置で，ゲノムが解読されることで可能になった。また，たんぱく質など他の分子を解読できる機能もある。

〈注5〉
同一の遺伝子座を占有できる遺伝子の1つひとつ。同じ機能をもつが種類，品種，系統などによって強弱があり，強い機能をもつ対立遺伝子を弱い系統に導入することで品種改良につなげることができる。

〈注6〉
全ゲノムに分布する多数のマーカー多型を目的形質の表現型の多型と結びつけ，個体や系統の遺伝的能力を予測して選抜する方法。形質評価をしなくても個体選抜ができるので効率的育種法として期待されている。

品種改良の早期化につながることが期待できる。

2 遺伝子と環境の相互作用の解明

現在のゲノミックセレクションの予測手法では，遺伝子と環境の相互作用についての要因が十分考慮されていないという問題が指摘されている。いうまでもなく，作物栽培では品種と地域環境との交互作用で生産性が決まる。したがって，各地域の環境条件に品種がどう応答するかは，品種育成での重要な要因であり，実際の育種でも地域適応性試験を経て品種が育成されている。

生産生理研究でも，生産生理にかかわる形質の遺伝子と環境の相互作用を，対立遺伝子のちがいと関連づけて検討し，どの対立遺伝子が収量向上などにもっとも重要なのかを明らかにしていくことは，今後ますます重要な取り組みになるであろう。

3 分類遺伝子発現情報による生育の予測

最近，遺伝子発現を指標に，イネの生育を予測するシステムを開発するプロジェクトがすすめられている。これは，「全国のさまざまな栽培地域の気象条件，作期などの情報と，イネの網羅的な遺伝子発現解析情報から，さまざまな環境での遺伝子発現を予測し，これをもとにイネの生育を予測するシステムを開発」しようというものである（図12-2）。

実用化にはまだ時間がかかると思われるが，たとえば，生産生理形質の品種間差，環境適応へのちがいなどを遺伝子発現やアリルのちがいと関連づけることで，より精度の高いシステム開発が可能となると考えられる。

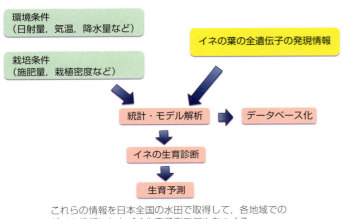

図12-2 遺伝子発現情報を利用したイネの生育予測システムの開発
（旧農業生物資源研究所HPの情報をもとに作図）

4 各地域での品種栽培の最適化のための生産生理研究の重要性

今後，ゲノム研究と結びついた新たな生産生理研究の展開が期待されるが，一方でこのようにして育成された優良品種が各地域で十分な能力を発揮できるかどうかは，さらなる生産生理的視点での栽培試験が不可欠である。

各地域の栽培条件でのソース機能，シンク機能などの評価を行なうことで，その品種の能力と環境条件の関係を明らかにし，生産生理からみた最適な栽培条件を明らかにすることが重要である。また，そうした研究を通して，新たな品種改良の課題の発見にもつなげることができる。

参考文献

〈第1章〉
作物学総論，堀江武ら，朝倉書店，1999．
植物生産生理学，石井龍一編，朝倉書店，1994．
Crop Evolution, Adaptation and Yield, Evans, L.T., Cambridge University Press, 1993.
The Physiology of Crop Yield (2nd Edition), Hay, R. and Porter, J., Blackwell Publishing, 2006.

〈第2章〉
稲学大成　第一巻　形態編，第二巻　生理編，松尾孝嶺ら編，農文協，1990．
作物学用語事典，日本作物学会編，農文協，2010．
種子の科学とバイオテクノロジー，種子生理生化学研究会編，学会出版センター，2009．

〈第3章〉
稲・麦の分蘖研究，片山佃，養賢堂，1951．
解剖図説イネの生長，星川清親，農文協，1975．
作物―その形態と機能―上巻，北條良夫・星川清親編，農業技術協会，1976．
作物Ⅰ[稲作]，後藤雄佐ら，全国農業改良普及協会，2000．
作物学用語事典，日本作物学会編，農文協，2010．
作物の生理生態，佐藤庚ら，文永堂，1984．
V字理論稲作の実際（第2版），松島省三，農文協，1969．

〈第4章〉
稲作の改善と技術，松島省三，養賢堂，1973．
井原豊のへの字型イネつくり，井原豊，農文協，1991．
光合成と物質生産，宮地重遠・村田吉男編，理工学社，1980．
作物の光合成と生態，村田吉男ら，農文協，1976．
作物の生態生理，佐藤庚ら，文永堂，1984．
植物生産生理学，石井龍一編，朝倉書店，1994．
Die Stoffproduktion der Pflanzen. Boysen Jensen, P., Verlag von Gustav Fischer, Jena, 1932.

〈第5章〉
稲学大成　第一巻　形態編，第二巻　生理編，第三巻　遺伝編，松尾孝嶺ら編，農文協，1990．
作物―その形態と機能―下巻，北条良夫・星川清親編，農業技術協会，1976．
作物学，今井勝・平沢正編，文永堂，2013．

〈第6章〉
朝倉植物生理学講座3　光合成，佐藤公行編，朝倉書店，2002．
現代植物生理学1　光合成，宮地重遠編，朝倉書店，1992．
光合成事典，日本光合成研究会編，学会出版センター，2003．
作物学事典，日本作物学会編，朝倉書店，2002．
植物生理学（第3版），L.テイツ・E.ザイガー編，西谷和彦・島崎研一郎監訳，培風館，2004．
植物の生態－生理機能を中心に，寺島一郎，裳華房，2013．
光と水と植物のかたち，種生物学会編，文一総合出版，2003．
C_4 Photosynthesis and Related CO_2 Concentrating Mechanisms, Raghavendra, A.S. and Sage, R.F. (eds), Springer, 2011.
Plant Physiological Ecology (2nd Edition), Lambers, H. et al., Springer, 2008.

〈第7章〉
呼吸と作物の生産性，信濃卓郎・及川武久訳，学会出版センター，2001．
細胞の分子生物学（第5版），中村恵子・松原賢一監訳，ニュートンプレス，2010．
植物生理学概論，桜井英博ら，培風館，2008．
Advances in Photosynthesis and Respiration Vol.18, Lambers, H. and Ribas-Carb, M. (eds.), Springer, 2005.
Alternative Oxidase: A mitochondrial respiratory pathway to maintain metabolic and signaling homeostasis during abiotic and biotic stress in plants. Vanlerberghe, G.C., Int. J. Mol. Sci.14: 6805‐6847, 2013.
Thermal acclimation and the dynamic response of plant respiration to temperature, Atkin, O.K. and Tjoelker, M. G., Trends Plant Sci. 8: 343‐351, 2003.

〈第8章〉
植物細胞工学シリーズ18　植物の膜輸送システム，加藤潔ら監修，秀潤社，2003．

〈第9章〉
Plant Physiology (3rd Edition), Taiz, L. and Zeiger, E. (eds.), Sinauer Associates, Inc., Publishers, 2002.
朝倉植物生理学講座②　代謝，山谷知行編，朝倉書店，2001．
新植物栄養・肥料学，米山忠克ら著，朝倉書店，2010．

〈第10章〉
植物細胞工学シリーズ11　植物の環境応答，渡邊昭他監修，秀潤社，1999．
植物細胞工学シリーズ18　植物の膜輸送システム，加藤潔ら監修，秀潤社，2003．
植物生産生理学，石井龍一編，朝倉書店，1994．
水環境と植物，田崎忠良監訳，養賢堂，1986．
Water Relations of Plants and Soils, Kramer, P.J. and Boyer, J. S., Academic Press, 1995.

〈第11章〉
新しい植物ホルモンの科学（第2版），小柴共一・神谷勇治編，講談社，2010．
植物のシグナル伝達－分子と応答，柿本辰男ら編，共立出版，2010．

〈第12章〉
地球環境と作物，巽二郎編，博友社，2007．

和文索引

〔数字〕
1次分げつ……………………………40
2,4-ジクロロフェノキシ酢酸
　（2,4-D）…………………………148
2-オキソグルタル酸………86, 88, 119
2次分げつ……………………………40
14-3-3タンパク質…………………118

〔A〜U〕
ABAシグナル伝達…………………159
ABA応答性遺伝子…………………159
ADP-グルコース
　トランスロケーター……………109
ADP-グルコース
　ピロホスホリラーゼ……………109
ATP合成酵素…………………………87
ATP合成酵素複合体…………………67
ATP分解酵素…………………………103
C_3-C_4中間植物……………………82
C_3回路………………………………67
C_3光合成……………………………67
C_3植物…………………………67, 98
C_4回路………………………………68
C_4光合成……………………………67
C_4植物………………………………67
CA貯蔵…………………………………91
CAM植物………………………………67
CO_2補償点…………………………74
DNAマーカー選抜……………………63
DNAマーカー選抜技術……………163
EM経路………………………………85
EMP経路………………………………85
L-リンゴ酸……………………………86
LEAタンパク質……………………17, 135
NADP-リンゴ酸酵素…………………70
NAD-リンゴ酸酵素…………………70
Nodファクター……………………122
PEPカルボキシキナーゼ……………70
TCA回路………………………………84
UDP-ガラクトース…………………100
UDP-グルコース……………………100

〔α〕
α 1,6グリコシド結合………………109
αグルカンウォーター
　ジキナーゼ（GWD1）……………164
α-ナフタレン酢酸（NAA）………148

〔あ〕
アクアポリン……………………72, 139
亜酸化窒素（N_2O）………………115
亜硝酸還元酵素……………………116
アスパラギン………………………116
アスパラギン酸……………………116
アセチルCoA…………………………86
アセチレン…………………………122
アセチレン還元法…………………122

圧ポテンシャル……………………133
圧流説………………………………106
アデノシン-5'-三リン酸……………85
アデノシン-5'-二リン酸……………84
アブシシン酸
　（アブシジン酸）…………133, 150
アブラナ科……………………………10
アポプラスティック経路……………97
アポプラスト…………………97, 138
アミド型植物………………………124
アミノ基転移酵素…………………120
アミロース…………………………108
アミロプラスト……………………108
アミロペクチン……………………108
アラントイン………………………124
アラントイン酸……………………124
アリューロン層………………………16
アルコール発酵………………………85
暗呼吸…………………………………85
アントシアニン………………………73
暗発芽種子……………………………24
暗反応…………………………………65
アンモニウム…………………………95
アンモニウムイオン………………115
アンモニウムトランスポーター…116
アンローディング……………………97

〔い〕
異圧葉…………………………………32
イオンチャネル………………………11
イオンポンプ…………………………11
維管束……………………………10, 95
維管束鞘延長部………………………32
維管束鞘細胞……………32, 67, 97
維持係数………………………………92
維持呼吸………………………………92
イソアミラーゼ型…………………109
イソクエン酸…………………………86
一次生産…………………………………5
溢泌液………………………………128
遺伝子組換え技術…………113, 163
遺伝資源………………………………83
イネ科……………………………………8
イノシトール………………………100
イモ類……………………………………8
インドール-3-酢酸（IAA）………148
インベルターゼ……………………100

〔う〕
ウイルスフリー植物………………149
羽状複葉………………………………31
ウリ科……………………………………10
ウリカーゼ…………………………124
ウリジン二リン酸…………………101
ウレイド……………………………124
ウレイド型植物……………………124

〔え〕
穎………………………………………18
穎果…………………………………110

穎花…………………………………161
永久萎凋点…………………………137
栄養器官…………………………………8
栄養成長………………………………10
腋芽……………………………………10
枝………………………………………10
エチレン……………………………151
エテホン……………………………151
エムデン-マイエルホフ-
　パルナス経路………………………85

〔お〕
オーキシン…………………………148
オーキシン濃度……………………127
オートレギュレーション…………125
オキサロ酢酸……………………86, 88
オリゴ糖………………………………98
オルガネラ……………………………96
オルターナティブ経路………………87
温帯型マメ科植物…………………123

〔か〕
カーリング…………………………122
開花……………………………………12
塊茎……………………………8, 108
塊根……………………………8, 108
介在分裂組織…………………………36
解糖系…………………………………84
外皮…………………………………139
海綿状組織……………………………33
花芽形成………………………………12
核酸……………………………………88
拡散抵抗……………………………136
拡散伝導度…………………………136
仮軸分枝………………………………39
果実……………………………………10
カスパリー線………………………139
花柱……………………………………12
活性酸素…………………………21, 73
下胚軸…………………………………10
下皮…………………………………139
花粉……………………………………12
花粉管…………………………………12
花房……………………………………12
花葉……………………………………31
カラー…………………………………30
ガラクチノール……………………100
ガラクチノール合成酵素…………100
ガラクトース………………………100
カリウム………………………………95
カルビン・ベンソン回路……………98
カロテノイド…………………………66
稈……………………………………110
冠根……………………………………11
含水量………………………………132
感染糸………………………………122
完全葉…………………………………31
乾燥回避性…………………………144
乾燥耐性…………………………135, 144

和文索引

乾燥逃避性·················144
間断灌水技術················162
干ばつ回避性················144
干ばつ耐性···············135, 144
干ばつ逃避性················144
乾物生産····················5
乾物分配率··················111

〔き〕
気孔··············10, 33, 36, 71, 133
気孔抵抗················37, 71, 136
気孔伝導度···············37, 136
キサントフィルサイクル··········73
機動細胞····················32
基本栄養成長性················12
キャビテーション··············141
吸光係数····················45
吸水······················135
吸水能力···················162
強稈化···················61, 62
凝集力説···················140
極核······················12

〔く〕
クエン酸····················86
クエン酸回路·················85
茎·······················10
草型······················51
クチクラ抵抗·················136
クチクラ伝導度···············136
クランツ型葉構造···············67
グリコール酸回路···············68
グリシンベタイン··············134
グリセルアルデヒド 3-リン酸·······98
グリセロール··················88
クリプトクロム················10
グルカン···················108
グルカン脱分枝酵素·············109
グルコース···················98
グルコース 1-リン酸············100
グルコース 6-リン酸············100
グルタミン··················116
グルタミン合成酵素·············119
グルタミン酸·················116
グルタミン酸合成酵素···········119
グルタミン酸脱水素酵素··········119
クレブス回路··················85
クローン植物·················149
クロロフィル··················66
群落·······················6

〔け〕
蛍光色素···················101
経済学的収量·················112
茎頂分裂組織···············10, 26
ゲート&ラッチ構造·············159
ゲノミックセレクション··········165
限界日長····················30
原基······················10
嫌気呼吸····················85

原形質膜····················97
原形質連絡···················96
玄米·······················16

〔こ〕
好気呼吸····················87
光合成···················5, 30, 65
光合成速度············110, 133, 162
光合成能力····················7
光合成有効放射················72
高出葉·····················31
合成オーキシン···············148
合成サイトカイニン············149
孔辺細胞················33, 36
呼吸····················10, 30
呼吸商·····················89
呼吸の基質···················88
呼吸量·····················43
国際稲研究所············52, 82, 162
穀類·······················8
個体群··················6, 43
個体群光合成速度··············111
個体群構造················7, 43
個体群成長速度··············6, 50
コハク酸····················86
糊粉層·····················16
ころび型倒伏··············55, 60
根圧······················137
根圏······················121
根端······················11
根端分裂組織··················11
根長密度···················138
根粒······················122
根粒菌·····················121
根粒菌感染細胞················123
根粒原基···················122

〔さ〕
最高分げつ期·················40
最大個葉光合成速度·············7
サイトカイニン············78, 149
細胞間隙·················71, 96
細胞質型 FBPase··············100
細胞壁·····················96
細胞壁型インベルターゼ·········107
細胞膜···················11, 97
作型·······················6
柵状組織···················33
挫折型倒伏···············55, 58
サリチル酸··················153
酸化的リン酸化················87
三重反応···················151
酸性インベルターゼ············100
三炭糖リン酸·················98
三炭糖リン酸／無機リン酸
　　トランスロケーター·········98
散布体·····················15
散乱放射····················45

〔し〕
師（篩）管················32, 95
師管液·····················97
シグナル伝達系···············154
師孔······················96
脂質二重層···················11
雌ずい·····················12
次世代塩基配列解読技術·········165
師（篩）部···············10, 32, 95
シトクロム··················117
シトクロム経路················86
師板······················96
ジヒドロキシアセトンリン酸······98
師部アンローディング···········97
師部後の輸送·················105
師部柔細胞···················96
師部ローディング··············97
ジベレリン··················149
子房···················12, 18
脂肪酸·····················88
ジャスモン酸·················152
収穫指数·················6, 112
柔細胞·····················32
収量···················5, 114
収量キャパシティ·············112
収量構成要素···············14, 114
収量内容生産量···············112
受光態勢···············7, 48, 162
主根······················11
種子······················9, 15
種子休眠····················21
主軸······················39
種子根·····················11
受精······················15
受精卵·····················12
出液······················136
出芽···················10, 25
受動的吸水··················136
種皮···················10, 15
受粉······················12
受容······················155
受容体····················155
春化······················12
純生産量················43, 80
純同化率····················6
子葉···················10, 17, 30
小維管束················36, 96
蒸散················11, 30, 135
硝酸イオン··················115
硝酸還元酵素················116
硝酸トランスポーター··········116
師要素·····················96
師要素／伴細胞複合体···········96
上胚軸·····················10
小胞体·····················97
鞘葉···················10, 30
小葉······················31

和文索引

小葉柄 ·· 31
植物体内代謝の恒常性 ······················ 87
植物ホルモン ···································· 148
初生葉 ·· 31
ショ糖 ·· 97
ショ糖エフラクサータンパク質 ······ 103
ショ糖合成酵素 ································ 100
ショ糖トランスポーター ················ 103
ショ糖 6-リン酸 ······························ 100
シンク ·· 95
シンク活性 ······································ 112
シンク器官 ·· 95
シンク能 ·· 110
シンク容量 ······································ 112
シンク量 ·· 162
浸透調整 ································· 134, 145
浸透的吸水 ······································ 136
浸透ポテンシャル ··················· 106, 133
シンプラスティック経路 ·················· 97
シンプラスト ···························· 97, 138

〔す〕
スクシニル-CoA ································ 86
スクロースリン酸合成酵素 ············ 100
スクロースリン酸ホスファターゼ · 100
スターター施肥 ······························ 125
スタキオース ···································· 97
ストリゴラクトン ···························· 153
ストロマ ·· 66
ストロン ·· 108

〔せ〕
ゼアチン ·· 149
精細胞 ·· 12
生産生理学 ·· 5
生殖器官 ·· 12
生殖成長 ·· 12
成長 ·· 5
成長係数 ·· 92
成長効率 ·· 94
成長呼吸 ·· 92
成長点 ·· 29
生物学的収量 ·································· 112
生物的窒素固定 ······························ 121
節 ·· 10, 29
節間 ···································· 11, 29, 34
節間伸長 ·· 29
折損型倒伏 ·· 60
染色体断片置換系統 ················ 63, 113
全身獲得抵抗性 ······························ 153
千粒重 ·· 114

〔そ〕
総生産量 ·· 43
相対含水量 ······································ 132
早晩性 ·· 6
層別刈取り法 ···································· 43
ソース ·· 95
ソース・シンク関係 ······················ 110
ソース・シンク相互作用 ·············· 110

ソース活性 ······························ 111, 162
ソース器官 ·· 95
ソース能 ·· 110
ソース葉 ·· 97
ソース容量 ······································ 111
ソース量 ·· 162
側芽 ·· 39
側根 ·· 11
ソルビトール ··························· 98, 134

〔た〕
ターンオーバー ································ 91
大維管束 ····································· 36, 96
体積弾性率 ······································ 144
耐肥性 ······································ 41, 162
太陽放射 ·· 43
托葉 ·· 30
脱リン酸化 ······························ 118, 157
短稈化 ·· 61
短距離輸送 ·· 96
単軸分枝 ·· 39
短日植物 ·· 12
単糖 ·· 98
単糖トランスポーター ··················· 104
タンパク質の合成 ···························· 91
単葉 ·· 31

〔ち〕
地下子葉型 ·· 31
チジアゾロン ·································· 149
地上子葉型 ·· 31
窒素 ·· 95, 115
窒素固定 ·· 121
窒素固定細菌 ·································· 121
窒素利用効率 ···································· 77
中央細胞 ·· 12
中性インベルターゼ ······················ 100
中性植物 ·· 12
柱頭 ·· 12
中肋 ······································ 31, 34, 101
頂芽 ·· 39
頂芽優勢 ·· 149
長距離輸送 ·· 95
長日植物 ·· 12
重複受精 ·· 12
直達放射 ·· 45
貯蔵脂質 ·· 108
貯蔵組織 ····································· 16, 96
貯蔵炭水化物 ·································· 108
貯蔵タンパク質 ······························ 108
貯蔵物質 ····································· 15, 95
チラコイド ·· 66

〔つ〕
通水抵抗 ·· 136

〔て〕
低温発芽性 ·· 27
低出葉 ·· 31
適合溶質 ·· 134
デスモチュービュル ························ 97

デブランチングエンザイム ············ 109
電子伝達系 ·· 85
転写因子 ································· 131, 160
転送細胞 ·· 102
デンプン ··································· 100, 108
デンプン合成酵素 ·························· 109
デンプン合成能力 ·························· 162
デンプン粒 ·· 17
転流 ·· 13, 95
転流糖 ·· 97

〔と〕
糖アルコール ···································· 98
糖アルコールトランスポーター ···· 104
同化産物 ·· 95
道（導）管 ································· 32, 95
登熟歩合 ·· 114
同伸葉・同伸分げつ理論 ················ 41
倒伏 ·· 55
倒伏指数 ·· 59
土壌-植物-大気連続体 ··················· 136
トランスポーター ···························· 11
トランスロケーター ······················ 100
トリカルボン酸回路 ························ 84

〔な〕
内皮 ·· 138

〔に〕
ニコチン酸アミドアデニンジヌク
　レオチド ·· 84
ニコチン酸アミドアデニンジヌク
　レオチドリン酸 ···························· 86
日射 ·· 43
日長の感受 ·· 30
ニトロゲナーゼ ······························ 122
乳酸発酵 ·· 85
尿酸 ·· 124

〔ね〕
根 ·· 10
熱ショックタンパク質 ····················· 20
熱帯型マメ科植物 ·························· 123

〔の〕
濃縮機構 ·· 102
能動輸送 ·· 103
濃度勾配 ·· 102

〔は〕
葉 ·· 10
胚 ·· 10, 15
胚軸 ·· 10
胚珠 ·· 15
排水 ·· 136
胚乳 ·· 10, 15
胚のう ·· 12
胚盤 ·· 10, 16
バクテロイド ·································· 123
破生通気組織 ···································· 91
発育 ·· 5
発芽 ·· 9, 21
花 ·· 12

和文索引

伴細胞······96
半矮性遺伝子······61
半矮性品種······8

〔ひ〕
光屈性······10
光形態形成······10
光呼吸······67
光阻害······73
光発芽種子······23
光飽和点······73
光補償点······73
非感染細胞······123
非構造性炭水化物······110, 161
皮層繊維組織······57
一穂籾数······114
比葉重······38
表皮······11, 36

〔ふ〕
ファイトマー······29
フィトグリコーゲン······109
フィトクロム······10, 23
フォトトロピン······10
不完全葉······30
副細胞······33
複葉······31
普通葉······31
物質生産······5
不稔······12
フマル酸······86
ブラシノステロイド······54, 152
ブラシノライド······152
フラビンアデニンジヌクレオチド······86
フラボノイド······122
ブランチングエンザイム······109
フルクタン······108
フルクトース······98
フルクトース 1,6-二リン酸······100
フルクトース 6-リン酸······100
プルラナーゼ型······109
プロテインキナーゼ······157
プロテインホスファターゼ······157
プロテオーム······20
フロリゲン······153
プロリン······134
分げつ······10, 39
分げつ期······40

〔へ〕
ベタシアニン······73
ペプチドホルモン······153
ベルバスコース······97
ベンジルアデニン······149
ペントースリン酸経路······85

〔ほ〕
穂······12
膨圧······106, 133
萌芽······9
胞子体······15

圃場容水量······137
穂数······114
ホスホエノールピルビン酸（PEP）
　カルボキシラーゼ······68, 128
穂揃い期······161
穂発芽······27
ポリマートラップ······104
本葉······10, 31
翻訳後修飾······157

〔ま〕
膜タンパク質······11
マメ科······10
マメ類······8
マルトース······100
マンナン······108
マンニトール······98

〔み〕
ミオイノシトール······100
実生······21
水ストレス······132
水チャネル······139
水伝導度······147
水ポテンシャル······106, 132
水利用効率······76
ミトコンドリア······96
緑の革命······52

〔む〕
無機窒素化合物······126
無限型根粒······123
無限伸育型······12
無効分げつ······41
無胚乳種子······17

〔め〕
明反応······65
メタボリックエンジニアリング······82

〔も〕
木部······10, 32, 95

〔や〕
葯······12

〔ゆ〕
有限型根粒······123
有限伸育型······12
有効茎歩合······41
有効水分······137
有効分げつ······40
有効分げつ決定期······41
雄ずい······12
有胚乳種子······16
有腕細胞······33
ユビキチン-プロテアソーム経路······155
ユビキチンリガーゼ······155
ユビキチンリガーゼ複合体······155
ユビキノン（UQ）······87

〔よ〕
葉腋······10
幼芽······10
葉間期······35

葉隙······35
葉原基······29
幼根······10
葉耳······36
葉軸······31
葉鞘······30, 36, 110
葉身······30, 36
要水量······76
葉跡······35
葉舌······36
葉的器官······31
葉肉細胞······33, 36, 67, 96
葉肉抵抗······72
養分吸収呼吸······93
葉柄······30
葉脈······31
葉面境界層抵抗······71, 136
葉面積指数······6, 30, 43
葉緑体······65, 98
葉緑体包膜······98

〔ら〕
ラフィノース······97
ラフィノース類オリゴ糖······100
卵細胞······12
ラン藻······121

〔り〕
リガンド······159
離生通気組織······91
理想型······53
量子収率······73
量的形質遺伝子座···27, 63, 83, 114
リン······95
リン酸······95
リン酸化······118, 157
鱗片葉······31

〔る〕
ルビスコ······38, 67, 120

〔れ〕
レグヘモグロビン······123
レトロトランスポゾン Tos17······163

〔ろ〕
老化······78
ローディング······97
六炭糖······98

〔わ〕
湾曲型倒伏······55, 60

〔A〕

- ABA················150
- abscisic acid················150
- active transport················103
- adaptability for heavy manuring······41
- adenosine diphosphate················84
- adenosine triphosphate················85
- ADP················84
- ADP-glucose pyrophosphorylase, AGPase················109
- ADPGT················109
- aerobic respiration················87
- albuminous seed················16
- alcohol fermentation················85
- aleurone layer················16
- alternative pathway················87
- aminotransferase················120
- ammonium transporter················116
- amylopectin················108
- amylose················108
- anther················12
- anthesis················12
- anthocyanin················73
- apical bud················39
- apical dominance················149
- apoplasm················97
- apoplast················97, 138
- aquaporin················72, 139
- arm cell················33
- ATP················85
- auricle················36
- auxin················148
- available water················137
- axillary bud················10

〔B〕

- basic vegetative growth················12
- betacyanin················73
- bleeding················136
- boundary layer resistance················136
- branch················10
- branching enzyme, BE················109
- brassinolido················152
- brassinosteroid················152
- brownrice················16
- bulliform cell················32
- bundle sheath cell················67
- bundle sheath extension················32

〔C〕

- C_3 cycle················67
- C_3 photosynthesis················67
- C_3 plant················67, 98
- C_4 cycle················68
- C_4 photosynthesis················67
- C_4 plant················67
- CAM (Crassulacean Acid Metabolism)················67
- CAM plant················67
- canopy················43
- canopy architecture················7
- canopy light extinction coefficient···45
- canopy structure················43
- carboxyfluroresein diacetate················102
- carotenoid················66
- Casparian strip················139
- cataphyll················31
- cavitation················141
- cell membrane················11
- cell wall················96
- central cell················12
- cereal crops················8
- cereals················8
- chlorophyll················66
- chloroplast················65
- citric acid cycle················85
- CO_2 compensation point················74
- cohesion theory················140
- coleoptile················10, 30
- collar················30
- community················6
- companion cell················96
- compatible solute················134
- complete leaf················31
- compound leaf················31
- controlled atmosphere storage················91
- cortical fiber tissue················57
- cotyledon················10, 17, 30
- critical daylength················30
- crop growth rate, CGR················6, 50
- crown root················11

〔D〕

- curling················122
- cuticular conductance················136
- cuticular resistance················136
- cytochrome pathway················86
- cytokinin················78, 149

〔D〕

- dark reaction················65
- dark respiration················85
- day-neutral plant················12
- debranching enzyme, DBE················109
- dephosphorylation················157
- desmotubule················97
- determinate type················12
- development················5
- diffuse solar radiation················45
- diffusion conductance················136
- diffusion resistance················136
- direct solar radiation················45
- disseminule················15
- double fertilization················12
- drought avoidance················144
- drought escape················144
- drought tolerance················135, 144
- dry-matter production················5

〔E〕

- ear················12
- earliness················6
- egg cell················12
- electron transport system················85
- Embden-Meyerhof-Parnas pathway················85
- embryo················10, 15
- embryosac················12
- emergence················10, 25
- endodermis················138
- endoplasmic reticulum················97
- endosperm················10, 15
- epicotyl················10
- epidermis················11, 36
- epigeal cotyledon················31
- ethylene················151
- exalbuminous seed················17
- exodermis················139
- exudation················136

【F】

FAD ··· 117
FADH$_2$ ·· 86
fertilization ·· 15
fertilized egg ······································· 12
field capacity ···································· 137
flavin adenine dinucleotide ············· 86
floral leaf ··· 31
florigen ·· 153
flower ·· 12
flower bud formation ······················· 12
flower cluster ···································· 12
flowering ··· 12
foliage leaf ································· 10, 31
frucrose 1,6 - bisphosphate,
　F1,6BP ·· 100
fructose 6 - phosphate, F6P ········· 100
fructose, Fru ···································· 98
fructose1,6 - bisphosphatase ········ 100
fruit ··· 10

【G】

galactinol ·· 100
galactinol synthase ······················· 100
galactose ·· 100
genetic resource ······························ 83
genomic selection, GS ················· 165
germination ································ 9, 21
gibberelin ······································· 149
glucan ··· 108
glucose 1 - phosphate, G1P ········· 100
glucose 6 - phosphate, G6P ········· 100
glucose, Glc ····································· 98
glume ·· 18
glutamate dehydrogenase ··········· 119
glutamate synthase ······················ 119
glutamine synthetase ··················· 119
glycolate cycle ·································· 68
glycolysis ·· 84
granule-bound starch
　synthase, GBSS ···························· 109
green revolution ······························ 52
gross production ····························· 43
growth ··· 5
growth efficiency, GE ······················ 94
growth respiration ··························· 92
guard cell ·································· 33, 36
guttation ··· 136

【H】

H$^+$ - ATPase ······································· 103
harvest index ····························· 6, 112
head ·· 12
heat shock protein ·························· 20
heterobaric leaf ······························· 32
hexose ·· 98
hydraulic conductance ················· 147
hydraulic conductivity ·················· 147
hypocotyl ··· 10
hypodermis ···································· 139
hypogeal cotyledon ························ 31
hyposophyll ····································· 31

【I】

ideotype ··· 53
incomplete leaf ······························· 30
indeterminate type ························· 12
intercalary meristem ······················ 36
intercellular space ···················· 71, 96
internode ······························ 11, 29, 34
internode elongation ····················· 29
invertase ·· 100
ion channel ······································ 11
ion pump ·· 11
IRRI ··· 52

【J】

jasmonic acid ································ 152

【K】

Kranz leaf anatomy ························ 67
Krebs cycle ······································ 85

【L】

lactic acid fermentation ················· 85
large vascular bundle ····················· 36
lateral bud ·· 39
lateral root ······································· 11
late embryogenesis abundant
　タンパク質 ····························· 17, 135
leaf ·· 10
leaf area index, LAI ·········· 6, 30, 43
leaf axil ·· 10
leaf blade ·································· 30, 36
leaf boundary layer resistance ····· 71
leaf gap ·· 35
leaf primordia ································· 29
leaf sheath ································· 30, 36
leaf trace ·· 35
leaflet ·· 31
ligand ··· 159
light compensation point ·············· 73
light intercepting characteristics ··· 48
light reaction ··································· 65
light saturation point ····················· 73
light-intercepting characteristics ····· 7
ligule ··· 36
lipid bilayer ······································ 11
loading ··· 97
lodging ··· 55
lodging index ·································· 59
long-day plant ································· 12
low-temperature germinability ····· 27

【M】

main axis ·· 39
main root ··· 11
maintenance respiration ················ 92
major vein ································ 96, 101
mannitol ··· 98
marker assisted selection, MAS ··· 63
maximum tiller number stage ······ 40
membrane protein ·························· 11
mesophyll cell ························ 33, 36, 67
mesophyll resistance ······················ 72
metabolic engineering ···················· 82
metabolic homeostasis ··················· 87
midrib ·································· 31, 34, 101
minor vein ································ 96, 101
minor vein configuration ············· 101
Mo ·· 117
monopodium ·································· 39
monosaccharide transporter,
　MST ·· 104
motor cell ··· 32
myo-inositol ··································· 100

【N】

NAD$^+$ ·· 84
NADH ··· 84
NADPH ·· 86
NADP - ME ····································· 70
NAD - ME ······································· 70

negative photoblastic seed······24
net assimilation rate, NAR······6
net production······43, 80
new plant type, NPT······162
next-generation sequencing······165
nicotinamide adenine
　　dinucleotide······84
nicotinamide adenine
　　dinucleotide phosphate······86
nitrate transporter······116
nitrate reductase······116
nitrite reductase······116
nitrogen fixation······121
nitrogen use efficiency······77
nitrogenase······122
Nod factor······122
node······10, 29
non-productive tiller······41
non-structural carbohydrate,
　　NSC······110, 161

〔O〕
osmotic absorption of water······136
osmotic adjustment······134
osmotic potential······133
ovary······12, 18
ovule······15
oxidative phosphorylation······87

〔P〕
palisade tissue······33
panicle······12
parenchyma······32
passive absorption of water······136
PCK······70
pentose phosphate cycle······85
PEP carboxylase, PEPC······69, 128
peptide hormone······153
percentage of productive tillers······41
permanent wilting point······137
petiole······30
petiolule······31
phloem······10, 32, 95
phloem loading······97
phloem parenchyma cell······96
phloem sap······97
phloem unloading······97

phosphorylation······157
photoassimilate······95
photoblastic seed······23
photoinhibition······73
photomorphogenesis······10
photoperiodic response······30
photorespiration······67
photosynthate······95
photosynthesis······30, 65
photosynthetically active
　　radiation······72
phototropism······10
phyllome······31
phytochrome······10, 23
phytoglycogen······109
phytohormone······148
plant hormone······148
phytomer······29
pinnate compound leaf······31
pistil······12
plant type······51
plasmodesma······96
plastochron······35
plumule······10
polar nucleus······12
pollen······12
pollen tube······12
pollination······12
polymer trap······104
population······6, 43
post-phloem transport······105
post-translational modification······157
preharvest sprouting······27
pressure flow theory······106
primary leaf······31
primary production······5
primary tiller······40
primordia······10
primordium······10
productive tiller······40
productive tiller number
　　determining stage······41
proteome······20
pulse crops······8
pulses······8

〔Q〕
Q_{10}······89
quantitative trait locus,
　　QTL······27, 63, 83, 114
quantum yield······73

〔R〕
rachis······32
radicle······10
raffinose······97
raffinose family oligosaccharide,
　　RFO······100
reactive oxygen······73
reactive oxygen species······21
reception······155
receptor······155
relation of synchronously
　　developed leaves and tillers······41
relative water content······132
reproductive growth······12
reproductive organ······12
reserve substance······15
resistance to water flow······136
respiration······10, 30, 43
respiratory quotient, RQ······89
Ribulose-1,5-bisphosphate
　　carboxylase/oxygenase,
　　Rubisco······38, 67, 120
root······10
root and tuber crops······8
root apex······11
root length density······138
root nodule······122
root pressure······137
root tuber······108

〔S〕
salicylic acid······153
scale leaf······31
scutellum······10, 16
SE/CCC······96
secondary tiller······40
seed······9, 15
seed coat······15
seed dormancy······21
seedling······21
seminal root······11